JN233275

アプローチ 環境ホルモン

ーその基礎と水環境における最前線ー

社団法人 日本水環境学会関西支部 編

技報堂出版

序にかえて

「環境ホルモン」という言葉が社会で用いられだしたのは，1997年NHKのサイエンスアイという番組が初めてらしい。しかし，本文中にも出てくるが，その内容にいち早く警鐘を鳴らしたのは，レイチェル・カーソンやシーア・コルボーンという女性の科学者であった。ここに環境ホルモンの特性が現れているような気がする。環境ホルモンはいろいろな形をとってその影響を発現するが，動物の生殖活動に典型的に現れるとされており，男性よりも女性は身をもって体験するために，その種の健康影響に特に敏感であるからという意味である。カーソン女史の警鐘以来，米国や日本で多くのデータが蓄積され，生物影響の範囲がかなり明らかになってきたが，まだまだ圧倒的な部分が未解明である。ひところよりもマスコミに取り上げられることが減少したとはいえ，一日も早く解決の方向性を見出していかなければならない重要な社会問題の一つであることに変わりはない。

そのような時期にあって，本書は，その道で長い研究歴を有し造詣の深い研究者が，(社)日本水環境学会関西支部内に内分泌撹乱化学物質(環境ホルモン)研究部会というグループをつくり，互いに議論を戦わせて得た成果をまとめたものである。そのポイントは，学問的に最新の研究データを正確に掲載するとともに，専門家でない社会人や学生にも理解できるようにわかりやすく記述することに努めたものである。内容は，歴史的経緯，定義と作用機構，動物やヒトへの影響とリスク，水環境汚染の現状，分析法，解決へのアプローチ，情報サイトなど多岐にわたっている。本書1冊あれば，環境ホルモンに関する最新データから原理的な内容まですべて理解できると自負している。

今日まで関西支部では，「―自然環境の復元をめざして― 地下水・土壌汚染の現状と対策」および「日本の水環境5 近畿編」を出版し，本書で3冊目となる。本書の出版には技報堂出版の方々にねばり強くご援助いただき，改めて厚く御礼を申し上げます。また，私に，関西前支部長として本書の序を述べる機会を与えてくださった著者の皆様方，関西支部を支えてくださった理事，幹事の皆様方に厚く御礼を申し上げます。

2003年8月

社団法人 日本水環境学会関西支部前支部長
福永 勲（大阪人間科学大学）

編集委員・執筆者名簿一覧

編集委員
中室　克彦（現支部長）　摂南大学
古武家善成　兵庫県立健康環境科学研究センター

執 筆 者（五十音順，所属は 2003 年 8 月現在，所属後の数字は執筆箇所）
有薗　幸司　熊本県立大学　(**3.1.2(4)**)
飯田　博　財団法人関西環境管理技術センター　(**7.1**)
池　道彦　大阪大学　(**4.2**)
上野　仁　摂南大学　(**4.1.2(7)，6.2**)
奥村　爲男　大阪府環境情報センター　(**6.1**)
門上希和夫　北九州市環境科学研究所　(**3.2**)
門口　敬子　財団法人関西環境管理技術センター　(**7.1**)
川合真一郎　神戸女学院大学　(**3.1.1，3.1.2(1)～(3),(5)～(8)，3.1.3～3.1.5，4.1.2 (1)～(6)**)
古武家善成　前　掲　(**1章**)
竺　文彦　龍谷大学　(**8章**)
関澤　純　徳島大学　(**5.2.2**)
高原　信幸　神戸市環境保健研究所　(**4.1.1(2)**)
武田　健　東京理科大学　(**2.3.2-2**)
田畑真佐子　東京理科大学　(**2.3.2-2**)
土永　恒彌　株式会社タツタ環境分析センター　(**8章**)
遠山　千春　国立環境研究所　(**2.3.3**)
中室　克彦　前　掲　(**2.1，2.3.1，2.3.2-2，3.3.3，3.3.4**)
福島　実　大阪市立環境科学研究所　(**4.1.1(1)**)
藤田　正憲　大阪大学　(**4.2**)
松井　三郎　京都大学　(**4.3**)
松田　知成　京都大学　(**4.3**)
森　千里　千葉大学　(**3.3.1，3.3.2，3.3.5**)
森澤　眞輔　京都大学　(**5.2.1**)
矢野　洋　神戸市水道局水質試験所　(**4.1.1(3)，5.1.2**)
山田　春美　京都大学　(**7.2**)
米田　稔　京都大学　(**2.2，5.1.1**)

目　次

序にかえて

1. 環境ホルモン問題の歴史的経緯　*1*
1.1 海外の動き　*1*
　　1.1.1 研究の進展　*1*
　　1.1.2 マスメディアの報道　*4*
　　1.1.3 政府・国際機関の対応　*4*
　　1.1.4 化学工業界の対応　*5*
1.2 国内の対応　*7*
　　1.2.1 1997年および1998年　*7*
　　1.2.2 1999年以降　*8*
　　1.2.3 研究の最前線　*10*
　　　　 コラム　*17*

参考文献　*18*

2. 環境ホルモンの実像　*21*
2.1 定　義　*21*
2.2 内分泌撹乱化学物質の種類と各種特性　*23*
　　2.2.1 調査研究の優先度に基づく対象物質の分類　*32*
　　2.2.2 分子量　*34*
　　2.2.3 使用量　*34*
　　2.2.4 急性毒性　*35*
　　2.2.5 使用量と急性毒性から見た環境へのインパクト　*36*
　　2.2.6 発がん性と変異原性　*36*
2.3 作用メカニズム　*37*
　　2.3.1 体内調節系の概要　*37*
　　2.3.2-1 環境ホルモン作用(1)　*43*
　　2.3.2-2 環境ホルモン作用(2)　*46*

  2.3.3 環境ホルモン作用の特徴 52
 参考文献 62

3. **環境ホルモンの影響** 65
 3.1 野生生物―魚類, 水生生物― 65
  3.1.1 海洋哺乳動物 65
  3.1.2 魚　類 69
  3.1.3 無脊椎動物 87
  3.1.4 甲殻類 93
  3.1.5 野生生物における内分泌攪乱現象に関する今後の課題 95
 3.2 野生生物―鳥類, 両生類など― 96
  3.2.1 五大湖周辺に生息する鳥類への影響 98
  3.2.2 日本におけるカワウの現況 100
  3.2.3 五大湖の魚によるマウスの精子形成不良 100
  3.2.4 形態異常ガエルの発生とカエルの絶滅 101
  3.2.5 有機リン系農薬によるカエルの減少事例 104
  3.2.6 今後の方向 105
 3.3 ヒ　ト 105
  3.3.1 次世代への影響 106
  3.3.2 生殖系への影響 108
  3.3.3 脳神経系への障害 112
   コラム 112
  3.3.4 事故事例に見られるヒトへの影響 114
  3.3.5 ヒトへの影響を評価する新しい方法の確立の必要性 115
 参考文献 116

4 **環境ホルモンによる水環境の汚染** 121
 4.1 汚染の実態 121
  4.1.1 物質濃度の評価 121
  4.1.2 包括的評価 135
 4.2 水環境中での挙動 143

   4.2.1 環境内での運命 *143*
   4.2.2 物理化学的挙動 *145*
   4.2.3 生分解挙動 *149*
   4.2.4 有機塩素化合物系環境ホルモン汚染のグローバル化 *158*
   コラム *159*
 4.3 天然ホルモンの評価 *160*
   4.3.1 水環境における魚類の生殖異常 *160*
   4.3.2 女性ホルモンの排出量 *160*
   4.3.3 水環境における女性ホルモンの濃度 *162*
   4.3.4 エストロゲンの魚類に対する影響 *163*
   4.3.5 エストロゲン抱合体の挙動 *164*
 参考文献 *165*

5. 環境ホルモンのヒトへのリスク *171*
 5.1 曝露経路と曝露濃度 *171*
   5.1.1 空気中からの曝露経路 *171*
   5.1.2 水道施設からの溶出 *176*
 5.2 リスク評価の試み *177*
   5.2.1 リスク評価手法の概要とビスフェノールAへの適用 *177*
   5.2.2 リスク評価の考え方と実際 *195*
 参考文献 *204*

6. 環境ホルモンの検知・分析とその原理 *207*
 6.1 機器分析 *207*
   6.1.1 化学物質分析の概要 *207*
   6.1.2 環境ホルモンの機器分析 *210*
   コラム *221*
 6.2 バイオアッセイ *223*
   6.2.1 バイオアッセイの位置付け *223*
   6.2.2 *In vitro* 試験 *224*
   6.2.3 *In vivo* 試験 *229*

6.2.4　内分泌撹乱化学物質の安全性評価に対する海外の取組みの現状　*234*
    参考文献　*237*

7. **環境ホルモン問題解決への国・市民の対応**　*239*
    7.1　環境ホルモン物質と関連法　*239*
    7.2　国の施策と市民の対応　*245*
        7.2.1　国の廃棄物対策　*246*
        7.2.2　グリーンケミストリー　*250*
        7.2.3　個人でできる身近な曝露対処法　*251*
    参考文献　*254*

8. **環境ホルモン問題に関する情報サイトおよび書籍**　*257*
    8.1　環境ホルモン問題のWebサイト　*257*
        8.1.1　プロローグ：OUR STOLEN FUTUREの衝撃　*257*
        8.1.2　どのような物質？　*258*
        8.1.3　総合リンク集　*258*
        8.1.4　学会(環境ホルモン情報に関連のある学会)のサイト　*259*
        8.1.5　研究機関のサイト　*259*
        8.1.6　行政機関のサイト　*260*
        8.1.7　検索・データベース　*261*
        8.1.8　海外のサイト　*261*
    8.2　POPs関連のサイト　*261*
        8.2.1　POPs条約の経緯　*262*
        8.2.2　条　　約　*263*
        8.2.3　NGOの取組み　*263*
        8.2.4　POPsの定義　*264*
        8.2.5　安全性・影響　*264*
    8.3　環境ホルモン関連の書籍　*264*

あとがき　*271*
索　　引　*273*

1. 環境ホルモン問題の歴史的経緯

1.1 海外の動き

1.1.1 研究の進展

　外因性内分泌撹乱化学物質，いわゆる環境ホルモンの問題は，今や，学問の分野でも社会的にも全世界で大きな関心の的となっている．しかし，この問題が広い領域にまたがる奥の深い問題として研究者の間で認識され始めたのは，ほんの10年前にすぎない．1991年7月，米国ウィスコンシン州のミシガン湖畔ラシーン市にあるウィングスプレッド会議センターで，生態学，毒性学，内分泌学など異なる分野の研究者が一同に会した．第1回ウィングスプレッド会議である．この会議を主催したのが，環境NGO (Non-Govermental Organization) のWWF (World Wildlife Fund) の上席研究員 Theo Colborn であった．Colborn は，その5年後の1996年に，同じ環境NGOであるウォルトン・ジョーンズ財団の J. P. Myers，科学ジャーナリストの D. Dumanoski と共著で，環境ホルモン問題を社会に問う「奪われし未来 (Our Stolen Future)」[1]を出版した．そして，この本の出版によって，この問題は社会的にも急速に広がっていった．

　1991年のウィングスプレッド会議以降，異なる分野の研究の流れが環境ホルモン問題として1つに結び付いた．それらの研究分野とは，①合成女性ホルモンのジエチルスチルベストロール (DES) によるヒトへの健康影響 (米国の J. MacLachlan など)，②化学物質による野生生物への影響 (米国の F. Vom Saal, L. J. Guillette，英国の J. Sumpter など)，③ヒト精子の量的・質的変化 (デンマークの N. Skakkebaek，英国の R. Sharp など)，④化学物質と乳がんとの因果関係 (米国の D. L. Davis, H. L. Bradlow など)，⑤化学物質による脳神経系や行動への影響 (米国の J. L. Jacobson など) などである．

1. 環境ホルモン問題の歴史的経緯

 この中で，DESをめぐる歴史は古い。DESは，1938年に英国ロンドン大学の生化学の教授であったE. C. Doddsによって合成された，ステロイド骨格を持たない合成女性ホルモンである。1940年代より1970年代まで，欧米を中心に流産防止剤や婦人病治療薬，ホルモン剤，避妊薬として広く用いられ（約500万人に投薬されたと見積もられている），その使用は，肉牛の成長促進など農業分野にまで広がった。しかし，1970年に米国のA. Herbstら[2]が，妊娠中にDESを投薬された母親と，娘の膣がんや息子の性器異常との関係を報告するなど，DESの健康影響が明らかになってきた。

 DESの研究を通して，化学物質の女性ホルモン（エストロゲン）作用，とりわけ環境中に存在する農薬などのエストロゲン作用に目が向けられるようになり，1979年には，米国立環境保健科学研究所（NIEHS）のMacLachlanによって，環境エストロゲンに関する第1回のシンポジウム（米ノースカロライナ州ローリー市）が開催された。これらの研究の源流は，1962年に出版されたRachel Carsonの「沈黙の春」[3]にある。しかし，この本が出版される10年以上前の1950年にも，DDTの曝露実験により雄ひな鶏の精巣や二次性徴へ影響が現れたことが，すでに報告[4]されている。

 繁殖能力の低下や大規模感染による個体数の減少など，野生生物の異常については，生物学者により1950年代から多くの報告がなされてきた。そして，1990年には，米国五大湖の魚類を餌とする鳥類や哺乳類に広がる生殖障害と化学物質汚染との関係を示す報告書[5]が出された。この報告書の執筆者の一人がColbornであった。Colbornは，五大湖周辺の野生生物に現れた影響の大半が腫瘍の発生ではなく生殖異常であったことから，化学物質の生物影響に関して内分泌撹乱作用が発がん作用以上に重要であることを認識し，各種財団の資金援助を受けて第1回ウィングスプレッド会議を開催するに至った。

 「性の発達過程における化学物質由来の変化：野生生物とヒトとの間の関連」をテーマとしたこの会議には，人類学，生態学，比較内分泌学，生殖生理学，毒性学，野生生物管理，腫瘍生物学，動物学など多方面の分野の研究者が集まり，Colborn，MacLachlan，Myers，Vom Saal，Soto（米国）をはじめとする参加21名の研究者の書名で，ウィングスプレッド合意宣言[6]が出された。この会議の特徴は，環境ホルモン問題で野生生物学者とヒトの健康影響を扱う研究者とが初めて同一のテーブルで議論したことにあるが，もう一つの特徴は，合意された科学的評価結果について信頼度を明記して公表したことである。この手法は地球温暖化問題での合意文書に

ならったもので，この問題に対する社会的インパクトを高めたといわれている。環境ホルモン問題を扱ったウィングスプレッド会議は，その後6回の開催を数えるに至っている。ウィングスプレッド会議とは別に，環境ホルモン問題に関わる多くの分野の研究者が同一施設に泊り込んで密度の濃い議論を行うゴードン会議も，1998年より米国ニューハンプシャー州プリマスのプリマス州立大学で始まっている。

一方，ウィングスプレッド会議と同じ1991年に，WHO(World Health Organization；世界保健機関)は環境と生殖に関する検討委員会を開催したが，そのまとめ役であったデンマークのSkakkebaekにより，1992年に，過去50年間におけるヒト精子の減少を統計的に示した衝撃的な論文[7]が発表された。1993年には，英国のシャープとの共同研究から，内分泌撹乱化学物質の影響を推察させる結果[8]も報告され，これらの研究を受けて，デンマーク環境保護庁は，1995年に「男性の生殖健康とエストロゲン作用を有する環境化学物質」に関する報告書[9]を公表した。「ヒト精子の世界的減少傾向」に対しては異なる結果も報告されているが，欧米での減少が確からしいことについては，米国のSwanらの再解析(1997)[10]によって示された。

化学物質と乳がんの問題については，乳がん発生数が1970年代より著しく増加していることが米国で問題となり，その原因を求めてNGO活動も活発化した。政府の「ロングアイランド乳がん研究プロジェクト」を実現させたニューヨーク州の市民グループの活動は，その一例である。しかし，具体的な結び付きについては，米国のDavisとBradlow(1993)[11]によって，内分泌撹乱化学物質が乳がんリスクを高める可能性が示されたことで，明らかになってきた。

脳神経系や行動への影響の分野では，1995年に，Colbornによってイタリアのシチリア島エリーチェで「内分泌撹乱化学物質：神経，内分泌，行動への影響」をテーマとした国際会議が行われ，神経生理学，生殖毒性学，動物学などの分野の研究者が一堂に会した。そして，ウィングスプレッド会議と同様に，17名の研究者によるエリーチェ合意宣言[12]が公表された。1996年には，米国のJacobsonら[13]によって，周辺に居住する母親によるミシガン湖の汚染魚の摂取量と，子供の認知障害との関係が報告された。その後も，台湾油症やイタリアセベソでの農薬工場爆発事故の影響が報告されるなど，この分野の研究も増加している。

1.1.2 マスメディアの報道

「奪われし未来」の出版は，当時の Gore 米副大統領が序文を書いて賞賛したように，環境ホルモン問題を社会的に認知させるのにきわめて大きな役割を果たしたが，マスメディア，特にテレビがこの問題を広く社会へ伝達することに関与した。1994年，英国の BBC は環境ホルモン問題を扱った世界初のドキュメンタリー番組「男性への攻撃」を放映し，環境 NGO を中心に反響を呼んだ。この番組は，英国環境メディア賞や優れた放送番組に送られる国際的な賞であるエミー賞を受賞した。この番組をプロデュースした科学ジャーナリストの Cadbury は，その後 1997 年に，この問題を扱った啓蒙書「メス化する自然」[14]も出版した。米国でも，1998 年に，「フロントライン」という番組で同様のドキュメンタリー「自然をあやつる」が放映された。

1.1.3 政府・国際機関の対応

このような社会的動きを背景に，政府機関や国際機関も 1995, 96 年頃からこの問題に対する取組みを始めた。1995 年，米国 Clinton 政権は，国家科学技術会議に環境天然資源委員会を設置し，環境ホルモン問題を地球温暖化問題などとともに国の5大優先的研究課題の一つとすることを決めた。そして，この問題に直接関係する年間予算として3000万ドルを計上した。

連邦議会による関連法規(食品品質保護法，安全飲料水法)の修正によって，化学物質の内分泌撹乱作用試験に対する早急な対応を義務付けられた USEPA (US Environmental Protection Agency；米国環境保護庁)は，1996 年に，EPA，他の連邦機関，州環境保護庁，企業，労働団体，公益保護団体，大学などの委員48名からなる内分泌撹乱化学物質スクリーニング・テスティング諮問委員会(Endocrine Disrupter Screening and Testing Advisory Committee：EDSTAC)を設置し，スクリーニングプログラム[15]を決定した。このプログラムは，8万7000に及ぶ対象化学物質の分類，その中で年間生産量1万ポンド(約4.5 t)を超える1万5000種の化学物質のハイスループットプレスクリーニング(HTPS；高速予備スクリーニング)による予備選別(優先順位付け)，スクリーニング，テスティングおよびハザード評価の5段階からなっている。しかし，2000年にHTPSの改良が必要との報告が出るなど，プログラムの進行は遅れている。1999年には，米国科学アカデミーの全米研究評議

会(NAS/NRC)によって，この問題に関する報告書[「環境中のホルモン様活性物質」(Hormonally Active Agents in the Environment)][16)]が公表された。

先進国を中心に30箇国が加盟するOECD(Organization for Economic Cooperation and Development；経済協力開発機構)は，1996年より内分泌攪乱化学物質に対するテストガイドラインづくりに乗り出すとともに，この年に，EU，WHO，その他機関とともに英国ロンドン近郊のウェイブリッジでこの問題に関するワークショップを開いた。この会議では，内分泌攪乱化学物質およびその可能性のある化学物質に対し，定義付けがなされた。また，1997年からはワーキンググループ(EDTA)が設置され，哺乳類，非哺乳類別にテストガイドラインづくりが進められている。同じ1997年には，米スミソニアン協会が主催し，米大統領府，USEPA，UNEPが共催するスミソニアンワークショップがワシントンで開催され，内分泌攪乱化学物質の定義問題が検討された。一方，EUでは，上述のウェイブリッジワークショップの後，科学委員会による1999年の報告書を受けて，この問題に関する政策戦略を発表した。2000年には66物質についてのプライオリティリストを出し，EU諸国内での検討が続いている(**表1.1**)。

1.1.4 化学工業界の対応

一方，化学工業会など内分泌攪乱作用が疑われる化学物質を扱う業界の動きも活発化し，1996年には，欧州化学工業会がこの問題に関する調査委員会を設置した。米国でも，化学製造業者協会，プラスチック工業協会など5つの化学系業界団体が合同で対処する体制を整えた。1998年には，チェコで開催された国際化学工業協会協議会総会において，年間資金として，米国化学製造業者協会が2 000万ドル，欧州化学工業連盟が500万ドル，日本化学工業協会が340万ドルを拠出し，米，欧，日の業界が分担して長期研究を進める体制が合意された。

このような動きに連動して，前述の米国NAS/NRCによる報告書作成の過程では，業界サイドの研究者からの激しい巻き返しがあったといわれている[17)]。

1. 環境ホルモン問題の歴史的経緯

表 1.1　EUが検討している66物質の内分泌攪乱作用

物質名	SPEED'98 リストNo.	影響報告事例
クロルデン (2)	14	精巣への害作用
キーポン (クロルデコン)	51	精子発育阻害
マイレックス	30	精巣下降不全
トキサフェン	32	甲状腺腫瘍の増加
DDT (3)	18	発情周期の短縮，排卵の減少，卵殻の薄化，子宮重量の増加
ビンクロゾリン	60	精巣重量の減少，テストステロンの減少，性交能の減退，性器奇形の増加
マンネブ	53	甲状腺ホルモン合成の低下
メタム (ナトリウム塩)		脳下垂体への影響
チウラム		甲状腺ホルモン合成の低下
ジネブ	61	甲状腺ホルモン合成の低下
γ-HCH (リンデン)	12	精巣重量の減少，膣開口の遅延，子宮重量の減少
リニュロン		性器重量の減少
アミトロール	8	甲状腺ホルモン合成の低下
アトラジン	9	偽妊娠の増加，発情周期の乱れ，アンドロゲンレセプターの減少
アセトクロール		甲状腺ホルモンの減少
アラクロール	10	甲状腺ホルモンの減少
ニトロフェン	31	甲状腺への影響
ヘキサクロロベンゼン (HCB)	4	精巣，卵巣，テストステロン濃度への影響，
トリブチルスズ化合物 (18)	33	インポセックス
トリフェニルスズ (2)	34	インポセックス
トリ-n-プロピルスズ (TPrT)		インポセックス
テトラブチルスズ (TTBT)		インポセックス
4-t-オクチルフェノール	36	膣開口の促進，子宮重量の増加
ノニルフェノール	36	子宮重量の増加，精巣重量の減少，ビテロゲニンの増加
フタル酸ブチルベンジル (BBP)	39	精巣重量の減少，精子産生の低下，テストステロンの減少
フタル酸ジ-2-エチルヘキシル (DEHP)	38	精巣重量の減少，性器重量の減少，精子産生の低下，テストステロンの減少，卵巣重量の減少
フタル酸ジ-n-ブチル (DBP)	40	精巣萎縮，前立腺萎縮
ビスフェノールA	37	性比の偏り，前立腺の肥大，プロラクチン (黄体刺激ホルモン) 分泌の増加，膣上皮の永続的角質化，膣開口の促進
PCB (9)	2	甲状腺への影響，子宮重量の増加，子宮内膜症，プロゲステロンレセプターの増加，子宮重量の減少，子宮重量の増加，血中チロキシン (T_4) 濃度の減少，発情周期の延長
PBB (ポリ臭化ビフェニル類)	3	甲状腺ホルモンの減少，性ホルモンの減少
ダイオキシン/フラン (3)	1	肝AHH (芳香族炭化水素水酸化酵素) の誘導，子宮重量の減少，精子数の減少，甲状腺への影響，腫瘍生成
3,4-ジクロロアニリン		アンドロゲン合成への影響
4-ニトロトルエン	47	子宮重量への影響
スチレン		プロラクチン分泌の増加，脳下垂体への影響
レゾルシノール		甲状腺ホルモン (チロキシン (T_4)/トリヨードチロニン (T_3)) 代謝の低下，甲状腺への影響

出典：EUROPEAN COMMISSION DG ENV Final Report (2000) より作成
カッコ内の数字は関連化合物数

1.2　国内の対応

1.2.1　1997年および1998年

　米国や欧州における環境ホルモン問題への取組みを受け，国内でも，1997年頃よりこの問題に対する対応が始まった．国レベルでは，1997年1月に，環境庁，厚生省，建設省，農林水産省，通商産業省，運輸省，労働省，文部省，科学技術庁の9省庁が参加する，内分泌撹乱化学物質問題関係省庁課長会議が発足した．また，環境庁，厚生省および通産省は，この問題に対する研究班を発足させるとともに，6月に研究班の中間報告書を相次いで発表した．このように，各省庁の対応は国内では比較的早かったが，この問題に対する社会的関心が急速に広がるのは，NHK教育テレビの「サイエンスアイ」での内分泌撹乱化学物質研究紹介(5月)，「奪われし未来」の邦訳出版(9月)，NHKスペシャル「生殖異変—しのびよる環境ホルモン汚染—」の放映(11月)，などが続いてからである(ただし，英国BBCの番組「男性への攻撃」については，1996年秋に，NHK-BSで邦題「精子が減ってゆく」として放映されていた)．ちなみに，「環境ホルモン」という用語がわが国で最初に用いられたのは，NHK教育テレビ番組「サイエンスアイ」であった．

　社会的関心の広がりを推察させる一例として，朝日新聞の記事データベース(地方版および週刊誌「アエラ」の記事を含む)からまとめた「環境ホルモン」の用語を含む記事数の推移を，**図 1.1** に示す．この問題が1998年に国内でいかに爆発的な広がりをみせたかがわかる．

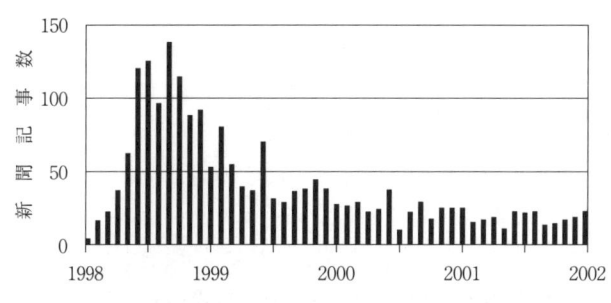

図 1.1　国内における環境ホルモン関係の新聞記事数の推移
出典：朝日新聞記事データベースより作成

1. 環境ホルモン問題の歴史的経緯

このような国民の関心の高さを背景に、1998年度補正予算として当初の10倍の33億円が計上された環境庁では、内分泌撹乱作用が疑われる67の化学物質群(および3種の重金属；第2章表2.2参照)を特定した「外因性内分泌撹乱化学物質問題への環境庁の対応方針について ―環境ホルモン戦略計画 SPEED(Strategic Programs on Environmental Endocrine Disruptors)'98―」[20]が1998年5月に発表されるとともに、これらの物質に対する全国一斉調査の実施が決められた。第1回調査は、農薬以外の対象22物質について、河川、湖沼、地下水、海域の水質、底質、水生生物に関して、1998年夏季および秋季にそれぞれ130地点および174地点で実施された。建設省も、同年夏・冬季に、工業化学物質など8物質と女性ホルモンの17β-エストラジオールとを加えた9物質について、同様の調査を主要河川260～270地点で実施した。

1998年には、また、研究者サイドの動きとして環境ホルモン学会(後に、正式名称として日本内分泌撹乱化学物質学会を採用)の設立(6月)があった。12月には、環境庁主催、環境ホルモン学会協力による内分泌撹乱化学物質問題に関する第1回の国際シンポジウムが、この分野における著名な内外の研究者を集めて京都市で開催された。一方、環境ホルモン全国市民団体テーブルの設立(6月)やダイオキシン・環境ホルモン対策国民会議の設立(9月)など、危機感を持ったNGOの活動も始まった。

内分泌撹乱作用が疑われる物質が公表されたことから、ヒトへの直接摂取の不安が広がり、この年には、カップめん容器からのスチレンダイマー(2量体)、スチレントリマー(3量体)の溶出やポリカーボネート(PC)製給食容器からのビスフェノールAの溶出が社会問題化した。これに対して、農林水産省や文部省も調査体制を取り始めた。

1.2.2 1999年以降

1999年には、国民の間に広がった不安や関心の高まりを受けて、政府は、年度予算でこの問題に対する調査研究費としてダイオキシン対策を含め110億円(1998年度当初予算の4.4倍)を計上し、国会でも、2月には「環境ホルモン・ダイオキシン問題に取り組む議員連盟」が超党派で設立された。政府の対応は、農林水産省が農林水産物への影響を、建設省が下水道での処理対策をそれぞれ検討するなど進展し、7

月にはダイオキシン類対策特別措置法や，環境ホルモンにも関係する化学物質排出把握管理促進法(PRTR法：Pollutant Release and Transfer Register)が成立した。また，環境庁や建設省による全国の水域での第2回一斉調査も1998年同様に実施された。10月には，環境庁はSPEED'98で特定された化学物質群をランク付け(A～E物質)し，リスク評価への体制を整えた。しかし，ヒトへの直接摂取に対する国民の不安は昨年以上に広がり，カップめん容器やPC製給食容器の問題に加え，缶詰・飲料缶容器エポキシ樹脂製被覆材からのビスフェノールAの溶出，プラスチック製おもちゃ・食器や調理用手袋からのフタル酸エステル類の溶出，塩化ビニル製ラップからのノニルフェノールの溶出などが，新たに社会問題となった。

　2000年には，塩化ビニル製ラップの主要9メーカーが，ノニルフェノールの溶出する安定剤(トリスノニルフェニルホスファイト)の使用中止を決定(1月)，厚生省が，弁当などの食事からフタル酸ジエチルヘキシル(DEHP)の検出を受け，調理用塩化ビニル製手袋の使用自粛を通知(5月)などの動きがあり，7月には，環境庁が，内分泌攪乱作用に関するリスク評価を行う約40物質の中で，優先7物質(トリブチルスズ，オクチルフェノール，ノニルフェノール，フタル酸ジ-n-ブチル，フタル酸ジシクロヘキシル，オクタクロロスチレン，ベンゾフェノン)を選定した。その後，10月にはフタル酸ジエチルヘキシルが追加され，2001年3月にはフタル酸ブチルベンジル，フタル酸ジエチル，アジピン酸ジエチルヘキシル，トリフェニルスズが追加され，優先物質は12物質となった。

　2001年には，5月にダイオキシン類，ポリ塩化ビニル(PCB)，殺虫剤など残留性有機汚染物質に関するPOPs条約がストックホルムで採択され，10月には船底塗料トリブチルスズの船舶への全面禁止条約がロンドンの国際海事機関外交会議で採択されるなど，環境ホルモン問題にからむ物質についての国際的な動きが相次いだ。

　国内では，4月に国立環境研究所内に環境ホルモン総合研究棟が設置された。7月には厚生労働省が，シックハウス問題で内分泌攪乱化学物質と疑われるフタル酸ジエチルヘキシルについても室内空気の基準を設けた。同月，東京都は，ヒト乳がん細胞(MFC-7)を用いた実験結果から，スチレンダイマー，スチレントリマーに内分泌攪乱作用があることを発表した。これらの物質については，業界からの反論攻勢もあり，2000年11月のSPEED'98修正版[21]発行時に環境庁が疑わしい物質リストから削除したいきさつがあった。そして，8月には，環境省は，新たに行った影響評価試験結果も踏まえ，ノニルフェノールに魚類へのエストロゲン作用があると認

めた。これは，政府が正式に内分泌撹乱化学物質と認定した初めての事例となった。その後，2002年6月には，上記優先12物質の中で，さらに4-オクチルフェノールについても同様の認定がなされた。

1998年に開催された環境庁主催の内分泌撹乱化学物質問題に関する国際シンポジウムは，その後も会場を替えて毎年12月に行われており，世界の研究や行政施策の最前線を国民に伝える良い機会となっている。また，1999年には，神戸のシンポジウムに続いて横浜で国際ワークショップが開催され，この問題に関する横浜宣言[22]も出されている。

1.2.3　研究の最前線

環境ホルモン問題に対する国内の関心は，**図1.1**にも示されているように，1998〜99年に爆発的な広がりを見せた後，現在では落ち着いた状況にある。これは，日本人の「熱しやすく冷めやすい」気質を反映した反応ともいえる。しかし，一方では，環境調査，上下水道調査，食品・食器調査，精子調査など，各種調査や研究が進み

表1.2　環境庁(省)主催国際シンポジウムにおける

	分野		試験法・検知系	毒性・作用機序
第1回：京都	1998.12.11〜13	4セッション	スクリーニング法・作用メカニズム	スクリーニング法・作用メカニズム
				毒性・リスク評価
第2回：神戸	1999.12.9〜11	8セッション	スクリーニング試験とホルモン活性	作用メカニズム
				Dose-response
			魚類の試験法	基礎生物学と環境毒性学
第3回：横浜	2000.12.16〜18	6セッション	試験法	作用メカニズム
				低用量問題
第4回：つくば	2001.12.15〜17	7セッション	スクリーニング・試験法	脳神経系機能発達への影響と作用メカニズム
			HTPS/QSAR (ハイスループットプレスクリーニング/構造活性相関)	
			トキシコジェノミクス	
第5回：広島	2002.11.26〜28	6セッション	カエル	免疫影響
				甲状腺
				性分化

始め、「情報の空白」がなくなりつつあることで、人々が過度の不安感から脱してきたことを示すといえる。

それでは、環境ホルモン問題は「一時的に騒いだだけの恐れるに足らない問題」であろうか。このような問いを発したとき、我々はまだ多くの未解明な問題が横たわっていることに気がつく。むしろ、影響は、内分泌系が関与する「生殖作用」のみならず、「脳神経作用」まで広がっていることが認識されつつある。最後に、最前線の研究動向を概観することにより、この問題の奥の深さを改めて確認しておく。

環境ホルモン問題に関する国内外の研究の動向を知るために、前述した環境庁(現環境省)主催の内分泌撹乱化学物質問題に関する国際シンポジウム[23)-27)]の内容を概観する。**表1.2**は、これまでに開催された5回のシンポジウムの中で、専門家向けプログラムのセッションテーマを研究分野別に整理したものである。分野としては、「試験法・検知系」、「毒性・作用機序」、「影響」、「リスク評価・管理」、「取組み」の5分野に、さらに、「影響」は「ヒトへの影響」と「野生生物への影響」とに分けた。なお、同一セッションが複数の分野に関係する場合には、関係するすべての分野に表記した。シンポジウムでは、専門家向け以外に一般市民向けプログラムも毎年組まれており、

専門家向けプログラムのセッションテーマ

影響		リスク評価・管理	取組み
ヒト	野生生物		
ヒトへの影響	野生生物への影響	毒性・リスク評価	
健康影響	野生生物への影響		日本での調査研究
健康影響	野生生物への影響	リスク管理	
健康影響	野生生物への影響		海外の取組みの現状
子供の健康		曝露評価・リスク評価	

1. 環境ホルモン問題の歴史的経緯

講演およびパネルディスカッションで研究および対策の現状が報告されている。

表1.2より，各研究分野の中で，「試験法・検知系」，「毒性・作用機序」，「影響」については毎回取り上げられており，環境ホルモン問題における中心的な研究課題であることがわかる。さらに，「試験法・検知系」および「毒性・作用機序」に関しては，同一年次に複数のセッションが組まれるなど，これらの分野の活発な研究活動が反映されている。

各分野の研究の流れをさらに明確にするために，各セッションの講演内容を分野別に**表1.3**にまとめた。講演内容の表記には，講演タイトルを要約して用いた。1つのセッションテーマにまとめられている講演の中には，別の分野に区分する必要がある内容が含まれている場合もあるが，この表から，各分野の研究の流れに関する詳細を把握することができる。

「試験法・検知系」は，この問題を科学的に明らかにするためのツールとしてきわめて重要であることから，講演件数も「毒性・作用機序」に次いで多い。1998～2000年には，米国のEDSTACによるスクリーニングプログラムやヨーロッパでの研究，OECDのテストガイドラインなどの進捗状況が報告されている。その後，構造活性相関(Quantitative Structure-Activity Relationship：QSAR)を用いたスクリーニング手法，DNAマイクロアレイを用いたトキシコジェノミックス(毒性遺伝子情報学)，脳神経系の発達に関与する甲状腺撹乱物質の検出法として有用な両生類モデル系など，新しい手法に関する報告が続いており，この分野の進展状況をうかがわせる。

「毒性・作用機序」は，研究が最も集中している分野であり，ほとんど毎回複数のセッションが開かれ，講演件数も多い。米国のVom Saalが提示した低用量問題や逆U字反応の問題は，この分野の中でも最も重要な知見の一つであり，いくつかの年次で取り上げられている。環境ホルモン物質は，内分泌系の撹乱にとどまらず免疫系や脳神経系へ影響を及ぼすことが具体的に明らかにされつつあることから，最近では，これらの分野，特に脳神経系の発達や行動への影響に関する研究報告が増加していることがわかる。

「影響」では，「ヒトへの影響」に関して，環境ホルモン問題の象徴的現象として扱われた男性精子の数の減少や質の低下の問題が，繰り返し取り上げられている。また，汚染魚摂取など，母親の食餌経由でPCBやダイオキシンに汚染された母乳を飲んだ乳幼児について，知能や行動への影響が注目されている。第3回に取り上げられている台湾油症(Yucheng)患者やイタリアのセベソの事故被害者に関する講演は，

1.2 国内の対応

表 1.3 環境庁(省)主催国際シンポジウムにおける分野別講演内容

試験法・検出系

シンポジウム	セッションテーマ	講演内容
第1回：京都 1998	スクリーニング法・作用メカニズム	・米国におけるスクリーニングと試験 ・E-SCREENアッセイ
第2回：神戸 1999	スクリーニング試験とホルモン活性	・USEPAスクリーニングプログラムの実施状況 ・有機塩素系殺虫剤に対する生殖・発生毒性試験の検証 ・ステロイドホルモン受容体との相互作用 ・EDCsとERとの相互作用における種差の比較 ・エストロゲン活性順位付けのためのコンピュータアプローチ
	魚類の試験法	・OECDの試験ガイドライン作成活動 ・ヨーロッパ化学産業の研究プログラム ・北欧諸国の研究 ・環境リスク評価 ・試験動物モデルとしてのメダカ ・メダカによるライフサイクル試験 ・ヒメダカの産卵・性行動へのEDCsの複合作用
第3回：横浜 2000	試験法	・環境毒性学試験法と生態系リスク評価 ・メダカ繁殖試験とフルライフサイクル試験の比較 ・子宮肥大試験によるスクリーニング ・米国におけるスクリーニング戦略 ・多世代試験方法の検討
第4回：つくば 2001	スクリーニング・試験法	・試験と評価に関するグローバルストラテジーへの国際イニシャティブ ・枠組みの国際標準化 ・水生環境における試験戦略 ・鳥類における開発の現状と展望 ・日本における両生類での研究の現状
	HTPS/QSAR (ハイスループットプレスクリーニング/構造活性相関)	・スクリーニング手法と先端科学技術 ・QSARを用いた優先順位付け ・標的受容体構造に基づく三次元構造活性相関解析 ・Reporter Gene Assayを用いたHTPSの有用性 ・機能的ゲノミクスへのアプローチ ・ERに作用するペプチドのコンビナトリアル・ファージライブラリー・スクリーニング
	トキシコジェノミクス	・機能ゲノム科学 ・魚類への影響評価における将来性 ・メダカゲノミックスの進展 ・アフリカツメガエルを用いたマイクロアレイ ・EDCsのトキシコジェノミクス評価 ・ラット肝発ガンにおける発現遺伝子群のカタログ化 ・EDCsに対する胎仔の転写プロファイル
第5回：広島 2002	カエル	・甲状腺撹乱物質検出系として有用な無尾類の変態 ・両生類の発生におけるTRの二重機能 ・両生類幼生の尾における甲状腺ホルモンによる筋細胞死 ・甲状腺ホルモン反応性レポーター遺伝子の構造と試験 ・両生類発生に対するPCBの影響

EDCs：内分泌撹乱化学物質, ER：エストロゲン受容体, TR：甲状腺ホルモン受容体

1. 環境ホルモン問題の歴史的経緯

毒性・作用機序

シンポジウム	セッションテーマ	講演内容
第1回：京都 1998	スクリーニング法・作用メカニズム	・ERα KOマウスの反応 ・EDCsとしての環境内抗アンドロゲン物質
	毒性・リスク評価	・EDCsの低用量作用 ・胎児曝露と雄性生殖系への影響
第2回：神戸 1999	作用メカニズム	・ERKOマウスを用いた研究 ・EDCsの薬物動態と分子機構 ・Ah（ダイオキシン）受容体の作用と調節 ・オーファンレセプターによるCYP3A遺伝子の活性化 ・生殖腺分化に関する転写因子の機能 ・Fyn遺伝子欠損マウスの精子形成障害と神経発生障害 ・フタル酸化合物のED作用
	Dose-response	・ダイオキシンとDEHPの発生生殖毒性 ・ヒトの健康リスク評価 ・低用量BPAのラット精子発生への影響 ・BPAとエチニルE_2の極低用量投与によるマウス発生異常
	基礎生物学と環境毒性学	・海産新腹足類でのTBT誘発性インポセックスの機序 ・ノンゲノミックなステロイド作用への影響 ・奇形カエルと環境レチノイド ・アカミミキバラガメによる動物モデル ・行動への影響 ・視床下部ニューロンにおけるGnRH遺伝子発現への影響
第3回：横浜 2000	作用メカニズム	・魚類の性分化に及ぼす作用機構 ・生殖腺の性分化を支える転写因子 ・ステロイド生成とStARタンパク質に対する影響 ・転写因子・共役因子とEDCs ・ERKOマウスを用いた研究
	低用量問題	・ED反応における低用量問題 ・米国での低用量作用に関する再検討の概要 ・ラットを用いたBPAの3世代生殖毒性試験 ・ラット生殖機能の発達に対するNPの*in vivo*影響 ・ヒト曝露レベルのBPAによるマウス発生変異 ・BPAのラット2世代繁殖試験
第4回：つくば 2001	脳神経系機能発達への影響と作用メカニズム	・環境化学物質の毒性の標的としての脳の発達と行動 ・甲状腺ホルモン・脳の発達と環境 ・脳発達への影響検出のための*in vitro*アッセイ系 ・高等動物への影響評価 ・学習障害・行動障害との関係
第5回：広島 2002	免疫影響	・免疫・神経・内分泌ネットワーク ・低用量曝露による障害の免疫学的側面 ・免疫系へのPCBの影響 ・ダイオキシンの免疫抑制作用 ・免疫系への環境化学物質の影響
	甲状腺	・EDCsと甲状腺機能 ・ステロイド受容体活性化補助因子と前立腺がん ・甲状腺ホルモン ・TR突然変異と甲状腺がん
	性分化	・ERと脳の性分化 ・性行動に関する性分化 ・視床下部の発生と性分化 ・魚類の性決定と生殖腺の性分化

EDCs：内分泌撹乱化学物質，ED作用：内分泌撹乱作用，ER：エストロゲン受容体，Ah受容体：芳香族炭化水素受容体
DEHP：フタル酸ジエチルヘキシル，BPA：ビスフェノールA，NP：ノニルフェノール，TR：甲状腺ホルモン受容体

1.2 国内の対応

ヒトへの影響

シンポジウム	セッションテーマ	講演内容
第1回:京都 1998	ヒトへの影響	・中枢神経系への影響 ・母親の五大湖PCB汚染魚摂食と出産児の行動 ・精液の質のばらつき ・日本の胎児曝露・男性生殖器への影響 ・日本の先天性奇形
第2回:神戸 1999	健康影響	・食品中に含まれる天然EDCs ・疫学的研究における曝露評価 ・神経系発達への甲状腺ホルモン撹乱物質の影響 ・甲状腺障害と環境因子 ・精巣がん発症率の増加と精子数の低下 ・精子数の変化 ・日本人男性のタイプによる精子濃度の差
第3回:横浜 2000	健康影響	・米ノースカロライナ州とメキシコでの疫学調査 ・PCB・ダイオキシン類汚染授乳小児の脳発達への影響に関するオランダでの調査 ・PCBおよび他の有機塩素系物質の甲状腺・免疫系への影響 ・Yucheng患者の内分泌撹乱 ・イタリアのセベソでの20年間のデータ
第4回:つくば 2001	健康影響	・日本の先天異常モニタリング ・オランダでの停留精巣と尿道下裂 ・男性の生殖健康の傾向 ・ジクロロ-ビスジクロロフェニルエチレン・PCBと乳がんに関する米国での解析
第5回:広島 2002	子どもの健康	・精液の質の地域差と経時変化 ・日本における精液の質 ・停留精巣・尿道下裂の有病率の地域差 ・POPsによるアジア途上国の母乳汚染と乳児リスク ・新しい研究方法 ・日本での妊娠女性・胎児の曝露状況

EDCs:内分泌撹乱化学物質,POPs:難分解性有機化学物質

野生生物への影響

シンポジウム	セッションテーマ	講演内容
第1回:京都 1998	野生生物への影響	・野生生物の発生異常 ・両生類によるモデル系 ・五大湖ハクトウワシのEDCs汚染 ・米国淡水魚類への曝露 ・ヒメダカ試験法
第2回:神戸 1999	野生生物への影響	・動物へのエストロゲンの発生影響 ・キンカチョウ・日本ウズラの脳発達・生殖行動障害 ・英国での魚類への影響 ・リスク評価とバイオマーカー ・POPsの排出・汚染・ヒト曝露に関する定量的解析
第3回:横浜 2000	野生生物への影響	・野生生物からの教訓 ・日本および韓国での有機スズ汚染と貝への影響 ・沢ガニの雌雄同体 ・英国河川における魚類の性撹乱 ・カエルを用いた甲状腺ホルモン撹乱作用の検出 ・化学・生物学を用いたEDCs評価 ・現在の知見
第4回:つくば 2001	野生生物への影響	・ED作用と他の毒性機序の相互作用 ・Ah受容体の分子生物学的解析とダイオキシン感受性 ・魚類への影響に関する農林水産省の取組み ・アトラジンによるカエルの雌雄同体 ・複数のED作用機序

EDCs:内分泌撹乱化学物質,POPs:難分解性有機化学物質,ED作用:内分泌撹乱作用,Ah受容体:芳香族炭化水素受容体

1. 環境ホルモン問題の歴史的経緯

リスク評価・管理

シンポジウム	セッションテーマ	講演内容
第1回：京都 1998	毒性・リスク評価	・データの再現性 ・ポリスチレン食品包装の安全性
第3回：横浜 2000	リスク管理	・POPsのコントロール ・英国政府の取組み ・米国における危険性評価の実態 ・国内のSPEED'98
第5回：広島 2002	曝露評価・リスク評価	・BPAの低用量作用に関する最近の知見 ・新たなEDCsとしての化粧品中の紫外線フィルター ・ED作用の複合影響 ・欧州委員会の評価戦略

POPs：難分解性有機化学物質，BPA：ビスフェノールA，EDCs：内分泌撹乱化学物質，ED作用：内分泌撹乱作用，

取組み

シンポジウム	セッションテーマ	講演内容
第2回：神戸 1999	日本での調査研究	・EDCsの社会医学 ・計測技術 ・健常日本人の精液性状 ・着床前初期胚による低用量作用の検出 ・トランスジェニックカエルによる検出 ・海産魚への影響 ・スチレンダイマー，スチレントリマーの次世代児への影響 ・ディーゼル排ガスの生殖機能への影響
第4回：つくば 2001	海外の取組みの現状	・WHO/UNEP/ILO-IPCSにおける現状とグローバルアセスメント ・米国におけるスクリーニングプログラムの進展状況 ・HAAに関する米国化学工業会のリサーチプログラム ・英国における調査 ・マレーシアにおける調査

EDCs：内分泌撹乱化学物質，HAA：ホルモン様活性物質

過去の公害事例を追跡した貴重な影響調査報告である。「野生生物への影響」に関しては，この分野も環境ホルモン問題の原点の一つであり，繰り返し取り上げられている。最近では，両生類への影響が新しく注目されている。

「リスク評価・管理」はこの問題への対策を検討するうえで重要な分野であり，「取組み」では国内外の調査研究の現状が報告されている。前者では，新たな内分泌撹乱化学物質の問題や複合影響の問題が発表されているが，内分泌撹乱化学物質に関する今後の研究の方向が示唆される。

上記で分類した中の中心的な3つの分野である「試験法・検知系」，「毒性・作用機序」および「影響」の問題は，環境ホルモン問題を理解するために，今後もきわめて重要な研究課題となっていくと考えられる。しかし，この問題を解決するためには，「リスク評価・管理」や「取組み」といった分野の調査・研究がさらに前進する必要がある。その意味では，シンポジウムに反映された研究の動向は，この問題の先が長いことを示しているといえよう。

【コラム】 ビスフェノールAの低用量問題に関する論争

　環境ホルモン問題の重要性を我々に強く意識させる知見として，Vom Saal が提唱した低用量問題(仮説)がある．これまでの毒性学の常識を破り，きわめて低濃度の領域で化学物質の影響が再度現れ，逆U字の用量-反応曲線が認められるとする仮説の登場は，衝撃的であった．この問題は，当初エストラジオールで提唱され，その後 1997 年にはビスフェノールA(BPA)についても認められる(妊娠雌マウスに対し 2〜20 μg/kg/日の低用量経口投与で，出産した雄マウスの前立腺重量が増加)とされた．特に BPA に関しては米国プラスチック工業会を巻き込んで大きな論争になり，否定する報告も相次いだ．しかし，最近では肯定的な実験結果がかなり発表されている．

　ビスフェノールAに関するこの低用量効果について，米国リサーチトライアングル研究所(ノースカロライナ)の Tyl と Vom Saal とが，改めて紙上論争を行っている(Endocrine/Estrogen Letter, April, May 2002)．

　Tyl は，① USEPA のテストガイドラインに従った手法で，Vom Saal の場合に比べて非常に多く(8 000 匹以上)のラットを用いて実験を追試したが，高濃度曝露群(50 mg/kg/日以上)で体重減少などの影響がみられたのみで，低濃度曝露群(数十 μg/kg/日)での影響は再現されなかった，②他の大規模実験でも再現されていない，③ Vom Saal が実験に用いたマウスの系統(CF-1：Vom Saal が飼育していたこの系のマウスは彼によって「廃棄」され，現在は残っていない)が特異なのではないか，などと主張した．

　これに対して，Vom Saal は，①米国 NIH(National Institute of Health)の低用量問題検討委員会が，「いくつかの化学物質では低用量効果が存在する」と結論付け，これまでに 10 以上の論文がこの効果について肯定的結果を出している，② BPA に関しても自分の結果を肯定する論文が出されている，③最近，他の系統(CD-1)のマウスでも再現できた，④ Tyl らの実験では，BPA の経口投与が吸収されにくい方法で行われたのではないか，⑤使われた飼料の影響で実験ラットが肥満になったために，母ラットのエストラジオール分泌が多くなり，その効果で投与 BPA の影響が検出されなかったのではないか(餌の問題は NIH 検討委でも大きな議論となった)，などと反論している．また，Tyl らの研究はプラスチック工業会からの「紐付き」だと指摘している．これに関して Tyl も，研究費の一部が企業から出ていることを認めた．

1. 環境ホルモン問題の歴史的経緯

 Tyl はこの仮説について、「本当なら革命的だ」と揶揄的に述べている。低用量効果をクリアに証明するためには、妊娠母獣への曝露の時期や実験条件を十分にコントロールする必要があり、ネガティブな結果が出やすいといわれている。しかし、最近の研究の流れは、もはや「革命的な仮説」を受け入れたうえで、遺伝子レベルでの機構の解明の方向へと進み始めたように思われる。Vom Saal が最後に述べている、「BPA がヒトの健康に影響を及ぼしていることを明らかにした研究はまだない。しかし、胎児が曝露を受けるのと同レベルの非常に低用量で、BPA が動物の発生に影響を及ぼしていることを考えれば、ヒトに何の影響も与えないだろうと予測することは合理的だとは思われない。」という見解は、環境ホルモン問題を考えるうえで示唆的である。

参考文献

1) Colborn, T., Dumanoski, D. and Myers, J. P.（1996）Our Stolen Future, pp.306, Dutton, New York.（長尾 力訳（1997）奪われし未来，pp.366, 翔泳社，東京.）
2) Herbst, A. L. and Scully, R. E.（1970）Adenocarcinoma of the vagina in adolescence：a report of 7 cases including 6 dear cell carcinoma so-called mesomephromas, *Cancer*, **25**, 745-757.
3) Carson, R.（1962）Silent Spring, pp.368, Houghton Mifflin, Boston.（青樹簗一訳（1987）沈黙の春，新潮社，東京.）
4) Burlington, H. and lindeman, V. F.（1950）Effect of DDT on testes and secondary sex characteristics of white leghorn cockerels, *Proceedings of the Society for Experimental Biology and Medicine*, **74**, 48-51.
5) Colborn, T. E., Davidson, A., Green, S. N. *et al.*（1990）Great Lakes, Great Legacy?, Conservation Foundation, Washington D. C..
6) Bern, H. A., Blair, P., Brasseur, S. *et al.*（1992）Consensus statement from the Work Session on "Chemically Induced Alternations in Sexual Development：The Wildlife/Human Connection", in "Chemically Induced Alternations in Sexual and Functional Development：The Wildlife/Human Connection", ed. Colborn, T. and Clement, C., *Advances in Modern Environmental Toxicology*, **21**, 1-8.
7) Carlsen, E., Giwervman, A., Keiding, N. and Skakkebaek, N. E.（1992）Evidence for decreasing quality of semen during the past 50 years, *British Medical Journal*, **305**, 609-613.
8) Sharp, R. M. and Skakkebaek, N. E.（1993）Are oestrogens involved in falling sperm counts and disorders of the male reproductive tract?, *Lancet*, **431**, 1392-1395.
9) Danish Environmental Protection Agency（1995）Male Reproductive Health and Environmental Chemicals with Estrogenic Effects, pp.172, Ministry of Environment and

参考文献

Energy, Copenhagen.
10) Swan, S. H., Elkin, E. P. and Fenster, L. (1997) Have sperm densities declined? A reanalysis of global trend data, *Environmental Health Perspectives*, **105**, 128-132.
11) Davis, D. L., Bradlow, H. L. and Wolff, M. *et al.* (1993) Medical hypothesis : xenoestrogens as preventable causes of breast cancer, *Environmental Health Perspectives*, **101**, 372-377.
12) Brouwer, A., Colborn, T., Fossi, M. C. *et al.* (1998) Consensus statement from the Work Session on "Environmental Endocrine-Disrupting Chemicals : Neural, Endocrine, and Behavioral Effects", *Toxicology and Industrial Health*, **14**, 1-8.
13) Jacobson, J. L. and Jacobson, S. W. (1996) Intellectual impairment in children exposed to polychlorinated biphenyls in utero, *New England Journal of Medicine*, **335**, 783-789.
14) Cadbury, D. (1997) The feminization of nature, pp.303, Hamish Hamilton Ltd, London. (井口泰泉監修, 古草秀子訳 (1998) メス化する自然, pp.371, 集英社, 東京.)
15) Endocrine Disrupter Screening and Testing Advisory Committee, Environmental Protection Agency (1998) Final report, Environmental Protection Agency, Washington D. C..
16) National Research Council (1999) Hormonally Active Agents in the Environment, pp.430 National Academy Press, Washington D. C..
17) European Workshop on the Impact of Endocrine Disruopers on Human Health and Wildlife, 2-4 Dec. 1996, Weybridge, UK (1997), Report of Proceedings, DG 12 EC, Report EUR 17549.
18) 井上 達 (1997) 内分泌撹乱化学物質問題に関する概況,「環境ホルモン」(環境庁リスク対策検討会監修), 3-5, 環境新聞社, 東京.
19) Krimsky, S. (2000) Hormonal Chaos, pp.256, John Hopkins University Press, Baltimore. (松崎早苗, 斉藤陽子訳 (1998) ホルモン・カオス, pp.424, 藤原書店, 東京.)
20) 環境庁 (1998) 外因性内分泌撹乱化学物質問題への環境庁の対応方針について ─環境ホルモン戦略計画 SPEED'98─, pp.24.
21) 環境庁 (2000) 外因性内分泌撹乱化学物質問題への環境庁の対応方針について ─環境ホルモン戦略計画 SPEED'98─ 2000年11月版, pp.37.
22) 日本水環境学会関西支部 (2000) 内分泌撹乱化学物質部会講演会 内分泌撹乱化学物質問題の最前線 資料集, 35-38.
23) 環境庁 (1998) 内分泌撹乱化学物質問題に関する国際シンポジウム プログラム・アブストラクト集, pp.110.
24) 環境庁 (1999) 第2回内分泌撹乱化学物質問題に関する国際シンポジウム プログラム・アブストラクト集, pp.219.
25) 環境庁 (2000) 第3回内分泌撹乱化学物質問題に関する国際シンポジウム プログラム・アブストラクト集, pp.148.
26) 環境省 (2001) 第4回内分泌撹乱化学物質問題に関する国際シンポジウム プログラム・アブストラクト集, pp.148.
27) 環境省 (2002) 第5回内分泌撹乱化学物質問題に関する国際シンポジウム プログラム・アブストラクト集, pp.83.

2. 環境ホルモンの実像

2.1 定　義

　環境ホルモン(environmental hormones)は，一般にマスメディアにおいて用いられた言葉であり，現在，わが国の政府の公文書や報告書においては，内分泌撹乱化学物質(endocrine disrupting chemicals：EDCs)を用いることになっている。しかし，今までに内分泌撹乱化学物質の概念を表す多数の用語が用いられている。例えば，環境ホルモン，環境エストロゲン(environmental estrogens)，内分泌撹乱化学物質，内分泌撹乱物質(endocrine disruptors：EDs)，内分泌変調物質(endocrine modulators)，ホルモン撹乱化学物質(hormone disruptors)，エストロゲン類似物質(estrogen mimics)およびホルモン様活性物質(hormonally active agents：HAA)などがある。

　内分泌撹乱化学物質問題が最初に提起されたのは，1991年7月に米国ウィスコンシン，ウィングスプレッドにおいてTheo Colbornらの主催した生物学者の会議である。この会議のウィングスプレッド宣言において初めて，内分泌撹乱化学物質の概念が示された。ここでは，内分泌撹乱化学物質は女性ホルモンレセプターに結合する化学物質で，女性ホルモン様作用を示す女性ホルモン類似化学物質がほとんどであると述べている。

　また，定義については，1996年12月英国のウェイブリッジにおいて欧州委員会が主催した「内分泌撹乱化学物質の健康と環境への影響に関する欧州ワークショップ」，1997年1月米国ワシントンD.C.でのホワイトハウス主催のスミソニアン・ワークショップ，1998年3月米国環境保護庁(USEPA)/EDSTAC(Endocrine Disruptor Screening and Testing Advisory Committee)，国際化学物質安全計画(IPCS)，米国科学アカデミー(National Research Council：NRC)の報告書に記され

2. 環境ホルモンの実像

表 2.1 内分泌撹乱化学物質の概念あるいは定義

ウィングスプレッド宣言 (1991年)	1) 化学物質は，生体内で女性ホルモンと類似の作用を持ち，抗男性ホルモン作用などのホルモンなどの内分泌を撹乱させる作用を持つ。 2) 多くの野生動物種は，すでにこれらの化学物質の影響を受けている。 3) これらの化学物質は，人体にも蓄積されている。
ウェイブリッジ・ワークショップ (1996年)	内分泌撹乱物質とは，外在性の物質で，内分泌機能を変化させ，その結果として無処置の生物，あるいはその子孫に悪い健康影響を引き起こすもの。また，可能性としての内分泌撹乱物質とは，無処置の生物において内分泌撹乱を起こしうると想定させる性質を持つ物質である。
スミソニアン・ワークショップ (1997年)	内分泌撹乱物質とは，生体の恒常性・生殖・発生あるいは行動に関する生体内の自然のホルモンの合成，分泌，体内輸送，受容体結合，そしてそのホルモン作用そのもの，あるいはそのクリアランス(排泄)などの諸過程を阻害する性質を持つ外来性の物質である。
国際化学物質安全計画 (IPCS)	内分泌撹乱物質とは，健康な生物，その子孫または小集団(亜群)において，内分泌系機能を変化させ，結果的に健康に有害影響を及ぼす外因性物質または混合物をいう。また，潜在的内分泌撹乱物質とは，健康な生物，その子孫または小集団(亜群)において，内分泌撹乱に至ることが予期される特性を持つ物質または混合物をいう。
米国科学アカデミー(NRC)	内分泌撹乱物質(ED)を用いずホルモン様活性物質(hormonally active agents;HAA)という言葉を用いた。HAAの定義は述べていないが，事実の評価を行っている。

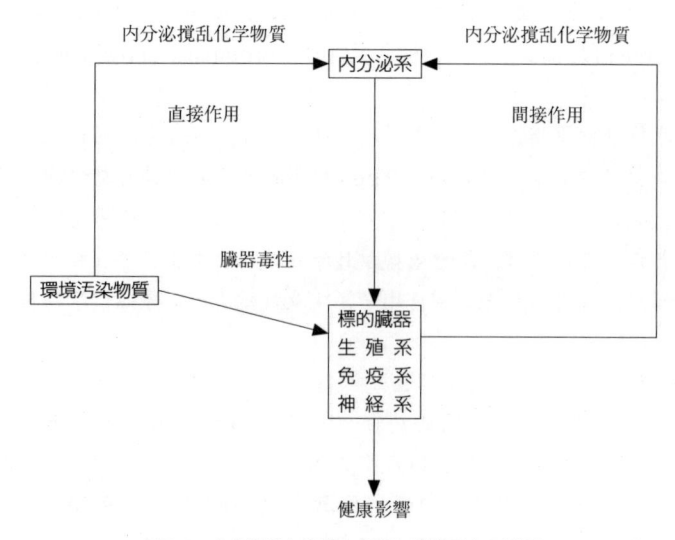

図 2.1 内分泌系と生殖・免疫・神経系との関係

ている。これらの内容について**表 2.1** に示す。

　以上のような概念の内分泌撹乱化学物質として現在問題視しているものは、女性ホルモン、男性ホルモンおよび甲状腺ホルモンに類似した作用とそれらのホルモンの働きを阻害する作用を持つような化学物質に焦点が当てられている。そして、それらが及ぼす生体影響は、広く生殖(内分泌系)、神経系、免疫系に発現するのではないかととらえられている(**図 2.1**)。

2.2　内分泌撹乱化学物質の種類と各種特性

　内分泌撹乱化学物質の疑いが持たれている物質として、1998年に日本の環境庁(現環境省)は、過去の文献になんらかの内分泌撹乱性の可能性が報告された物質をリストアップし、早急に研究を進めるべきであるとの報告書を作成した。これがいわゆる SPEED'98(Strategic Programs on Environmental Endocrine Disruptors'98)であり、ここでは**表 2.2** に示す67物質群(カドミウム、鉛、水銀を加えると70物質群)がリストアップされた。その後2000年に、スチレンダイマー(2量体)、スチレントリマー(3量体)と n-ブチルベンゼンが現時点でリスクを算定する必要性はないとしてリストからはずされ、現在は65物質群(カドミウム、鉛、水銀を加えると68物質群)となっているが、1.2.2で述べられているように、スチレンダイマー、スチレントリマーに内分泌撹乱作用があるとの報告も行われている。これら67物質群の構造式を**図 2.2**[1] に示す。2001年秋までの研究によって、環境省がはっきりと内分泌撹乱化学物質であることを認めたのは、ノニルフェノールおよび4-t-オクチルフェノールの2物質である。つまり、SPEED'98にリストアップされた物質はあくまでも内分泌撹乱性が疑われる物質であり、内分泌撹乱化学物質として認められたものではないことに注意する必要がある。

　このようなリストは各国の様々な機関によって作成されており、例えば、米国イリノイ州 EPA では76物質群が、Our Stolen Future の Web Site には、Colborn list と呼ばれ2002年7月現在86物質群がリストアップされている。また、EUでは564物質の内分泌撹乱性を評価中であり、日本国内においても国立医薬品食品衛生研究所(NIHS)のあるグループは、あくまでも非公式なものであることを前提として、自然由来の物質や医薬品なども含めて185物質を内分泌撹乱性を検討すべき物質と

2. 環境ホルモンの実像

表 2.2　SPEED'98 にリスト

No.	物質名	分類[*1]	主たる用途[*2]	分子式
1	ダイオキシン類	—	(非意図的生成物)	2,3,7,8-TCDD：$C_{12}H_4O_2Cl_4$
2	ポリ塩化ビフェニル類（PCB）	C	熱媒体，ノンカーボン紙，電気製品	$C_{12}H_9Cl \sim C_{12}Cl_{10}$
3	ポリ臭化ビフェニル類（PBB）	E	難燃剤	主成分は $C_{12}H_4Br_6$ ($C_{12}H_9Br \sim C_{12}Br_{10}$)
4	ヘキサクロロベンゼン（HCB）	C	殺菌剤，有機合成原料	C_6Cl_6
5	ペンタクロロフェノール（PCP）	B	防腐剤，除草剤，殺菌剤	C_6HCl_5O
6	2,4,5-トリクロロフェノキシ酢酸	D	除草剤	$C_8H_5Cl_3O_3$
7	2,4-ジクロロフェノキシ酢酸	B	除草剤	$C_8H_6Cl_2O_3$
8	アミトロール	C	除草剤，分散染料，樹脂の硬化剤	$C_2H_4N_4$
9	アトラジン	B	除草剤	$C_8H_{14}ClN_5$
10	アラクロール	C	除草剤	$C_{14}H_{20}ClNO_2$
11	CAT, シマジン	C	除草剤	$C_7H_{12}ClN_5$
12	ヘキサクロロシクロヘキサン（HCH），エチルパラチオン	B(C)	殺虫剤	$C_6H_6Cl_6$
13	NAC, カルバリル	B	殺虫剤	$C_{12}H_{11}NO_2$
14	クロルデン	C	殺虫剤	$C_{10}H_6Cl_8$
15	オキシクロルデン	C	クロルデンの代謝物	$C_{10}H_4Cl_8O$
16	trans-ノナクロル	C	殺虫剤	$C_{10}H_5Cl_9$
17	1,2-ジブロモ-3-クロロプロパン	E	殺虫剤	$C_3H_5Br_2Cl$
18	DDT	B	殺虫剤	$C_{14}H_9Cl_5$
19	DDE と DDD	B(C)	殺虫剤（DDT の代謝物）	DDD：$C_{14}H_{10}Cl_4$ DDE：$C_{14}H_8Cl_4$
20	ケルセン	C	殺ダニ剤	$C_{14}H_9Cl_5O$
21	アルドリン	E	殺虫剤	$C_{12}H_8Cl_6$
22	エンドリン	E	殺虫剤	$C_{12}H_8Cl_6O$
23	ディルドリン	C	殺虫剤	$C_{12}H_8Cl_6O$
24	エンドスルファン（ベンゾエピン）	D	殺虫剤	$C_9H_6Cl_6O_3S$
25	ヘプタクロル	E	殺虫剤	$C_{10}H_5Cl_7$
26	ヘプタクロルエポキサイド	C	ヘプタクロルの代謝物	$C_{10}H_5Cl_7O$
27	マラチオン	B	殺虫剤	$C_{10}H_{19}O_6PS_2$
28	メソミル	C	殺虫剤	$C_5H_{10}N_2O_2S$
29	メトキシクロル	E	殺虫剤	$C_{16}H_{15}Cl_3O_2$
30	マイレックス	—	殺虫剤	$C_{10}Cl_{12}$
31	ニトロフェン	E	除草剤	$C_{12}H_7Cl_2NO_3$
32	トキサフェン	—	殺虫剤	$C_{10}H_{10}Cl_8$ が主成分
33	トリブチルスズ	A	船底塗料，漁網の防腐剤	ビストリブチルスズオキシド：$C_{24}H_{54}Sn_2O$ 塩化トリブチルスズ：$C_{12}H_{27}SnCl$
34	トリフェニルスズ	B	船底塗料，漁網の防腐剤	$C_{18}H_{15}SnCl$
35	トリフルラリン	C		$C_{13}H_{16}F_3N_3O_4$
36	アルキルフェノール（C5〜C9）ノニルフェノール, 4-オクチルフェノール	A(B)	界面活性剤の原料，油溶性フェノール樹脂の原料，界面活性剤の原料	p-オクチルフェノール：$C_{14}H_{22}O$, ノニルフェノール：$C_{15}H_{24}O$

2.2 内分泌攪乱化学物質の種類と各種特性

アップされた物質の各種特性

分子量	使用量*3[ton/年]	急性毒性(ラットでの経口投与 LD50[mg/kg])	使用量／LD50	発がん性	変異原性
2,3,7-TCDD：321.97	—	0.02	—	○	○
平均 327	0	1 010	0	○	○
主成分 627.59	—	21 500		○	○
284.78	0	3 500	0	○	○
266.34	0	78	0	○	○
255.48	0	300	0	○	×
221.04	328	375	0.87	×	○
84.08	0	1 100	0	○	○
215.69	14	672	0.02	○	○
269.77	91	930	0.10	○	○
201.66	77	971	0.08	—	○
290.83	0	HCH：88〜270 エチルパラチオン：2	0	HCH：○ エチルパラチオン：×	HCH：○ エチルパラチオン：×
201.22	200	230	0.87	○	○
409.78	0	200	0	○	○
423.74	0	457	0		
444.23	0	500	0		
236.33	0	170	0	○	○
354.49	0	87	0	○	○
DDD：320.04 DDE：318.04	0	DDE：880 DDD：400	0	○	○
370.49	322	575	0.56	○	○
364.91	0	39	0	○	○
380.91	0	7.5	0	○	○
380.91	0	38.3	0	○	○
406.93	63	18	3.5	—	○
373.32	0	40	0	○	○
389.32	0	15	0	○	○
330.36	268	290	0.92	○	○
162.21	315	17〜23.5	19	×	○
345.65	—	1 855	—	○	○
545.54	0	235	0	○	○
284.10	0	740	0	○	○
平均 413.8	0	50	0	○	○
ビストリブチルスズオキシド：596.16 塩化トリブチルスズ：325.53	0	129	0	○	○
385.47	0	135	0	—	○
335.28	169	1 930	0.09	○	×
p-オクチルフェノール：206.33 ノニルフェノール：220.35	p-オクチルフェノール：10 000 ノニルフェノール：19 000	ノニルフェノール：1620	ノニルフェノール：12	×	×

2. 環境ホルモンの実像

(表 2.2 つづき)

No.	物質名	分類[*1]	主たる用途[*2]	分子式
37	ビスフェノールA	A	樹脂の原料	$C_{15}H_{16}O_2$
38	フタル酸ジ-2-エチルヘキシル	B	プラスチックの可塑剤	$C_{24}H_{38}O_4$
39	フタル酸ブチルベンジル	C	プラスチックの可塑剤	$C_{19}H_{20}O_4$
40	フタル酸ジ-n-ブチル	A	プラスチックの可塑剤	$C_{16}H_{22}O_4$
41	フタル酸ジシクロヘキシル	C	プラスチックの可塑剤	$C_{20}H_{26}O_4$
42	フタル酸ジエチル	B	プラスチックの可塑剤	$C_{12}H_{14}O$
43	ベンゾ[a]ピレン	C	(非意図的生成物)	$C_{20}H_{12}$
44	2,4-ジクロロフェノール	B	染料中間体	$C_6H_4Cl_2O$
45	アジピン酸ジ-2-エチルヘキシル	C	プラスチックの可塑剤	$C_{22}H_{42}O_4$
46	ベンゾフェノン	C	医療品合成原料, 保香剤	$C_{13}H_{10}O$
47	4-ニトロトルエン	C	2,4-ジニトロトルエンなどの中間体	$C_7H_7NO_2$
48	オクタクロロスチレン	C	(有機塩素系化合物の副生成物)	C_8Cl_8
49	アルディカーブ(アルジカルブ)	—	殺虫剤	$C_7H_{14}N_2O_2S$
50	ベノミル	—	殺菌剤	$C_{14}H_{18}N_4O_3$
51	キーポン(ケポン, クロルデコン)	—	殺虫剤	$C_{10}Cl_{10}O$
52	マンゼブ(マンコゼブ)	—	殺菌剤	$[C_4H_6N_2S_4Mn]_x[Zn]_y$ $x:y=10:1$
53	マンネブ	—	殺菌剤	$[C_4H_6N_2S_4Mn]_n$
54	メチラム	—	殺菌剤	$[C_{16}H_{33}N_{11}S_{16}Zn_3]_n$
55	メトリブジン	C	除草剤	$C_8H_{14}N_4OS$
56	シペルメトリン	E	殺虫剤	$C_{22}H_{19}Cl_2NO_3$
57	エスフェンバレレート	D	殺虫剤	$C_{25}H_{22}ClNO_3$
58	フェンバレレート	D	殺虫剤	$C_{25}H_{22}ClNO_3$
59	ペルメトリン	C	殺虫剤	$C_{21}H_{20}Cl_2O_3$
60	ビンクロゾリン	E	殺菌剤	$C_{12}H_9Cl_2NO_3$
61	ジネブ	—	殺菌剤	$[C_4H_6N_2S_4Zn]_n$
62	ジラム	—	殺菌剤	$C_6H_{12}N_2S_4Zn$
63	フタル酸ジペンチル	C	プラスチックの可塑剤	$C_{18}H_{26}O_4$
64	フタル酸ジヘキシル	C	プラスチックの可塑剤	$C_{20}H_{30}O_4$
65	フタル酸ジプロピル	C	プラスチックの可塑剤	$C_{14}H_{18}O_4$
66	スチレンダイマー, スチレントリマー	C	styrene monomer を重合させる polymer(樹脂)製造時における副産物	ダイマー : $C_{16}H_{16}$ トリマー : $C_{24}H_{24}$
67	n-ブチルベンゼン	C	合成中間体, 液晶製造用	$C_{10}H_{14}$

出典: 東京都立衛生研究所「内分泌かく乱作用が疑われる化学物質の生体影響データ集」(平成 11 年 3 月), および, データ集」(平成 10 年 8 月)をもとに, 化学工業日報社「14102 の化学商品」(平成 14 年 1 月), により使用量デー

[*1] 環境省による内分泌攪乱物質としての調査の緊急性による分類. 分類でカッコ書きのあるものは種類によって異
[*2] 物質によっては, これら以外にも様々な用途があることに注意する必要がある.
[*3] 調査年度を生産量の後のカッコ内に示す. 調査年度の表記のないものの調査年度は 2000 年.

2.2 内分泌攪乱化学物質の種類と各種特性

分子量	使用量*3[ton/年]	急性毒性(ラットでの経口投与 LD_{50}[mg/kg])	使用量／LD_{50}	発がん性	変異原性
228.29	346 242	3 250	107	○	○
390.56	223 072	30 600	7.3	○	○
312.37	2 000	2 330	0.86	○	○
278.35	8 389	8 000	1.0	—	○
330.42	100	30 000	0.00	—	×
222.24	700	8 600	0.08	×	○
252.32	—	50（皮下）	—	○	○
163.00		47		×	○
370.57	25 400 ('86)	9 110	2.8	○	○
182.22		>10 000	—	—	—
137.14	1 800 ('85)	1 960	0.92	—	○
379.71		3 710	—	×	×
190.27	0	0.5	0	×	○
290.32	132	>5 000	0.03	○	○
490.64	0	126〜132	0	○	○
—	3 536	5 000	0.71	○	○
$(265.3)_n$	744	3 000	0.25	○	○
$(1 088.7)_n$	0	2 850	0	—	○
214.29	20	1 100	0.02	—	×
416.30	8	57.5	0.14	×	○
419.91	—	325	—	—	—
419.91	—	70.2	—	○	○
391.29	28	1 000	0.03	×	○
286.11	0	10 000	0	—	○
$(275.7)_n$	208	1 850	0.11	—	○
305.83	324	267	1.2	○	○
306.44	0		0	—	—
334.50	0	29 600	0	—	×
250.29	0		0	—	—
ダイマー：208.28 トリマー：312.42	—	—	—	—	—
134.22	—	—	—	—	—

東京都立衛生研究所「内分泌かく乱化学物質(67物質)
タを更新して作成。

なる。

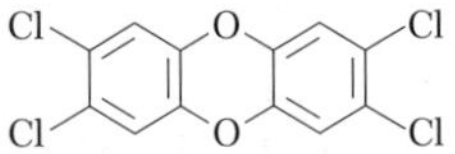

2. 環境ホルモンの実像

No.1 ポリ塩化ジベンゾダイオキシン (PCDD)

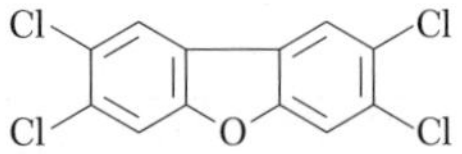

No.1 ポリ塩化ジベンゾフラン (PCDF)

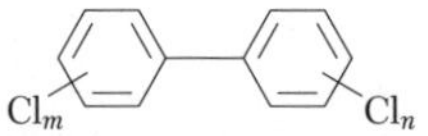

No.2 ポリ塩化ビフェニル (PCB)

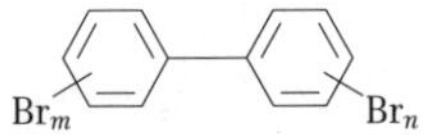

No.3 ポリ臭化ビフェニル (PBB)

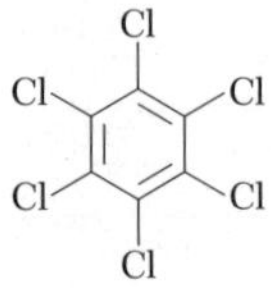

No.4 ヘキサクロロベンゼン (HCB)

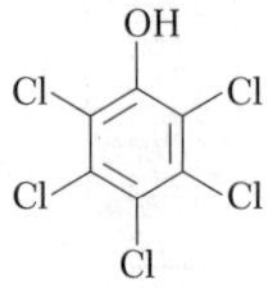

No.5 ペンタクロロフェノール (PCP)

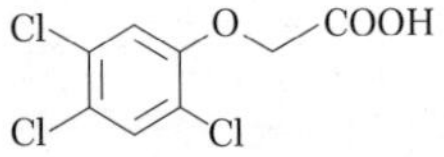

No.6 2, 4, 5-トリクロロフェノキシ酢酸

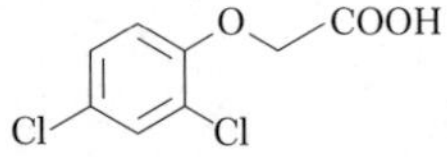

No.7 2, 4-ジクロロフェノキシ酢酸

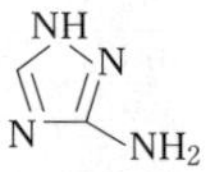

No.8 アミトロール

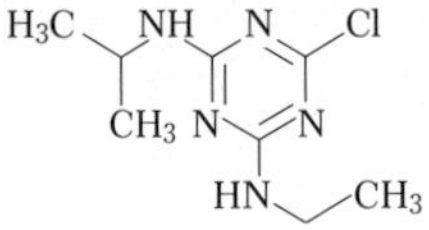

No.9 アトラジン

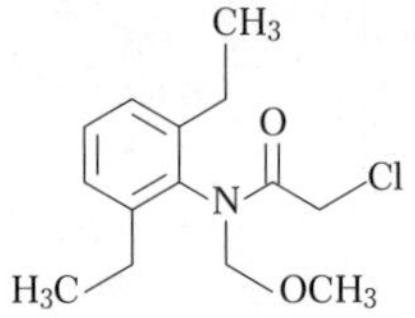

No.10 アラクロール

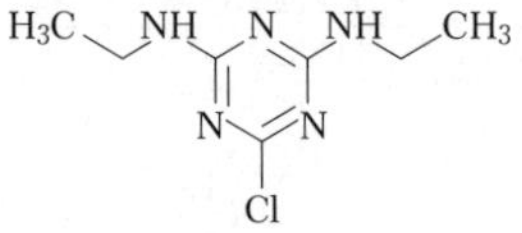

No.11 CAT, シマジン

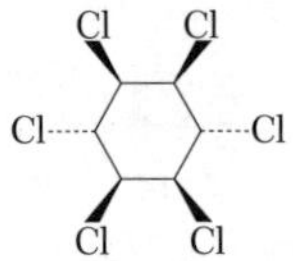

No.12 ヘキサクロロシクロヘキサン γ-体, β-体

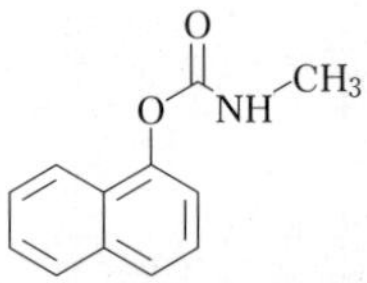

No.13 NAC, カルバリル

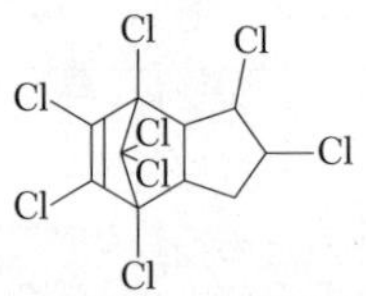

No.14 trans-, cis- クロルデン

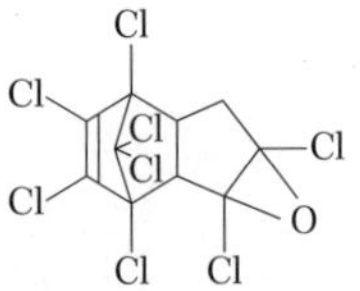

No.15 オキシクロルデン

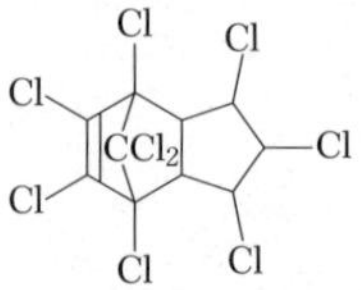

No.16 trans- ノナクロル

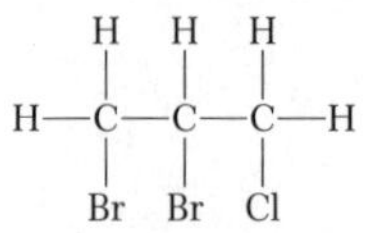

No.17 1, 2-ジブロモ-3-クロロプロパン

図2.2　SPEED'98にリストアップされた物質の構造式
出典：文献1より引用

2.2 内分泌撹乱化学物質の種類と各種特性

No.18 DDT (p,p'-DDT)

No.19 p,p'-DDD (DDT代謝物)

No.19 p,p'-DDE (DDT代謝物)

No.20 ケルセン

No.21 アルドリン

No.22 エンドリン

No.23 ディルドリン

No.24 エンドスルファン

No.25 ヘプタクロル

No.26 ヘプタクロルエポキサイド

No.27 マラチオン

No.28 メソミル

No.29 メトキシクロル

No.30 マイレックス

No.31 ニトロフェン

No.32 トキサフェン

No.33 トリブチルスズ (TBTO, ビストリブチルスズオキシド)

No.33 トリブチルスズ (塩化トリブチルスズ)

2. 環境ホルモンの実像

No.34 トリフェニルスズ
（塩化トリフェニルスズ）

No.35 トリフルラリン

No.36 p-オクチルフェノール

No.36 ノニルフェノール

No.37 ビスフェノールA

No.38 フタル酸ジ-2-エチルヘキシル

No.39 フタル酸ブチルベンジル

No.40 フタル酸ジ-n-ブチル

No.41 フタル酸ジシクロヘキシル

No.42 フタル酸ジエチル

No.43 ベンゾ[a]ピレン

No.44 2,4-ジクロロフェノール

No.45 アジピン酸ジ-2-エチルヘキシル

No.46 ベンゾフェノン

No.47 4-ニトロトルエン

No.48 オクタクロロスチレン

No.49 アルディカーブ, アルジカルブ

No.50 ベノミル

No.51 キーポン（ケポン）

No.52 マンゼブ（マンコゼブ）
$x:y = 10:1$

No.53 マンネブ

2.2 内分泌撹乱化学物質の種類と各種特性

No.54 メチラム

No.55 メトリブジン

No.56 シペルメトリン　cis-form

No.57 エスフェンバレレート

No.58 フェンバレレート

No.59 ペルメトリン　(1R-cis)-form

No.60 ビンクロゾリン

No.61 ジネブ

No.62 ジラム

No.63 フタル酸ジ-n-ペンチル

No.64 フタル酸ジヘキシル

No.65 フタル酸ジプロピル

No.66 スチレンダイマー

No.66 スチレントリマー

No.67 n-ブチルベンゼン

2. 環境ホルモンの実像

してリストアップしている。また USEPA では，現在 1 万 5000 種の化学物質について内分泌撹乱性の洗い出しにかかっており，最終的には 6 万種の化学物質についての調査を実施しようとしている。このように，内分泌撹乱化学物質として断定できる物質はまだ少なく，今後の研究によって疑いが持たれる物質の数も増減していくものと考えられ，67 物質群というのは氷山のほんの一角である可能性もある。

内分泌撹乱化学物質であるかどうかを判断するための研究には，多大な労力と時間を要するため，環境省は SPEED'98 にリストアップされた物質群を内分泌撹乱化学物質としての調査の緊急性によって分類し，緊急性の高い物質から集中的に調査を進めることとした。そのため 1999 年度に行った内分泌撹乱化学物質の負荷量調査をもとに，SPEED'98 の 67 物質群を，以下に示す曝露作用暫定分類指数を用いて A ～ E 物質の 5 段階に分けている[2]。

曝露作用暫定分類指数とは，調査で測定された環境水中の最高濃度 (x) と内分泌撹乱作用を示すと疑われた最低濃度 (y) との比 x/y である。ここで，内分泌撹乱作用を示すと疑われた最低濃度というのは，マウスやラットなど特定の動物や細胞を用いた実験結果から導かれた値であるため，内分泌撹乱作用を示す最低濃度の不確実性を表す係数として，環境中濃度の変化と影響を受ける生物の種差や個体差を考慮して，OECD が採用している最大値(最も安全側に立った値)である 1000 を暫定的に用いることとされた。そこで，対象物質ごとに算出した曝露作用暫定分類指数が 1/1000，すなわち，0.001 より大きいか小さいかが調査の緊急性を判定する基準とされた。各段階の判定基準と，環境省としての今後の対応方針は以下のようになっている(**表 2.2**)。

2.2.1 調査研究の優先度に基づく対象物質の分類

(1) A 物質

各調査において検出された物質で，内分泌撹乱作用を示すと疑われた結果の報告があり，曝露作用暫定分類指数が 0.001 以上の物質。内分泌撹乱作用に関するリスク評価を優先的に行う。なお，リスク評価においては，対象物質の環境中での挙動や残留性，生物体内での対象物質の濃縮性，蓄積性，代謝活性化および排出などを考慮する必要がある。

2.2 内分泌攪乱化学物質の種類と各種特性

(2) B物質

各調査において検出されたか，または未検出で使用量が増加傾向にある物質で，内分泌攪乱作用を示すと疑われた結果の報告があり，曝露作用暫定分類指数が0.001未満または不明の物質。環境濃度調査や文献調査を優先するとともに，リスク評価を行う。

(3) C物質

各調査において検出されたか，または未検出で使用量が増加傾向にある物質で，内分泌攪乱作用を示すと疑われた結果の報告がない物質。内分泌攪乱作用に関する生体内(*in vivo*)試験を促進するように努め，知見が充実した後にリスク評価を実施する。また，環境濃度調査を優先して実施する。

(4) D物質

各調査において未検出で，使用量の増加傾向が認められない物質で，内分泌攪乱作用を示すと疑われた結果の報告がある物質。環境濃度調査を優先するとともに，文献調査を行う。

(5) E物質

各調査において未検出で，使用量の増加傾向が認められない物質で，内分泌攪乱作用を示すと疑われた結果の報告がない物質。環境濃度調査や文献調査を継続する。

ここで，SPEED'98にリストアップされながら「内分泌攪乱作用を示すと疑われた結果の報告がない」というのは，SPEED'98にリストアップされた物質群には，細胞(*in vitro*)実験のみによってエストロゲン様活性が認められた物質なども含まれており，必ずしも生体への内分泌攪乱作用として報告された物質ではないためである。つまり，細胞実験によりエストロゲン様活性が認められたからといって，生体において内分泌攪乱性を示すとは限らないことに注意する必要がある。

環境省は，実際にはSPEED'98記載の67物質群のうち，以下の理由から6物質を除外し，61物質群を調査対象物質とした。ダイオキシン類については，検討を別途実施しているため調査対象からははずした。マイレックス，トキサフェン，アルディカーブ(アルジカルブ)，キーポン(ケポン)は国内の登録実績がなく農薬以外の用途がないこと，また，メチラムについては水試料を対象とした場合，自然由来な

どの夾雑物質によって定量性が得られる残留分析法がないことから，それぞれ調査対象から除外した。また，ベノミル，マンゼブ，マンネブ，ジネブ，ジラムの5物質についても，環境中濃度として代謝物を測定したことから分類対象除外としている。また重金属類についても，SPEED'98のリストからは除かれており，本節においても詳しくは触れない。

以上のように，SPEED'98にリストアップされた物質群のみが内分泌撹乱化学物質であるわけではなく，また，リストに含まれているからといって，確実に内分泌撹乱化学物質であるというわけでもない。しかし，現段階において調査検討する場合には，まずは検討対象として挙げるべき物質ではあると考えられる。よって，以下では**表 2.2**に示した各物質のいくつかの性質について解説する。

2.2.2 分子量

現在，内分泌撹乱化学物質として問題となっている物質のおおよその分子量は，その多くが200以上450以下となっている。また，分子構造がきわめて単純な小さな分子やあまりに大きな分子は，内分泌撹乱性という点からは注目されていない。

2.2.3 使用量

環境庁が2000年春季に行った調査では，フタル酸ジエステル類10種類の大気中濃度を全国20地点で測定したが，現在，日本での使用が報告されていないフタル酸ジヘキシルなどは，全地点で検出限界以下であった。また，生産量，使用量の多い，フタル酸ジ-n-ブチル，フタル酸ジ(2-エチルヘキシル)などは，ほとんどすべての地点で検出されている。このことから，生産量，使用量などは内分泌撹乱化学物質への曝露を検討するうえで重要なデータである。ただし，経済統計などによる日本での現在の生産量，使用量が0だとしても，曝露を免れるわけではない。例えば，日本ではヘキサクロロベンゼンは1979年に製造，販売，使用が禁止されているが，上記大気環境調査では，全国20箇所の調査地点すべての大気中からヘキサクロロベンゼンが検出されている。

工業生産物の中で日本国内での年間使用量（原体の年間生産量＋輸入量－輸出量）の多いものを挙げると，2000年のデータでは，ビスフェノールAが約35万t，フタ

ル酸ジ-2-エチルヘキシルが約22万t，次に多いのがノニルフェノールで1万9000t，p-オクチルフェノールが約1万t，フタル酸ジブチルが8000tと，工業用用途の物質が上位を占める。アジピン酸ジ-2-エチルヘキシルは，1986年のデータで約2万5000tの使用量であり，現在も使用量は多いものと思われる(2000年のアジピン酸系可塑剤生産量は2万8574t)。農薬で使用量の多いものは，殺菌剤であるマンコゼブの3500t，マンネブの700tなどである。トリフルラリンなどの殺虫剤であるメソミルは，比較的急性毒性が高い割には300t程度の使用量があり，環境への影響は大きいと考えられる。国内で使用量のあるものでは10～300t程度の値が多い。またSPEED'98でリストアップされていても，現在わが国では使用されていない物質も多いことがわかる。なお，ここでの使用量の値は，特に農薬の場合，各製品中の生産量，輸入量，輸出量と各製品中の有効成分の代表的な含有率とから算出した推定値であり，正確なものではない。

2.2.4 急性毒性

急性毒性とは，その物質を一時に多量に摂取した場合に生体に現れる症状であり，その典型的なものは死である。そのため，ある物質の急性毒性値として，ある生物がその物質を一時に摂取した場合に，その半数が死亡してしまう量であるLD_{50} (lethal dose 50；半数致死量)という値がよく使用される。LD_{50}は，少量の物質を長期間摂取させる慢性毒性実験の予備的試験(急性毒性実験)として，ほぼすべての物質についてその値が求められている。LD_{50}値は，生物の種類によっても(種差)，性によっても(性差)異なってくるため，その値のみを簡単に比較することはできない。しかし，その物質に関するおおよその毒性の強さの目安にはなると考えられる。LD_{50}の単位は，一般に単位体重当りの摂取量で表される。その値の小さいもの，すなわち毒性の強いものとしては，地上最強の毒物といわれ，0.02 mg/kgという値が得られているポリ塩化ジベンゾダイオキシン類の中の2,3,7,8-TCDDという物質がある。次にLD_{50}が小さいのは，アルジカルブやエンドリンなどの殺虫剤であり，1～200 mg/kg程度の値となっている。また，船底塗料などに使用されるトリブチルスズやトリフェニルスズも100 mg/kg程度の値であり，急性毒性の強い方である。一方，殺菌剤や除草剤，プラスチック可塑剤では，LD_{50}は1000 mg/kg程度あるいはそれ以上の値が多く，一般に急性毒性は弱い。

2.2.5　使用量と急性毒性から見た環境へのインパクト

　環境へのインパクトとしては，単なる使用量よりも使用量を毒性の大きさで割った値の方が有効な目安になると考えられる。使用量/LD_{50}の値を求めると，最大の値となるのがビスフェノール A（= 107，工業用），続いてメソミル（= 19，殺虫剤），ノニルフェノール（= 12，工業用），フタル酸ジ-2-エチルヘキシル（= 7.3，工業用），エンドスルファン（= 3.5，殺虫剤）と続いていく。ただしこれらの中には，使用量データのないポリ塩化ジベンゾダイオキシンや，現在では生産されていないポリ塩化ビフェニルなどは含まれていない。また人体への影響という点では，実際に問題となるのは各物質の摂取量であり，ビスフェノール A のように合成樹脂の原料となるものと殺虫剤とでは，使用量と環境中への放出量の関係は大きく異なると考えられることから，ここで示した値は単なる目安にすぎない。

2.2.6　発がん性と変異原性

　表 2.2 には，ラットやマウスなどを用いた発がん試験の結果，なんらかのがんや腫瘍を誘発すると報告されている物質には○印を，発がん性なしと判断された物質には×印を記入している。SPEED'98 でリストアップされた物質の半分以上は，発がん物質でもあることがわかる。また 2 種以上の動物を用いた発がん試験には多大の費用と時間を必要とするため，発がん試験の必要性の目安を与えるものとして，細胞に突然変異を誘発するかどうかを見る変異原性試験が行われている。どのような細胞を用いるかによって様々な変異原性試験があるが，なんらかの変異原性試験において陽性と判断されたものには○印を，今のところ陰性の結果しかないものには×印を記入している。**表 2.2** よりわかるように，変異原性試験が陽性だからといって，必ずしも発がん性があるとは限らないこと，逆に発がん性があるからといって，変異原性試験が陽性になるとは限らないことに注意しておく必要がある。

　以上，いくつかの性質に注目して内分泌攪乱化学物質として疑われている物質の特性をみた。ただし，ここでの比較は，値がある程度既知となっているものだけを比較したものであり，学術上の厳密さは無視した，おおまかな傾向を把握するためだけのものである。

2.3 作用メカニズム

内分泌系は神経系および免疫系とともに生体の恒常性を保つために重要な制御機構であり、さらに生殖、発生には性ホルモンが必須の役割を演じている。

2.3.1 体内調節系の概要

内分泌攪乱化学物質について理解するためには、まず、ヒトが有する生理的に必要なホルモンについて把握しておく必要がある。

ヒトが生体内で分泌する内分泌ホルモンは、主としてヒトの内部環境のホメオスタシス（恒常性維持）、エネルギー代謝、発育と生長、性の分化と生殖の4つの生体機能を調節している。また、行動、精神活動などの精神機能や生体防御反応にも深く関与している。

ホルモンの産生臓器と分泌されるホルモンを図 2.3 に、ホルモンの分泌および情報伝達経路を図 2.4(a)[3] に示す。

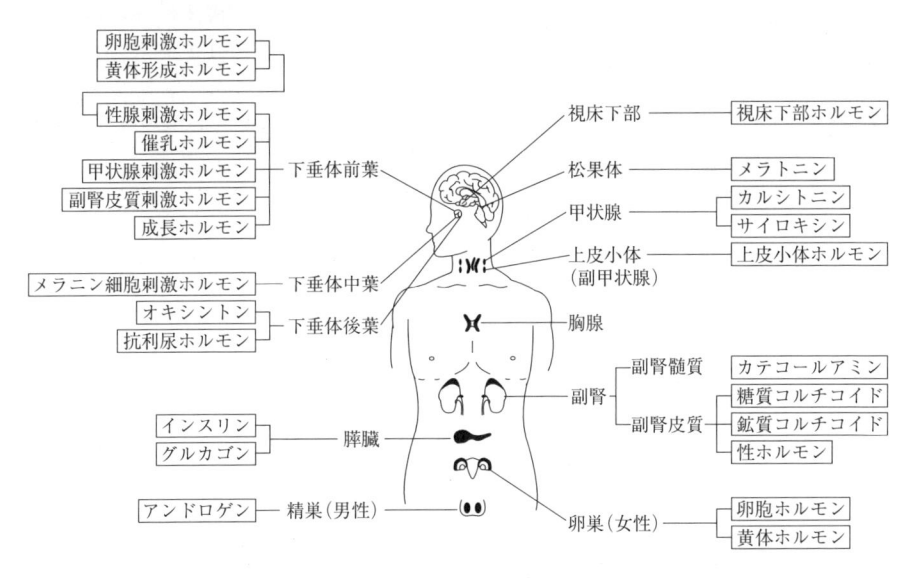

図2.3 ホルモンの産生臓器と分泌されるホルモン

2. 環境ホルモンの実像

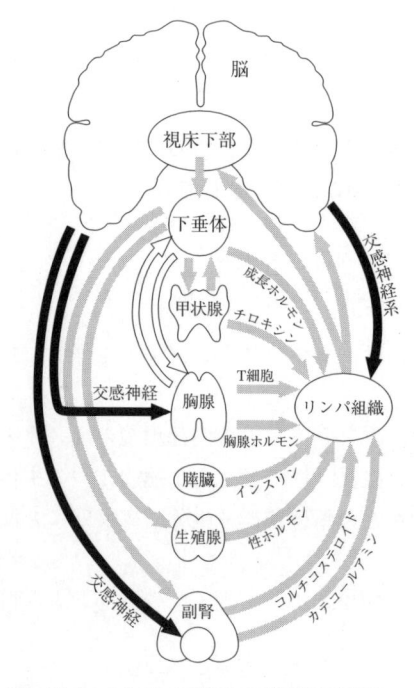

図 2.4 (a) ホルモンの分泌および情報伝達経路

図は,内分泌系,神経系,免疫系の間にありうる相互作用を示す。
矢印の別は次のことを示す。
- ■:神経系を介した結合
- ■:ホルモン的結合(ホルモンが移動)
- □:仮説されている部分

出典:文献3より引用

現在,話題になっている内分泌撹乱化学物質問題で当面問題視されるホルモンは,女性ホルモン(estrogens),男性ホルモン(androgens)および甲状腺ホルモンである。これら構造式を**図2.5**に示す。

本来,これら生体内のホルモンは,**図2.4(b)**に示したように分泌臓器あるいは組織で微量分泌され,血液を介して標的臓器に運搬されて,そこで生理作用を発現している[4]。すなわち,卵巣や精巣において産生された女性ホルモンや男性ホルモンの血液中濃度は,**表2.3**に示したように 0.1〜10 μg/L レベルであり,これらは血流中でホルモン結合タンパク質に結合して標的臓器に輸送され,作用を発現して,不要となればただちに酵素的に代謝を受けた後,排泄系へ運ばれ尿中に排泄されるといわれている。ステロイドホルモンである女性ホルモンや男性ホルモンは,**図2.6**に示すような生合成経路で合成される[4]。

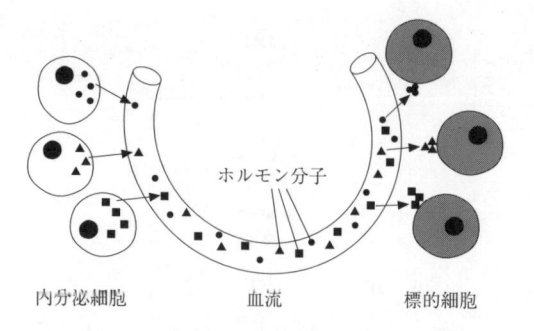

図 2.4 (b) 内分泌細胞から標的細胞への情報伝達経路

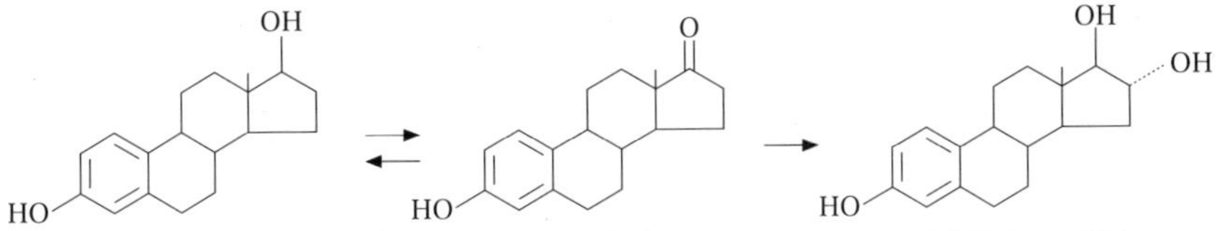

2.3 作用メカニズム

エストラジオール（E_2）　　エストロン（E_1）　　エストリオール（E_3）

女性ホルモン（estrogens）

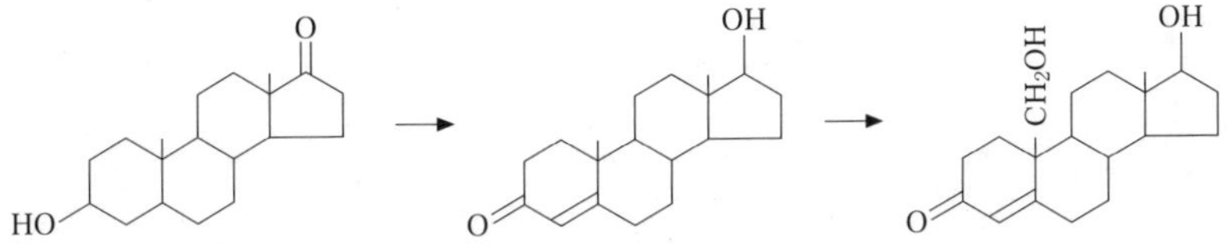

dehydroepiandrosterone　　testosterone　　19 hydroxy-testosterone
（DHEA）（副腎）　　テストステロン（男性ホルモン）

男性ホルモン（androgens）

チロキシン（thyroxine）（T_4）　　トリヨードチロニン（triiodothyronine）（T_3）

甲状腺ホルモン

図 2.5　性ホルモンと甲状腺ホルモンの種類と構造

表 2.3　女性ホルモンおよび男性ホルモンの血液中濃度

		正常人の1日分泌量	1日平均血漿中濃度
女性ホルモン	エストラジオール	0.2〜0.5 mg/日	0.1〜10 μg/L 妊婦　2〜30 μg/L
	エストロン		妊婦　1〜10 μg/L
男性ホルモン	テストステロン	成人男子　4〜12 mg/日 成人女子　0.5〜2.9 mg/日	4〜13 μg/L 0.2〜3 μg
副腎皮質ホルモン	アルドステロン	100〜150 μg/日	0.09 μg/L
	プロゲステロン	妊娠2箇月　10 mg/日 分娩時　60〜100 mg/日	妊娠前半　0.05 mg/L 妊娠後半　0.04〜0.27 mg/L

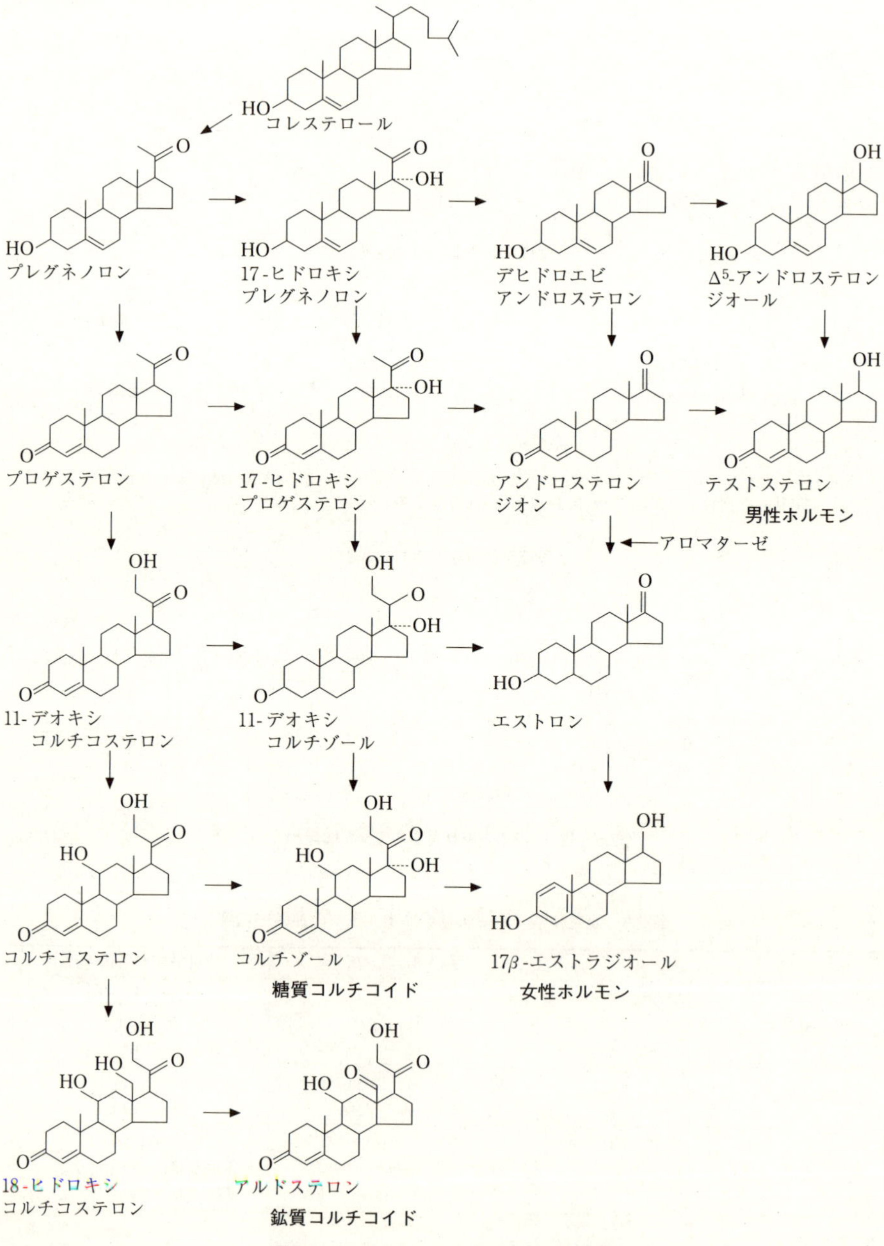

2. 環境ホルモンの実像

コレステロール

プレグネノロン

17-ヒドロキシ
プレグネノロン

デヒドロエピ
アンドロステロン

Δ⁵-アンドロステロン
ジオール

プロゲステロン

17-ヒドロキシ
プロゲステロン

アンドロステン
ジオン

テストステロン
男性ホルモン

←アロマターゼ

11-デオキシ
コルチコステロン

11-デオキシ
コルチゾール

エストロン

コルチコステロン

コルチゾール
糖質コルチコイド

17β-エストラジオール
女性ホルモン

18-ヒドロキシ
コルチコステロン

アルドステロン
鉱質コルチコイド

図 2.6 ステロイドホルモンの生合成経路

2.3 作用メカニズム

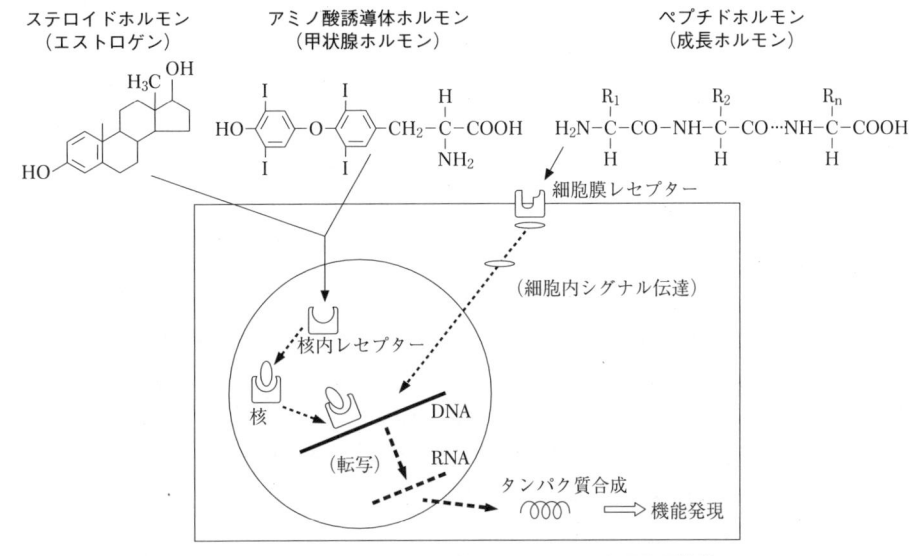

図2.7 代表的なホルモンの標的細胞における作用発現機構
出典：文献5より引用

一例として，標的臓器における女性ホルモンの作用発現に関して**図 2.7**[5] に示す。すなわち，標的臓器に到達したホルモンは，細胞内に取り込まれ細胞質を移動し，核に達する。核内には各種ホルモンなど多くのレセプターの存在する核内スーパーファミリーがあり，その中の1つの女性ホルモンレセプターに女性ホルモンが結合する。これら2つがホモダイマーとなり，DNA上のホルモン応答配列に結合する。これによって転写装置群が活性化されて，mRNAがつくられる。さらにmRNAに対応するタンパク質が生合成される。このタンパク質がホルモン作用を示す生理活性物質の本体である。

ホルモンを生合成するのは内分泌腺であり，脳下垂体，甲状腺，副腎，卵巣・精巣などの生殖腺などがある。これらの器官から分泌されたホルモンは，血液によって標的器官に運ばれ，ごく微量で標的組織や器官の働きを調節する。さらに，ホルモンは生体防御に重要な役割を果たす免疫系，および生命維持に重要な働きを担っている神経系と相互に作用し合って，健康な生体を維持している。**図2.4(a)**に内分泌，神経系，免疫系の間にあり得る相互作用を示す。

2. 環境ホルモンの実像

(1) ホルモン・内分泌系

　内分泌とは，化学物質を直接細胞外域の血液に放出するための器官に対する用語である。主な内分泌器官としては，脳，下垂体，甲状腺，副腎，膵臓，卵巣，精巣，胃腸管，松果腺，腎臓，胎盤，胸腺などがある。ヒトの体においては，内分泌系と神経系により生体機能の様々な面が制御されている。これらの系は，体の内部環境を恒常性の保たれた状態に維持し，外部環境の変化に反応してそれを変えることができる。内分泌系は，生物の機能を制御するための信号となる化学物質（ホルモン）を産生する細胞から構成される。ホルモンは，生物の発生過程を制御し，発生過程が終わった生体内においては，体内の他の細胞の働きを制御する。内分泌系は，化学物質またはホルモンを分泌する器官によって司られている。

　体内には多くの内分泌器官があるが，特に視床下部－下垂体系は要ともいうべき場所で，多くのホルモンを産生するだけでなく，ホルモン放出因子・抑制因子を出すことにより他のホルモンを調節している。

　例えば，下垂体から甲状腺刺激ホルモンが放出されると，それが甲状腺に達し甲状腺ホルモンが産生される。このとき視床下部－下垂体は甲状腺ホルモン量をモニターし，甲状腺刺激ホルモンの分泌量を調節（フィードバック制御）し，甲状腺ホルモンレベルを一定に保っている。

(2) 免疫系

　我々生体の免疫系は，リンパ球や食細胞をつくる胸腺や骨髄などの中枢リンパ組織と，そこでつくられた細胞が移動して集まる脾臓やリンパ節などの末梢リンパ組織とから成り立つ。末梢組織に集まるリンパ球には，胸腺でつくられるT細胞（Tリンパ球）と骨髄でつくられるB細胞（Bリンパ球）とがあり，T細胞はさらに，働きの違うヘルパーT(Th)細胞と細胞傷害性T(Tc)細胞に分かれる。また，Bリンパ球はIgG, IgA, IgE, IgD, IgMの5つの免疫グロブリンをつくる。

　免疫系の働きは，生体にとって異物（非自己）である抗原の刺激が引き金になって始まる細胞間の連鎖反応的な情報交換をもとに現れ，あるいは抑制される。こうした細胞間の情報交換は，抗原を取り込んだマクロファージとT細胞，その結果活性化するT細胞とB細胞，活性化リンパ球と食細胞の間でみられる。細胞間の情報交換は，細胞と細胞の直接の接触，あるいは抗体やサイトカインなどの液性の因子を介して行われる。いずれの場合にも，抗原を識別するしくみ，細胞を互いに接着す

2.3 作用メカニズム

るしくみ，液性因子が細胞に結合するしくみが必要である。このしくみには，抗体や抗原レセプター，接着分子，サイトカインレセプターなど各種の分子が関わる。

　免疫系の最も特徴的で重要な働きは，自己と非自己を識別して非自己を選択的に攻撃することである。これは主に，自己または非自己の抗原に特殊なレセプターを持つリンパ球のネガティブセレクションとポジテブセレクションによるものであるが，その他の補助的な機構もこのしくみを支える。このような免疫の働きは，神経，内分泌，消化，循環器系と分かれる生体の様々な機能の中で特徴的である。

(3) 神 経 系

　神経系は情報を受け取り，判断・蓄積・発信する働きを持っている。内分泌系とともにすべての器官を制御し，変化する外部環境に対応して，絶えず身体全体を調節している。

　神経組織は，神経細胞(ニューロン)と神経膠細胞(グリア細胞＝支持細胞)の2種類の細胞集団で構成されている。神経系の構成は，中枢神経系(脳と脊髄)と末梢神経系(自律神経と体性神経系)に分類できる。多くのホルモンの産生に関係する脳下垂体や視床下部は中枢神経系であり，また，末梢神経系の中の自律神経と関連の強い副腎や膵臓からもホルモンが産生されている。

2.3.2-1 環境ホルモン作用(1)

(1) 内分泌撹乱化学物質の可能な生体作用

　内分泌撹乱化学物質の考えられる可能な生体影響作用点は次のようである。すなわち，ホルモン生合成異常，貯蔵もしくは放出に対する異常，輸送に対する異常，排泄系へのクリアランス異常，ホルモンレセプターへの結合や競合阻害およびホルモンレセプター結合後のシグナル伝達異常などが考えられる。

　内分泌組織から血液を介して標的臓器にシグナル伝達される各段階において，異常が生じると，生体に生殖機能異常，生殖器奇形，生殖器がん，免疫機能抑制，神経系への影響などの生体影響の発生する可能性が考えられる。

　現在までの多くの野生生物に対する影響調査から判明している内分泌撹乱作用が疑われる合成化学物質を作用機作からまとめると，次のような分類が可能である(**表 2.4**)。

　代表的な内分泌撹乱化学物質について述べる。ホルモンレセプターに結合して作

2. 環境ホルモンの実像

表 2.4　内分泌攪乱化学物質の作用機作による分類

(1) ホルモンの合成異常
　ホルモン合成における特異的な酵素阻害
　　　アミノグルテシマイド, シアノケトン, ケトコナゾール
　芳香族化酵素（アロマターゼ）阻害でエストロゲン減少
　　　トリブチルスズ, トリフェニルスズ
(2) 貯蔵もしくは放出の異常
　カテコールアミン系ホルモンの貯蔵への影響
　　　レセルピン, アンフェタミン
(3) 血液中でのホルモン輸送の異常
　ホルモン結合タンパク質に作用し, 甲状腺ホルモン（T_4）を減少
　　　ダイオキシン類, PCB
(4) ホルモンのクリアランスの異常
　芳香族炭化水素受容体（AhR）に結合し, 代謝酵素（CYP1A1/1A2）を誘導させ, エストロゲンの排泄促進
　　　ダイオキシン類, PCB
(5) レセプターの識別あるいは結合の異常
　エストロゲンレセプター機能障害
　　　メトキシクロール, クロールデコン, DDT, PCB
(6) 内分泌攪乱化学物質のレセプターへの作用
・アゴニスト（類似作用をするもの）
　エストロゲン類似作用
　　　17β-エストラジオール, エストロン, エストリオール, ジエチルスチルベストロール（DES）, エチニルエストラジオール, 水酸化 PCB, p-オクチルフェノール, ノニルフェノール, o,p-DDT, メトキシフェノール, ビスフェノール A, 植物エストロゲン（α-ゼアラレノン, クメストロール, ゲニスティン）
　アンドロゲン類似作用
　　　テストステロン（?）
・アンタゴニスト（作用を抑えるもの）
　抗エストロゲン作用
　　　タモキシフェン
　抗アンドロゲン類似作用
　　　p,p'-DDE, ビンクロゾリン
　芳香族炭化水素受容体（AhR）に結合し, 代謝酵素（CYP1A1/1A2）を誘導させエストロゲンを減少
　　　クロールデコン, p,p'-DDT, o,p'-DDT, p,p'-DDD
(7) レセプター結合後のシグナル伝達過程の異常
　　　鉛, 亜鉛, カドミウム

用するものには，類似作用を示すアゴニストとしては，エストロゲン類似作用をするジエチルスチルベストロール（DES），水酸化 PCB, p-オクチルフェノール, o,p'-DDT，ビスフェノール A，ノニルフェノール，植物エストロゲンなどがある．また，作用を抑えるアンタゴニストとしては，抗アンドロゲン類似作用を有する p,p'-DDE とビンクロゾリンが見出されている．

また，ホルモンレセプターに結合せず間接的に作用するものの例としては，トリブチルスズ（TBT）がある．TBT は，女性ホルモンの生合成過程において，男性ホル

2.3 作用メカニズム

モン(アンドロステンジオン)から女性ホルモン(エストロン)への変換酵素であるアロマターゼ(芳香族化酵素)を阻害することによってエストロゲンを減少させるだけでなく,男性ホルモンをプールさせる結果,雌の雄性化の起こることが明らかにされている。

輸送過程において血液中のホルモンを低下させるものとしては,ダイオキシン類やPCBがある。これら化合物は,甲状腺ホルモンと構造が類似しているため血液中の甲状腺ホルモン結合タンパク質に結合する結果,甲状腺ホルモン(T_4)を減少させることが知られている。

代謝により血液中ホルモンを減少させるものにダイオキシン類とPCBがある。この作用は,ダイオキシン類とPCBなどの一連の有機塩素系化合物の内分泌撹乱作用を説明するために重要である。芳香族炭化水素受容体(arylhydrocarbon receptor:AhR)を介する作用は,図2.8[6)]のように模式化される。ダイオキシン類のうち代表的なテトラクロロジベンゾ-p-ダイオキシン(TCDD)などのリガンドは,細胞質でAhRと結合し,さらにHsp90というタンパク質と複合体を形成して核まで到達し,

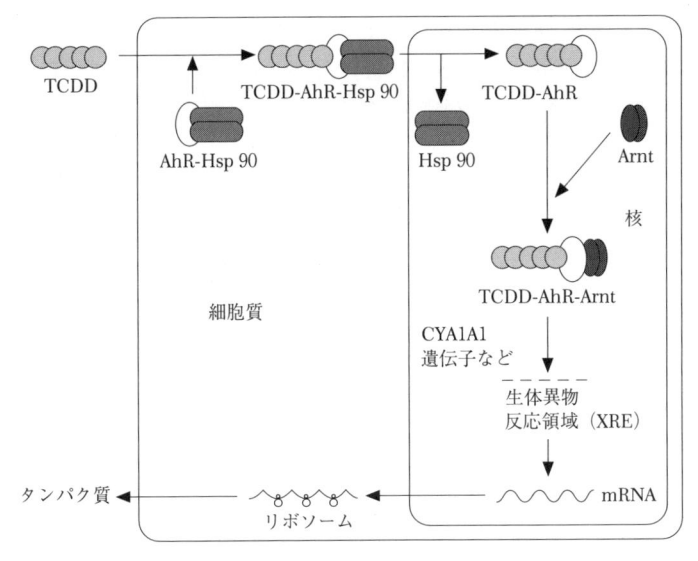

図2.8 Ah遺伝子の関与した遺伝子の活性化機構
出典:文献6より引用

この複合体から Hsp90 が解離し核内に移行する。核内の TCDD-AhR は AhR に類似構造を有する Arnt とヘテロダイマーを形成し，遺伝子上流の XRE (xenobiotic responsive element) と呼ばれる応答配列に結合し，下流遺伝子の発現を活性化する。転写が開始され mRNA が産生し，これに対応する酵素 CYP1A1 がつくられる。この酵素がエストロゲンを代謝する機能を持っている。

AhR は，数種の薬物代謝酵素(肝ミクロソームの CYP1A1, CYP1A2 など)の誘導に関与することが知られているほか，ダイオキシン類の強力な発がんプロモーター作用，催奇形性作用，免疫抑制活性，上皮過形成，肝臓毒性，体重減少などを仲介すると考えられている。

2.3.2-2　環境ホルモン作用(2)

1997 年 1 月，ワシントンで開かれたホワイトハウス主催の会議(スミソニアン・ワークショップ)で，内分泌撹乱化学物質の定義として「生体の恒常性，生殖，発生あるいは行動に関する種々の生体内ホルモンの合成，貯蔵，分泌，体内輸送，受容体結合，ホルモン作用あるいはクリアランス等の諸過程を阻害する外因性の物質」と提唱されている。その後，作用に関する多くの研究がエストロゲン，アンドロゲンおよび甲状腺ホルモン様作用とそれらの拮抗作用に向けられてきた。本稿ではこの定義に関わる作用のうち，筆者らの研究室で行った研究を中心に紹介したい。

(1)　性ステロイドホルモン合成系に対する影響

生体内には種々のペプチドホルモン，ステロイドホルモンが各々の特定の分泌臓器で合成されているが，化学物質自身がホルモン様作用を発揮するのではなく，内因性ホルモンの産生系を亢進あるいは抑制することで内分泌系に影響を及ぼす場合が考えられる。特に胎児期の性分化段階，器官形成期などではホルモンが重要な役割を果たしており，その作用量によっては重大な影響が発生し，出生後にも及ぶことがある。ステロイドホルモンは，コレステロールを材料として P450 酵素によって合成される。主な分泌器官と合成ホルモンは，副腎皮質－コルチゾール(糖質コルチコイド)，精巣－アンドロゲン(テストステロンなど)，卵巣－エストロゲン(エストラジオール，エストロン，プロゲステロン)などがある。このうちテストステロンおよびエストラジオール産生系について検討した。

2.3 作用メカニズム

(a) テストステロン産生系に及ぼす化学物質の影響評価

テストステロン産生系に及ぼす化学物質の影響を調べるため，産生細胞の精巣ライディッヒ細胞を用いた評価系を作成した。ライディッヒ細胞は，マウス精巣細胞を酵素で分散し，さらにパーコールの密度勾配遠心分離によって分画して得た（図2.9）。分離した細胞は，ライディッヒ細胞を刺激する黄体形成ホルモン（LH）と同様の作用を持つヒト絨毛性性腺刺激ホルモン（hCG）の添加によりテストステロン分泌が亢進したことから，ライディッヒ細胞の機能を保持していることが確認された。この細胞を用い，図2.9に示すアッセイ系で各種化学物質を試験した。その結果，発がんプロモーターのオカダ酸が，細胞生存数に影響のない低濃度でテストステロン産生を強く抑制することを見出した（図2.10）[7]。

コレステロールからのテストステロンの合成には，数種のP450酵素が関与している。これらの酵素に対しオカダ酸が遺伝子レベルで影響を及ぼしていないか，各酵素のmRNA量をリアルタイムPCR法により測定した。その結果，オカダ酸はhCG添加により誘導されるP450scc，P450c17，3β-HSD mRNAの発現を抑制することがわかった（図2.11）。また作用機序が異なるホルボールエステルのTPA（12-o-tetradecanoyl-phorbol-13-asetate）やその他のプロモーターがテストステロン産生を

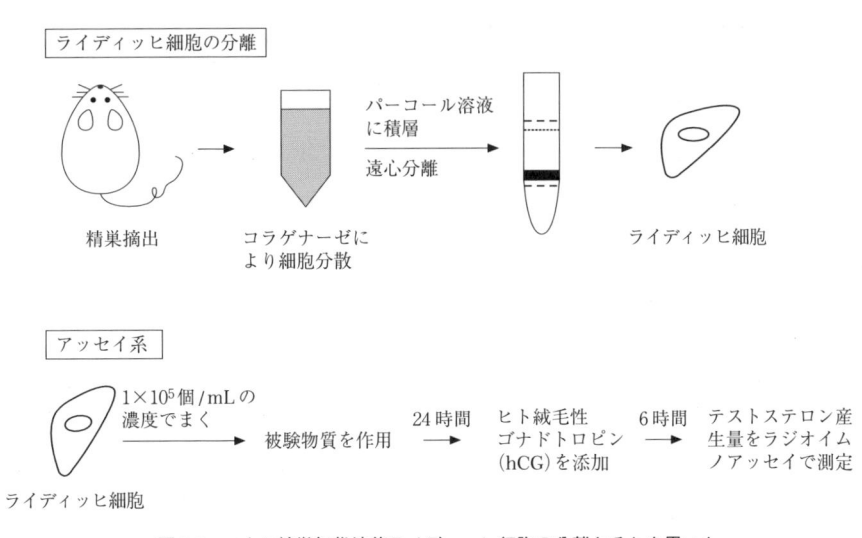

図2.9　マウス精巣初代培養ライディッヒ細胞の分離とそれを用いた
　　　　テストステロン産生に及ぼす化学物質の影響評価アッセイ法

2. 環境ホルモンの実像

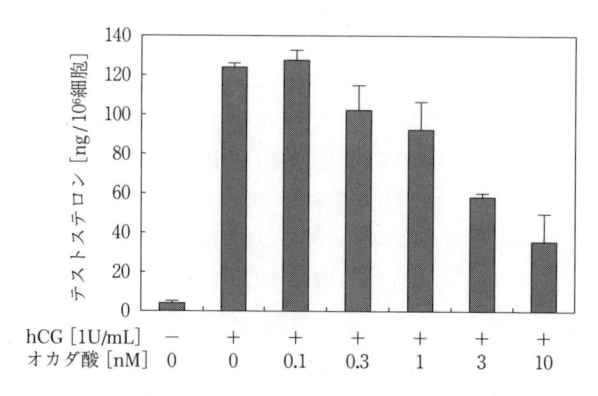

図 2.10 オカダ酸によるテストステロン産生の抑制[7]

マウス精巣より分離した初代培養ライディッヒ細胞を 24 時間前培養後, 0.1, 0.3, 1, 3, 10 nM オカダ酸を 24 時間処理した。その後, ヒト絨毛性ゴナドトロピン(hCG)[1 U/mL]を添加し, 6 時間後に培養液中に分泌されたテストステロンをラジオイムノアッセイ法により測定した。

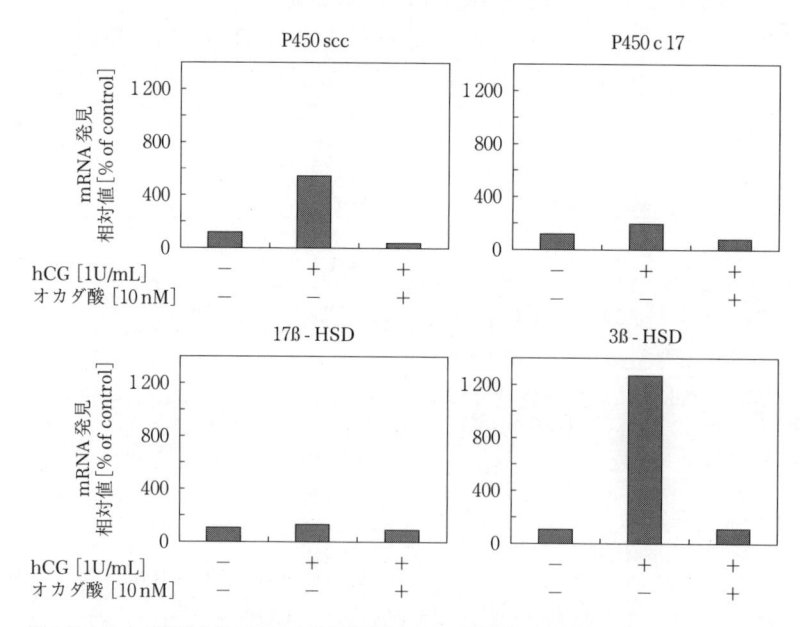

図 2.11 オカダ酸によるステロイド合成酵素 mRNA 発現量への影響

マウス精巣より分離した初代培養ライディッヒ細胞に 10 nM オカダ酸を添加し 24 時間培養した。その後, ヒト絨毛性ゴナドトロピン(hCG)[1 U/mL]添加および無添加下で 6 時間培養後, 細胞より RNA を抽出し, リアルタイム PCR 法により P450 scc, P450 c 17, 17β-HSD, 3β-HSD の mRNA 発現量を定量した。

2.3 作用メカニズム

表 2.5 初代培養ライディッヒ細胞のテストステロン産生に対する各種化学物質の影響

曝露化学物質	テストステロン産生 [% of control]					
	曝露濃度[nM]					
	0	0.1	1	10	100	1 000
control	100					
TPA		95	25	22	16	8
(-)-7-オクチルインドラクタムV		—	61	46	33	25
カリキュリンA		—	73	14	—	—
トウトマイシン		98	95	98	97	101
o-バナジン酸Na		—	—	—	75	67

—：未試験
TPA：12-o-tetradecanoyl phorbol-13-acetate

抑制することが明らかになった(**表 2.5**)。

(b) エストラジオール産生系に及ぼす化学物質の影響評価

エストラジオールは，アロマターゼ(Cyp19)によりテストステロンから，またはアンドロステンジオンよりエストロンを経て合成される。アロマターゼは，胎盤や卵巣のほか脂肪組織や脳などにも分布し重要な役割を果たしており，組織で局所的に制御されている。アロマターゼに作用する化学物質は，乳がんなどの治療薬として種々検討されているが，環境中に放出されている化学物質の影響については不明な点が多い。

ダイオキシン(TCDD)およびPCB(3,3',4,4',5-pentachlorobiphenyl)は，ヒトの胎盤ミクロソーム画分のアロマターゼ酵素の活性は阻害しないが，胎盤の細胞株を用いた実験でアンドロステンジオンからエストラジオールへの変換を抑制することが示された[8]。また船底への貝類付着防止などの目的で広く使用された有機スズ化合物のトリフェニルスズ(TPT)やトリブチルスズ(TBT)は，その汚染海域に棲息する巻貝のインポセックスの原因となったが[9]，その作用メカニズムはまだよくわかっていない。一方，哺乳動物に対するTPTおよびTBTは，ヒト胎盤ミクロソームのアロマターゼ酵素活性を阻害することが示されている[10),11)]。

筆者らは，有機スズ化合物の遺伝子レベルでの影響を調べるため，アロマターゼを有し，エストラジオール産生能を持つヒト胎盤絨毛がん由来のBeWo細胞を用い，有機スズ化合物曝露によるアロマターゼmRNAの発現変動を解析した。TPT(30

2. 環境ホルモンの実像

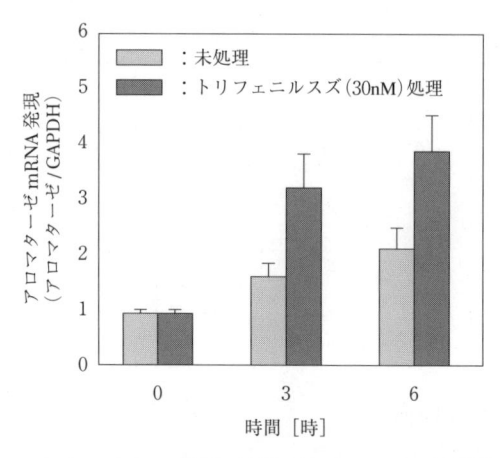

図 2.12　アロマターゼ mRNA 発現に対するトリフェニルスズの影響
ヒト胎盤絨毛がん由来 BeWo 細胞を 24 時間前培養後，トリフェニルスズ (30 nM) を曝露した．経時的に細胞から RNA を抽出し，リアルタイム PCR 法によりアロマターゼ mRNA を定量した．

nM) を曝露後，リアルタイム PCR 法によりアロマターゼ mRNA を定量したところ，その発現量が増加する傾向が認められた (**図 2.12**)。このときの TPT 濃度は，報告されている有機スズ化合物のアロマターゼ活性阻害濃度 (IC_{50}) に比べると低濃度であった。有機スズ化合物がリンパ球細胞において MAPK(mitogen activated protein kinase)のリン酸化を増強したという報告[12]もあることから，TPT のアロマターゼ mRNA 発現に関わる細胞情報伝達系への影響について，より詳細な検討が必要と考えている。

(c)　性ステロイドホルモン合成酵素発現を制御する核内レセプターファミリーへの影響

最近，テストステロン合成酵素 mRNA 発現は，核内レセプターファミリーに属する転写因子により調節されていることが明らかになってきた[13)-16)]。代表的な因子として Ad4BP/SF-1 や DAX-1 などがある。Ad4BP/SF-1 は精巣や卵巣で発現しており，ステロイドホルモン産生に必要な P450scc や 3β-HSD の転写活性化を引き起こす。また，Ad4BP/SF-1 が転写共役因子の CBP/p300 と複合体を形成すると，P450scc の転写活性はさらに活性化を受ける。一方，DAX-1 は，Ad4BP/SF-1 の P450scc 転写活性を抑制することが知られている。このように，テストステロン産生は，複数の酵素群およびそれらを調節する種々の転写因子により制御されている。そのため，

これら上流の制御因子が影響を受けると，テストステロン産生量は変化する可能性がある。実際，妊娠雌ラットに合成エストロゲンのジエチルスチルベストロール(DES)を投与すると，胎仔精巣のAd4BP/SF-1の発現が低下することが観察されている。

筆者らは，ディーゼル排ガスに含まれる内分泌撹乱化学物質について研究を進めているが，最近，ICR系マウスにおいて胎仔期ディーゼル排ガス曝露により雄性胎仔のAd4BP/SF-1 mRNA発現が低下することを明らかにした[17]。

実際の環境中濃度に匹敵するディーゼル排ガス(DE)を妊娠マウスに吸入曝露し，胎仔への影響について性分化関連因子mRNA発現量を指標に検討した。ICR系妊娠マウスをDE曝露群[DEP(diesel exhaust particles：ディーゼル排ガス中微粒子)：$0.1\,mg/m^3$，$3.0\,mg/m^3$] および対照群に分け，妊娠2日目から13日目までDEを曝露した。妊娠14日目に胎仔を摘出した。雄性胎仔におけるAd4BP/SF-1 mRNAの発現をリアルタイムPCR法を用いて定量的に測定した。Ad4BP/SF-1 mRNAの発現が，$0.1\,mg/m^3$曝露群で約20％，$3.0\,mg/m^3$曝露群で約50％低下した。このとき，Ad4BP/SF-1転写遺伝子の下流に当たる性ステロイドホルモン合成酵素のうち，3β-HSDおよびアロマターゼ遺伝子の発現が特に低下していた。なお，エストロゲンおよびアンドロゲンレセプター遺伝子の発現には変化が認められなかった。

(2) 性ステロイドホルモンレセプター合成に対する影響

先天性のホルモンレセプター遺伝子異常の場合では，ホルモン分泌量に異常がなくても種々の病態が現れることがあるが，化学物質がホルモン合成以外にホルモンレセプターの発現に変化を起こす場合も内分泌系に影響を及ぼしうるので，環境ホルモン作用の一つとして重要と考えられる。環境中の化学物質でこのような作用を持つ物質についての研究は少ない。

筆者らは，DEPの性ステロイドホルモンレセプターmRNA発現への影響を*in vitro*培養系で解析した結果，DEP処理により精巣ライディッヒ細胞およびヒト乳がん細胞のエストロゲンレセプターmRNAの発現が有意に低下することを明らかにした。DEPに含まれる化学物質の内分泌撹乱作用を検討するためにマウス精巣ライディッヒ細胞TM3，ヒト乳がん細胞MCF-7にDEPを処理し，エストロゲンレセプターmRNA発現量を定量的に解析した。その結果，両細胞ともDEPにより濃度依存的にエストロゲンレセプターmRNAの発現量が低下した。これらの作用は，新し

いタイプの内分泌撹乱作用と考えられ，原因となる物質の特定，作用機序の検討を進めている。

(3) DNAマイクロアレイを用いた内分泌撹乱作用の解析

近年，遺伝子解析技術の急速な進展により，化学物質の有害作用についても遺伝子レベルで解析できるようになってきた。その技術の一つにDNAマイクロアレイ法があり，広く普及してきた。これは数千種あるいはそれ以上の遺伝子が貼り付けられた基板上に，試料をハイブリダイゼーションさせるもので，これにより対照に対してある条件下での遺伝子の発現変動がいっぺんに網羅的に検出できる。筆者らはこの技術を用い，内分泌撹乱化学物質がいかなる遺伝子に影響を及ぼすのかを総合的に解析することを試みている。内分泌撹乱作用が懸念されている化学物質を精巣構成株細胞(マウスライディッヒ細胞 TM3, セルトリ細胞 TM4)に曝露し，InCyte社 DNA チップ(マウス GEM1 およびマウス UniGene)を用いて変動した遺伝子を解析，比較した。用いた被験化学物質はトリブチルスズ(TBT)，4-オクチルフェノール(OP)，4-ノニルフェノール(NP)，フタル酸ジ-n-ブチル(DBP)，オクタクロロスチレン(OCS)，フタル酸ジシクロヘキシル(DCHP)，ベンゾフェノン(BP)の7種である。その結果，遺伝子発現パターンがエストラジオールと近縁の化学物質群が存在すること，調べた7化合物はエストラジオール曝露では応答しない遺伝子を多数変動させること，発現変動した遺伝子は TM4 細胞と TM3 細胞で大きく異なり，共通して変動した遺伝子は少ないことなどが明らかになった。遺伝子発現変動パターンのクラスター解析の結果，トリブチルスズは他の6化合物と異なるグループに位置付けられた。現在さらに詳細な検討を続けているが，このようなアプローチの解析は，従来知られていない内分泌撹乱化学物質の分子生物学レベルでの作用点を明らかにし，またそれを指標として種々の化学物質を評価した場合，未知の内分泌撹乱化学物質の検出を可能にすることが考えられる。

2.3.3 環境ホルモン作用の特徴

(1) 環境ホルモンと健康リスク

健康リスクとは，人の健康にとって有害な作用が生じる確率，すなわち数量的概念である。健康リスク評価は，①ヒトや実験動物において有害性・中毒の事例報告

があるかどうか(有害性の確認)，②その化学物質がどの程度，どのような経路で体内に取り込まれるのか(曝露量の検討)，③有害性が確認されない最大量(無毒性量；no observed adverse effect level：NOAEL)，もしくは有害性を示す最小量(最小毒性量；lowest observed adverse effect level：LOAEL)はどの程度か(用量-反応関係の検討)，ならびに，④総合的にリスクを判定するプロセスから成り立っている[18]。

内分泌攪乱化学物質(以下，環境ホルモンと記載する)は，体内に存在するあらゆる種類のホルモン作用を攪乱する性質を持つ物質のことであるが，なかでも今日問題になっているのは，エストロゲン，アンドロゲン，甲状腺ホルモン作用の攪乱である。内因性のホルモン作用を「攪乱する」という特異な性質のため，環境ホルモンの健康リスク評価では，従来の毒性評価法をあてはめにくい側面を有している。従来の毒性学では，毒性物質の生体影響の指標を，細胞傷害性，催奇形性，発がん性など，明確な影響指標(エンドポイント)を基準として評価がなされてきた。しかし，環境ホルモンが影響を及ぼすと予想される標的部位・器官や個体の恒常性の維持をどの程度どのように攪乱するかについて，いまだ明確な定義がなされていない。環境ホルモンへの曝露によって生体が影響を受けたことを確認できたとしても，何を指標としてどの用量を無作用量(no observed effect level)とするか，または無毒性量とするかが困難な場合が多い。これらの様々な未解明の問題があるが，本稿では，環境ホルモン作用の特徴である低用量の反応，ならびに閾値の問題について紹介する。

(2) 低用量における反応の特徴

Vom Saal の研究グループは，CF-1系妊娠マウスにエストラジオールを投与し，妊娠18日目に胎仔の血清中の遊離エストラジオール量と，8箇月まで生育させた雄仔の前立腺重量との関係を調べた。その結果，両者の間に逆U字曲線の反応が観察された[19]。エストロゲン様作用を有する薬剤であるジエチルスチルベストロール(DES)についても，2 ng/kg 体重から 200 μg/kg 体重の用量範囲で同様の反応が観察された(図 2.13)。このような逆U字曲線を示す反応パターンは，鉛やアルコールなど様々な要因によって生じることが示唆されていたが[20]，Vom Saal らがきわめて低用量でこの反応が生じることを指摘したことから，大きな注目を浴びた。というのは，この反応が環境ホルモンの作用において一般性が高いものであるとすると，これまでの毒性学の基本概念に基づくリスク評価方法を根本から揺るがすものとみ

2. 環境ホルモンの実像

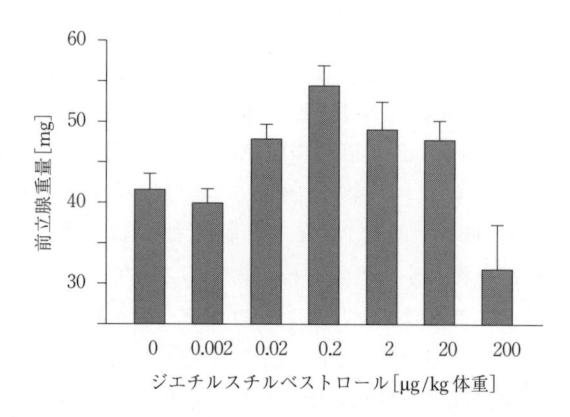

図2.13 ジエチルスチルベストロールによる逆U字型の用量-反応曲線
出典:文献19より引用

なされたからである。

　具体的に説明しよう。縦軸に影響の強度(例えば,前立腺重量の大きさ,精子数など)をとり,横軸に用量をとった場合,通常,観察される曲線は単調な増加(あるいは,減少)を示す。しかし,上述のように,逆U字型の反応曲線がきわめて低い用量で生じるとなると,安全基準の根拠となる閾値を出すために,毒性試験を行う場合の用量の設定がきわめて困難になる。ちなみに,ここでいう閾値は理論上の値であり,今日用いられている毒性試験においては,閾値は,LOAELとNOAELの用量の間に存在する値とみなすことができる(**図2.14**)。

　次に,低用量における影響の現れ方と逆U字について,環境ホルモンの一種としてみなされているビスフェノールAを取り上げる。ビスフェノールAはポリカーボネート樹脂の原料として広く用いられ,食品関係では,プラスチック食器や缶詰の内部コーティング,あるいは歯科の充填用シーラントに使われていたため,飲食を介した体内への曝露が推定されており,環境ホルモン作用が疑われる物質の中で,ヒトが日常的に曝露する可能性が高い物質の一つである[21)-24)]。日本では厚生労働省による溶出基準が決められているが,ビスフェノールAは50 mg/kg体重/日の投与で影響がないとされている。Vom Saalらは,妊娠11日目から17日目までマウスにビスフェノールA(2.0ないし20.0 μg/kg体重)を経口投与し,出生した雄が6箇月齢のときに精巣と副生殖腺を採取し,精子数および臓器重量を測定した。その結果,精巣単位重量当りの精子数,すなわち精子形成能は用量依存的に減少し[25)],他方,

2.3 作用メカニズム

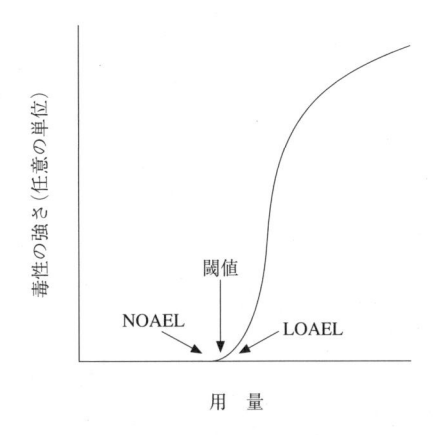

図 2.14 単調な変化を示す用量-反応曲線
NOAEL：(最大)無毒性量，LOAEL：最小毒性量

前立腺重量が増加[26]していることが確認された。用量が2点のため上記の逆U字曲線がこの場合に該当するかどうかはこの実験からは不明である。しかし，ヒトが日常的に曝露すると推定されるレベルで生体反応が観察されたことから，社会的に大きな反響を呼んだ。Cagen ら[27]や Ashby ら[28]は，この動物実験と全く同じ条件でより大規模実験を行ったが，Vom Saal らの結果が追試により確認できなかったと報告した。しかしその後，Gupta[29]は，CD-1系マウスの妊娠16～18日の期間に50 μg/kg 体重のビスフェノール A を投与し，生後3, 21, 60日に観察したところ，肛門と生殖突起との距離が長くなり，前立腺重量が増大し，精巣上体重量が減少すること，また，これらが不可逆的な毒性影響とみなせることを報告した。さらに，器官培養をした前立腺を用いた実験からビスフェノール A は，直接，前立腺に作用してアンドロゲン受容体結合能を増加させることも報告している。

ビスフェノール A の影響は雄に対してだけでなく，雌マウスの発情時期を早める影響があることも Vom Saal らの研究グループにより報告された[30]。この実験では，CF-1系マウスの妊娠11～17日の7日間にビスフェノール A を 2.4 μg/kg 体重の用量で経口投与した。出生直前に帝王切開により新生仔の子宮内の位置関係を調べ，ビスフェノール A を処置していない仮親に育てさせ，仔の体重と性周期の時期を調べた。その結果，出生仔の体重には差が認められなかったが，ビスフェノール A 投与群の方が対照群に比べて，離乳時(生後22日目)における体重が有意に重く，性周期開始時期が有意に早まることが示された。ビスフェノール A に対する反応性は，

2. 環境ホルモンの実像

子宮内で両隣ともが雌であるマウスがとりわけ高く，逆に両隣が雄であるマウスに対して，ビスフェノールAはほとんど影響しないことが明らかにされた。この結果は，胎仔の発育が子宮内の隣に位置する雌胎仔のきわめて微量なエストロゲンにも影響を受けること，ビスフェノールAの用量が日常的に食餌などにより体内に取り込まれる程度のごく微量であっても不可逆的な変化を起こす可能性があることを示している。

Sakaueら[31)]は，胎仔期だけでなく成熟個体においても低用量のビスフェノールAが精子数に影響を及ぼすことを見出した。すなわち，13週齢のSprague-Dawley(SD)系ラットに6日間にわたりビスフェノールAを2 ng/kg体重から200 mg/kg体重まで7段階の投与量で与え，14週齢と18週齢で解剖をした。18週齢のラットにおいては，2 ng/kg体重から200 mg/kg体重まで精子産生能が逆U字ではなく直線的に減少すること，統計的には20 μg/kg体重で有意な変化があることを報告した(**図2.15**)。

ビスフェノールAは，これまでにも *in vitro* と *in vivo* でエストロゲン受容体を介してエストロゲンと同様の性質を示す，エストロゲン様物質(アゴニスト)として作用するとの報告がある[32)]。例えば，下垂体前葉の初代培養細胞においてプロラクチン遺伝子の発現とプロラクチンの放出が生じ，さらにFischer344系ラットでは，エストラジオールとビスフェノールAのプロラクチン放出効果は同程度であった。他方，SD系ラットにおいてはこの効果がなく，系統による違いが指摘されている。また，Fischer344系ラットの下垂体後葉細胞プロラクチン放出因子の遺伝子発現は，ビスフェノールAの曝露に伴い，エストロゲン受容体を介していることがエストロ

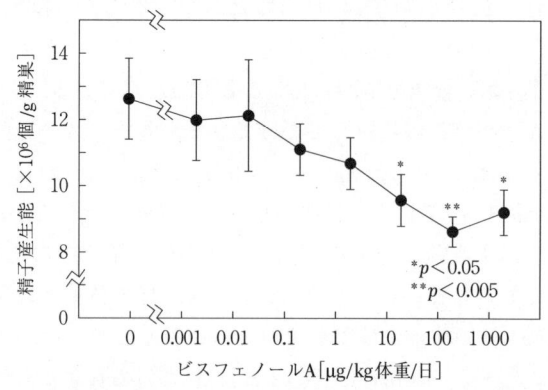

図2.15 雄ラットの精子産生能に及ぼす低用量ビスフェノールAの直線的抑制パターン
出典：文献31より引用

ゲン応答配列にレポーター遺伝子を結合したアッセイ系で示されている[33]。上述のラットの系統によるこの反応性の違いの一部は，この誘導性の違いから説明できる。また，ビスフェノールAは，エストロゲン応答配列を活性化すること[33),34]，さらに，着床前のマウス受精卵に対する抗エストロゲン様物質であるタモキシフェンの作用を抑えるとの報告[35]があり，ビスフェノールAがエストロゲン作用物質として働くことは様々な実験系で確認されている。これらとは逆に，ラットにエストラジオールを投与した際にビスフェノールAが拮抗作用を有するとの報告もある[36]。Sakaueら[27]が観察をしたビスフェノールAによる精子形成能の抑制のメカニズムは，エストロゲンのどちらの作用によるのか不明である。

(3) 閾値の有無

環境ホルモンの作用には，閾値が存在するのだろうか。閾値とはその用量以下では反応を示さず，その用量以上で反応を示す境界の値である。非発がん毒性影響では，X軸に用量をとりY軸に特定の影響指標の大きさ(例えば，死亡など)をとると毒性作用の用量には閾値が存在し，この数値以上になって初めて影響が観察されるようになる。仮に実験動物やヒトなどの集団を想定すると，用量に依存して死亡の発生頻度は正規分布をとる(**図 2.16a**)ことから，累積頻度をY軸にとると，用量に応じてその反応曲線は，S字型(シグモイド)曲線となることが経験的に認められている(**図 2.16b**)。死亡を影響指標とすれば，対象集団の50％の死亡をもたらす用量が半数致死量(LD_{50})となる。

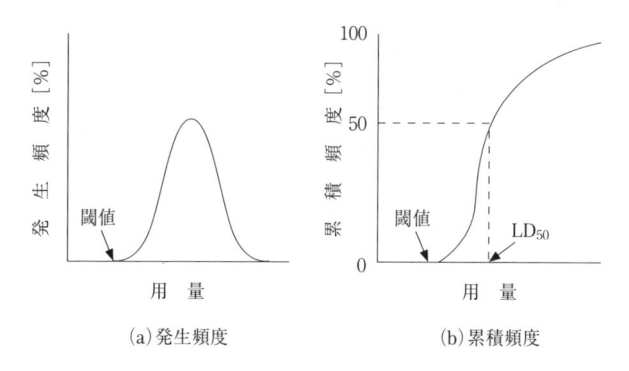

(a) 発生頻度　　　　　(b) 累積頻度

図 2.16　化学物質に曝露をした場合に示す用量-反応曲線：発生頻度(a)と累積頻度(b)

2. 環境ホルモンの実像

具体例として，ある種のカメの雌雄の性決定の現象を示す。このカメの雌雄は，卵の存在する環境温度に依存して内在的につくり出されるエストロゲンの量によって決定される[37]。すなわち，孵卵温度が26℃ではすべて雄となり，32℃ではすべて雌となり，29.2℃では性比が1：1となる。カメの卵に微量のエストロゲンを曝露させた実験では，本来であれば雄となる温度環境下においてもきわめて微量で雌化の割合が増加をすることが示された（**図 2.17a**）[38]。この事例から，生体外から投与したエストロゲンの作用には，用量-反応曲線から判断する限り，閾値がないとみなすことができるという仮説が提唱されている。この現象は，環境ホルモンがエストロゲン様物質として作用する場合には，すでに一定レベルで体内に存在する内因性

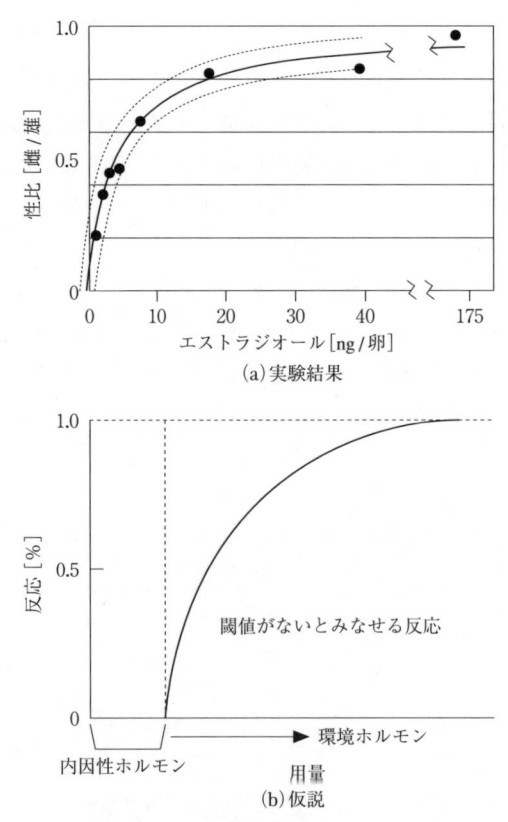

図2.17 低用量反応における閾値がないとみなせる実験結果（a）と仮説（b）
出典：（a）については文献38より引用

エストロゲンの濃度に上乗せされて作用するため，外界から加わった環境ホルモンによって閾値がない反応が現れたとみなすことができるであろう(**図 2.17b**)。

(4) 複合曝露の影響

日常生活では，我々は複数の種類の環境ホルモンに同時に曝露されている。*in vitro* 試験により性ホルモン受容体を介して作用し，エストロゲン様物質とみなされるものには，合成化学物質では，ビスフェノール A，ノニルフェノール，避妊薬として用いられるエチニルエストラジオール，大豆，緑茶などに含まれる植物エストロゲンであるクメステロール，ダイゼイン，ゲニステインがある。農薬として今でも熱帯・亜熱帯地方の開発途上国で使用されている DDT においては，o,p'-DDT がエストロゲン様作用を示し，代謝産物である p,p'-DDE は抗アンドロゲン様作用が観察されている。その他，環境ホルモン作用が疑われる物質の多くが，環境中あるいは残留農薬として食物から検出される場合もある。これらの物質のすべてに同時に曝露されているわけではないが，環境ホルモンによる健康リスクを考える場合に，同時に曝露されている植物エストロゲンの量とその強度を推定することは，前述の低用量，あるいは閾値の問題の観点からもきわめて大切である。

具体例を示すと，前述の筆者らの実験[31]では，13 週齢の SD 系ラットの精巣中エストラジオール濃度は 814 ± 67 pg/g 精巣であった。一方，20 mg/kg 体重のビスフェノール A を投与し，1 時間後の組織中ビスフェノール A 濃度は 245 ± 40 ng/g 組織であった。ビスフェノール A の 200 ng はエストラジオール 40 pg に相当するとみなすと[33]，内因性のエストラジオール濃度に比べて，投与したビスフェノール A の精巣中濃度はほとんど無視できる濃度となる。さらに，今回の実験において使用した飼料中には，大豆，アルファルファ，酵母，米糠が含まれているため，植物エストロゲンが大量に含まれていることが推定される[39]。もしこの推論が正しければ，低用量のビスフェノール A のエストロゲン様物質としての寄与は，きわめて小さいことになる。

複合曝露に伴うエストロゲン様物質の量を推定する試みもある[40]。個々のエストロゲン様物質について，それぞれの推定摂取量にエストラジオールに対する比活性値を乗じて個々の物質のエストロゲン等価量を計算する。エストロゲン拮抗物質が存在する場合には，エストロゲン作用物質全体のエストロゲン等価量から，抗エストロゲン拮抗物質のエストロゲン等価量を差し引くことにより求まる。

2. 環境ホルモンの実像

こうして計算すると，植物エストロゲンから摂取されるエストロゲン等価量に比べて，人工合成化学物質のエストロゲン等価量は，ほとんど無視できる値であるとの試算もある。しかし，実際は，すべての環境ホルモン作用は必ずしも受容体を介するだけではない。また，相互反応の相加性，あるいは相乗性についても不明なことが多い。

(5) 環境ホルモン研究の今後の展開

日本政府は，「ミレニアムプロジェクト」に基づき，2000年度から3箇年計画で40物質以上の内分泌攪乱作用が疑われる物質のリスク評価を行うことを計画し，環境省では2001年度までに，優先的にリスク評価のための試験などを実施する物質として20物質を選定した(**表 2.6**)。これらのうち，トリブチルスズについては，野外調査の結果として観察されたインポセックスが実験室においても再現できることが確認されている。しかし，他の化学物質の環境ホルモン作用に関する野外調査における観察の事例と，これら化学物質の性ホルモン受容体反応性に関する $in\ vitro$ の結果との間を結び付けるメカニズムは，ほとんど解明されていなかった。最近，環境省は，メダカを用いた実験系において，河川で検出される濃度に近い低濃度のノニルフェノールにより，雄メダカで精巣卵が出現することを報告した。今後，他の魚類などの野生生物に及ぼす影響について調査検討をすることが必要である。

化学物質が環境ホルモン作用を有するかどうかについて，これまでは化学物質を投与して，いかなる影響が観察されるかを明らかにし，細胞や遺伝子レベルにおけ

表 2.6 環境ホルモン作用が疑われる物質のうち，環境省が優先的にリスク評価を実施している化学物質 (2002年12月現在)

2000年度選定の12物質
トリブチルスズ, 4-オクチルフェノール, ノニルフェノール, フタル酸ジ-n-ブチル, オクタクロロスチレン, ベンゾフェノン, フタル酸ジシクロヘキシル, フタル酸ジ-2-エチルヘキシル, フタル酸ブチルベンジル, フタル酸ジエチル, アジピン酸ジ-2-エチルヘキシル, トリフェニルスズ
2001年度選定の8物質
ペンタクロロフェノール, アミトロール, ビスフェノールA, 2,4-ジクロロフェノール, 4-ニトロトルエン, フタル酸ジペンチル, フタル酸ジヘキシル, フタル酸ジプロピル
2002年度選定の24物質
ヘキサクロロベンゼン, 2,4,5-トリクロロフェノキシ酢酸, ヘキサクロロシクロヘキサン, エチルパラチオン, クロルデン, オキシクロルデン, $trans$-ノナクロル, 1,2-ジブロモ-3-クロロプロパン, DDT, DDE, DDD, アルドリン, エンドリン, ディルドリン, ヘプタクロル, ヘプタクロルエポキシサイド, メトキシクロル, マイレックス, ニトロフェン, トキサフェン, アルディカーブ, キーポン, メチラムおよびビンクロゾリン

2.3 作用メカニズム

る変化の解析をするフォワード・トキシコロジーのアプローチが用いられてきた(図2.18)。今後，エストロゲン受容体ノックアウトマウスなどを用いた検討も進むことであろう。他方，最近，ジーンアレイもしくはジーンチップ技術を活用したリバース・トキシコロジーのアプローチを用いる解析も始まっている。すなわち，環境ホルモン作用を有する化学物質がリガンドとして性ホルモンレセプターに結合し，この複合体が特定の遺伝子を活性化，もしくは抑制する場合に，関連遺伝子の発現の変化を網羅的にスクリーニングする手法である。その中から意味のある遺伝子群の変化を明らかにし，該当の環境ホルモン作用が疑われる物質の作用に反応する遺伝子の同定，相互作用の全体像を描くことになる。上記のフォワード・トキシコロジーに基づくデータと随時付き合わせて検討することが求められている。これらのデータを総合化してトキシコゲノミクス(毒性包括遺伝情報)の確立へと進むことになろう。

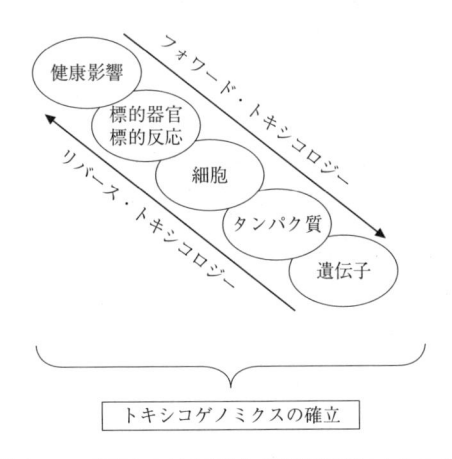

図 2.18 環境ホルモン研究における毒性包括遺伝情報（トキシコゲノミクス）の確立

2. 環境ホルモンの実像

参考文献

1) 東京都立衛生研究所（1998）内分泌かく乱化学物質（67物質）データ集 平成10年8月.
2) 環境庁（2000）平成11年度環境負荷量調査の結果について，平成12年10月.
3) Roitt, Brostoff, Male（1998）Immunology, Fifth ed., London.
4) 立花 隆（1998）環境ホルモン入門，149,155，新潮社.
5) 環境庁（1998）外因性内分泌撹乱化学物質問題への環境庁の対応方針について ―環境ホルモン戦略計画 SPEED'98 ―.
6) 有薗幸司（1998）人体は化学物質にどう反応するか，科学，**68**(7), 579.
7) Asada, S., Koga, M., Nagao, K., Tabata, M. and Takeda, K.（2001）Okadaic acid remarkably suppresses testosterone production in murine Leydig cells, *J. Health Science*, **47**, 60-64.
8) Drenth, H. J., Bouwman, C. A., Seinen, W., Van der Berg, M.（1998）Effect of some persistent harogenated environmental contaminants on aromatase（CYP19）activity in the human choriocarcinoma cell line JEG-3, *Toxicol. Appl. Pharmacol.*, **148**, 50-58.
9) Horiguchi, T.（1997）Effects of triphenyltin chloride and five other organotincompounds on the development of imposex in the rock shell, *Thais clavigera, Environ. Pollut.*, **95**, 85-91.
10) Gerard, M. C.（2002）Effect of organotins on human aromatase activity in vitro, *Toxicol. Lett.*, **126**, 121-130.
11) Heidrich, D. D., Steckelbroek, S. and Klingmuller, D.（2001）Inhibition of human cytochrome p450 aromatase activity by butyltins, *Steroids*, **66**, 763-769.
12) Yu, Z., Matsuoka, M., Wispriyono, B., Iryo, Y. and Igisu, H.（2000）Activation of mitogen-activated protein kinases by tributyltin in CCRF-CEM cells ： Role of intracellular Ca^{2+}, *Toxicol. Appl. Pharmacol.*, **168**, 200-207.
13) Morohashi, K. I. and Omura, T.（1996）Ad4BP/SF-1, a transcription factor essential for the transcription of steroidogenic cytochrome P450 genes and for the establishment of the reproductive function, *FASEB J.*, **10**, 1569-1577.
14) Monte, D., DeWitte, F. and Hum, D. W.（1998）Regulation of the human P450scc gene by steroidogenic factor 1 is mediated by CBP/p300, *J. Biol. Chem.*, **273**, 4585-4591.
15) Crawford, P. A., Dorn, C., Sadovsky, Y. and Milbrandt, J.（1998）Nuclear receptor DAX-1 recruits nuclear receptor corepressor N-CoR to steroidogenic factor 1, *Mol. Cell Biol.*, **18**, 2949-2956.
16) Majdic, G., Sharpe, R. M. and Saunders, P. T.（1997）Maternal oestrogen/xenoèstrogen exposure alters expression of steroidogenic factor-1（SF-1/Ad4BP）in the fetal rat testis, *Mol. Cell Endocrinol.*, **127**, 91-98.
17) Yoshida, M., Yoshida, S., Sugawara, I. and Takeda, K.（2002）Maternal exposure to diesel exhaust decreases expression of steroidogenic factor 1(Ad4BP/SF-1) and Mullerian inhibiting substance（MIS）in the murine fetus, *J. Health Science*, **48**, 1-8.
18) J. V. ロドリックス（宮本純之訳）（1994）危険は予測できるか！―化学物質の毒性とヒューマ

参考文献

ンリスクー, pp.407, 化学同人, 東京.
19) Vom Saal, F. S., Timms, B. G., Montano, M. M. *et al.* (1990) Prostate enlargement in mice due to fetal exposure to low doses of estradiol or diethylstilbestrol and opposite effects at high doses, *Proc. Natl. Acad. Sci.*, **94**, 2056-2061.
20) Davis, J. M and Svendsgaard, D. J. (1994) U-shaped dose-response curves : their occurrence and implications for risk assessment, *J. Toxicol. Environ. Health*, **30**, 71-83.
21) Brontons, J. A., Olea-Serrano, M. F., Villalobos, M., Pedraza, V., and Olea, N. (1995) Xenoestrogen released from lacquer coatings in food cans, *Environ. Health Perspect.*, **103**, 608-612.
22) Olea, N., Pulger, R., Perez, P. *et al.* (1996) Estrogenicity of resin-based composites and sealants used in dentistry, *Environ. Health Perspect.*, **104**, 298-305.
23) 河村葉子, 佐野比呂美, 山田 隆 (1999) 缶コーティングから飲料へのビスフェノールAの移行, 食品衛生学雑誌, **40**, 158-165.
24) Haishima, Y., Hayashi, Y., Yagami, T. and Nakamura, A. (2001) Elution of bisphenol A from hemodialyzers consisting of polycarbonate and polysulfone resins, *J. Miomed. Mater. Res. (Appl. Biomater.)*, **58**, 209-215.
25) Vom Saal, F. S., Cooke, P. S., Buchanan, D. L. *et al.* (1998) A physiologically based approach to the study of bisphenol A and other estrogenic chemicals on the size of reproductive organs, daily sperm production, and behavior, *Toxicol. Ind. Health*, **14**, 239-260.
26) Nagel, S. C., Vom Saal, F. S., Thayer, K. A., Dhar, M. G., Boechler, M. and Welshons, W. V. (1997) Relative binding affinity-serum modified access (RBA-SMA) assay predicts the relative *in vivo* bioactivity of the xenoestrogens bisphenol A and octylphenol, *Environ. Health Perspect.*, **105**, 70-79.
27) Cagen, S. Z., Waechter, J. M., Dimond, S. S. *et al.* (1999) Normal reproductive organ development in CF-1 mice following prenatal exposure to bisphenol A, *Toxicol. Sci.*, **50**, 36-44.
28) Ashby, J., Tinwell, H. and Haseman, J. (1999) Lack of effects for low dose levels of bisphenol A and diethylstilbestrol on the prostate gland of CF1 mice exposed in utero, *Regul. Toxicol. Pharmacol.*, **30**(2 Pt 1), 156-166.
29) Gupta, C. (2000) Reproductive malformation of the male offspring following maternal exposure to estrogenic chemicals, *Proc. Soc. Exp. Biol. Med.*, **224**, 61-68.
30) Howdeshell, K. L., Hotchkiss, A. K., Thayer, K. A., Vandenbergh, J. G., Vom Saal, F. S. (1999) Exposure to bisphenol A advances puberty, *Nature*, **401**, 763-764.
31) Sakaue, M., Ohsako, S., Ishimura, R., Kurosawa, S., Kurohmaru, M., Hayashi, Y., Aoki ,Y., Yonemoto, J. and Tohyama, C. (2001) Bisphenol-A affects spermatogenesis in the mature rat even at a low dose, *J. Occupational Health*, **43**, 185-190.
32) Krishnan, A. V., Stathis, P., Permuth, S. F., Tokes, L. and Feldman, D. (1993) Bisphenol-A : An estrogenic substance is released from polycarbonate flasks during autoclaving, *Endocrinology*, **132**, 2279-2286.

33) Steinmetz, R., Brown, N. G., Allen, D. L., Bigsby, R. M. and Ben-Jonathan, N. (1997) The environmental estrogen bisphenol A stimulates prolactin release *in vitro* and *in vivo*, *Endocrinology*, **138**, 1780-1786.
34) Papaconstantinou, A. D., Umbreit, T. H., Fisher, B. R., Goering, P. L., Lappas, N. T. and Brown, K. M. (2000) Bisphenol A-induced increase in uterine weight and alterations in uterine morphology in ovariectomized B6C3F1 mice : role of the estrogen receptor, *Toxicol. Sci.*, **56**, 332-339.
35) Takai, T., Tsutsumi, O., Ikezuki, Y. *et al.* (2000) Estrogen receptor-mediated effects of a xenoestrogen, bisphenol A, on preimplantation mouse embryos, *Biochem. Biophys. Res. Commun.*, **270**, 918-921.
36) Gould, J. C., Leonard, L. S., Maness, S. C. *et al.* (1998) Bisphenol A interacts with the estrogen receptor α in a distinct manner from estradiol, *Mol. Cell Biol.*, **142**, 203-214.
37) Crews, D., Bergeron, J. M. and McLachlan, J. A. (1995) The role of estrogen in turtle sex determination and the effect of PCBs, *Environ. Health Perspect.*, **103** Suppl, 773-777.
38) Sheehan, D. M., Willingham, E., Gaylor, D., Bergeron, J. M. and Crews, D. (1999) No threshold dose for estradiol-induced sex reversal of turtle embryos : how little is too much?, *Environ. Health Perspect.*, **107**, 155-159.
39) Boettger-Tong, H., Murthy, L., Chiappetta, C. *et al.* (1998) A case of a laboratory animal feed with high estrogenic activity and its impact on *in vivo* responses to exogenously administered estrogens, *Environ. Health Perspect.*, **106**, 369-373.
40) Safe, S. H. (2000) Endocrine disruptors and human health — Is there a problem? An update, *Environ. Health Perspect.*, **108**, 487-493.

3. 環境ホルモンの影響

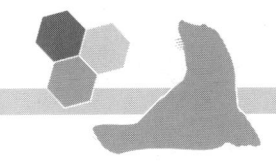

3.1 野生生物 — 魚類, 水生生物 —

　内分泌攪乱化学物質問題は, 欧米では1980年代の終わり頃から注目され, わが国ではかなり遅れて1996年頃からにわかに脚光を浴び, マスコミ, 研究機関, 各省庁レベルでの取組みが一時はパニック的ともいえるほどの状況を呈した。しかし, この問題は急に降って湧いてきたものではなく, 内分泌攪乱あるいは環境ホルモンという名称こそ用いられはしなかったが, 約40年前から野生生物において, 化学物質による内分泌系への影響と考えられるいくつかの現象が知られていた。一つは猛禽類における卵殻薄層化の問題であり, もう一つはアザラシにおける子宮閉塞の問題である。その後, 最近の10年間に多くの知見が集積されてきた。本節では, 水中の野生生物のうち海産哺乳類, 魚類, 貝類およびその他の無脊椎動物について, 内分泌攪乱現象の実態に関する既往の知見を整理する。内分泌攪乱化学物質に限らず, 人間の諸活動の結果, 環境中に負荷される多種多様な化学物質の究極の到達場所が水環境であることを考えると, 水生生物に今, 何が起こっているかを見ていくことは生態毒性の観点からも非常に重要である。

3.1.1 海洋哺乳動物

　アザラシやアシカなどの鰭脚類(ききゃく), そして鯨類において, この30年間の有機塩素化合物や有機スズ化合物の蓄積とその影響がどのようなのかについては, 多くの知見が得られている。海産の哺乳類における生殖・生理の異常についてはかなり早くから注目されており, 1960年代にバルト海のアザラシ類の個体数が激減していることが報告され, その原因究明調査の段階で, 繁殖可能な年齢のワモンアザラシ(*Phoca*

3. 環境ホルモンの影響

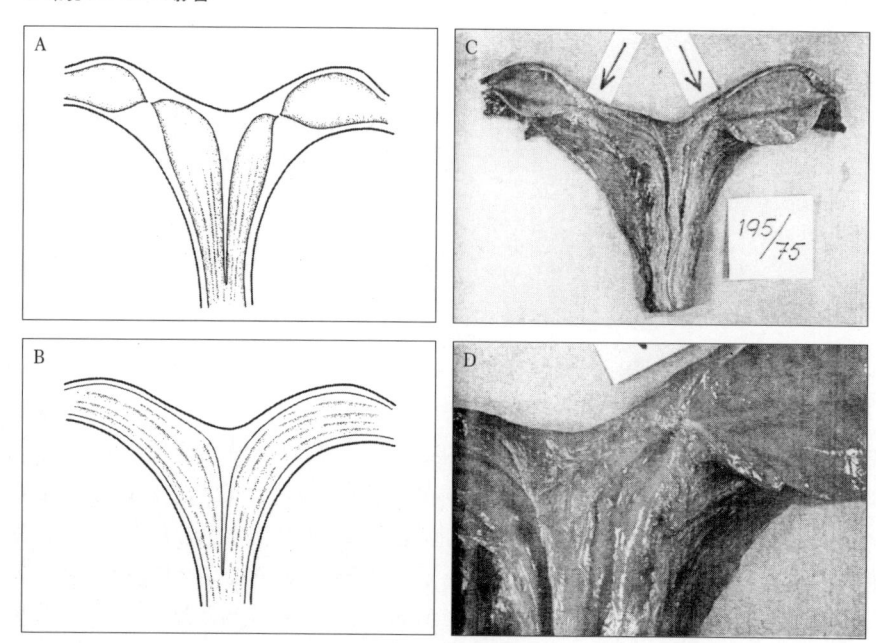

写真 3.1 PCB を高濃度に蓄積したバルト海のワモンアザラシにおける子宮閉塞
A：子宮閉塞の模式図，B：正常な子宮，C：子宮閉塞（↓の部分）の写真，D：Cの拡大写真

hispida botnica）の雌のうち，約 40 % の個体に子宮の狭窄や閉塞が起きているために，卵が子宮を通過できなくなっていることがわかり（**写真 3.1**），それが妊娠率の低下をもたらしたと考えられた[1]。しかも，妊娠雌の皮下脂肪中の全 DDT および PCB 濃度の平均値がそれぞれ 88 および 73 mg/kg であったことに比べて，非妊娠雌ではそれぞれ 130 および 110 mg/kg で，統計的に有意に非妊娠雌の値が高かった。このことがアザラシの子宮閉塞を引き起こしたと結論付けられた。

また，ワモンアザラシの個体群に関する比較研究によって，次のことが明らかとなった。オランダのワッデン海におけるワモンアザラシの成熟雌の平均産仔数が，ワッデン海の他の水域の個体群に比べて約 30 % 低かった。さらに産仔数の低い個体群では，体内の PCB 濃度が他の水域のものと比べて 5～7 倍も高く，産仔数の低下には PCB が関わっていると考えられた。

このことは，Reijnder らのグループが行った飼育実験によっても確かめられた[2]。すなわち，ワモンアザラシを 12 頭ずつ 2 つのグループに分け，一つのグループには汚染海域（ワッデン海西部）で漁獲した異体類（ヒラメ，カレイ類）を与え，もう一つ

3.1 野生生物—魚類，水生生物—

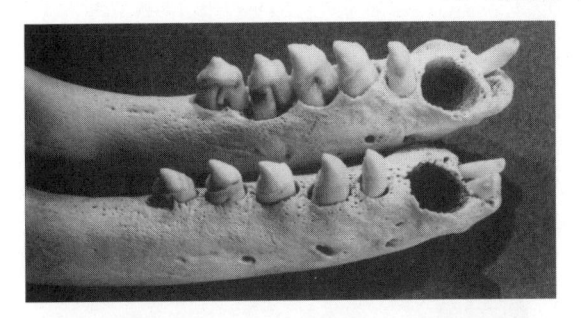

写真 3.2 バルト海のハイイロアザラシにおける下顎骨の異常
上：異常，下：正常

のグループには北東大西洋で漁獲されたサバを与えて2年間飼育した。両者の餌は，脂肪含量を除けば栄養学的な差はなかった。しかし，餌中の有機塩素化合物濃度を測定すると，PCB および p,p'-DDE 濃度は汚染海域で漁獲した魚類で明らかに高く，2年間の飼育期間中における産仔数は汚染魚を与えたグループで明らかに低かった。産仔数の減少や子宮閉塞などは，バルト海のハイイロアザラシ(*Halicoerus grypus*)やスウェーデンの西海岸におけるゴマフアザラシ(*Phoca vitlina vitlina*)においても観察されている。PCB などが薬物代謝酵素，特にチトクロム P450(CYP と略される)のうちの CYP1A を誘導して活性を上昇させ，その結果，ステロイド合成系に異常をきたし，ひいては性ホルモンが関与する生殖・生理が円滑に機能しないという作用機作は，3.2 で述べられている猛禽類における卵殻薄層化現象と基本的には同じである。

不妊だけでなく，バルト海のアザラシでは病理学的な異常が観察されている[3]。例えば，ハイイロアザラシの下顎骨に異常が見られたり(**写真 3.2**)，ゴマフアザラシの頭蓋骨腫やハイイロアザラシの頭蓋骨に osteoporosis(骨に穴があく；ヒトでは骨粗鬆症)が認められる(**写真 3.3**)。これらは副腎皮質機能の異常亢進により生じるといわれている。この症状が頻繁に現れるようになってきたことと，1960 年以降バルト海に生息する生物の体内の PCB や DDT 濃度が上昇していることが符合しており，特に PCB の影響が強いといわれている。

北部北太平洋の冷水域に生息するイシイルカにおいて，血清中のテストステロン濃度と脂皮中の PCB や DDE 濃度との間には，**図 3.1** に示したように負の相関があることが明らかにされている[4]。これも難分解性の有機塩素化合物が CYP1A の活性を亢進させ，性ステロイドホルモンの代謝に異常をきたしたためと考えられる。

3. 環境ホルモンの影響

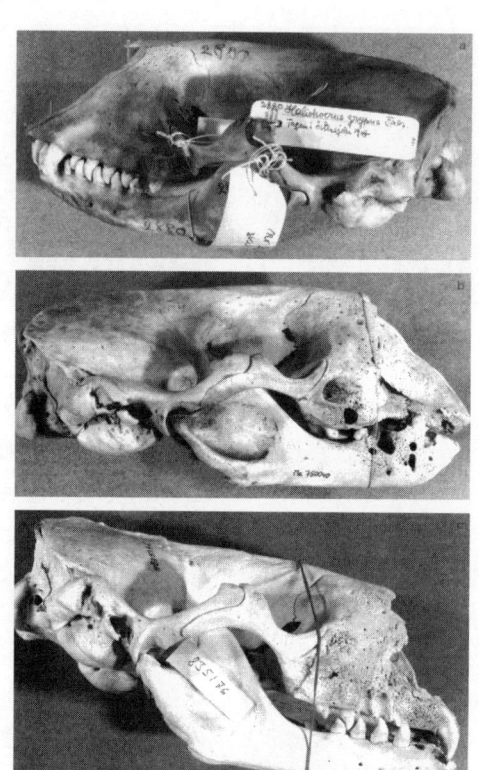

写真 3.3 バルト海のハイイロアザラシの頭蓋骨の異常
上：正常な頭蓋骨，中，下：骨が欠損または変形した異常な頭蓋骨

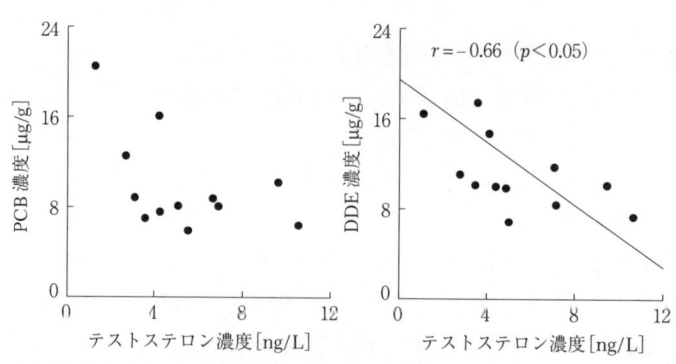

図 3.1 北太平洋産イシイルカ成熟雄の皮下脂肪中 PCB 濃度と血清中テストステロン濃度の関係

3.1.2 魚　　類

野生生物における内分泌撹乱現象について最もよく調べられ，多くの研究成果が得られているのは魚類である。その理由としては野外での採集が比較的容易であること，実験動物として扱いやすいこと，さらにはタンパク源としての重要性などが挙げられる。また，ニジマスやコイのように，世界中に分布している魚類を用いた実験や野外調査で得られる結果は，相互に比較しやすいという利点もある。

(1) 雄の魚類における卵黄タンパク前駆体ビテロゲニンの合成

魚類，両生類，爬虫類，鳥類など卵生の脊椎動物は，受精後，卵中の栄養成分を利用して分化・発達を遂げ孵化してくる。魚類では，孵化後の一定期間，卵黄嚢(yolk sac)中の栄養分を利用して，摂餌や消化の能力が未発達な時期を乗り越える。図3.2は，クロダイの仔魚期の形態を示したものである[5]。仔魚は，孵化直後，腹部に大きな袋をぶらさげており，これが卵黄嚢である。孵化後2日目，3日目，4日目，5日目と成長するにつれて外部形態と内部形態が変化して，40日後にはほぼクロダイ成魚の形になる。孵化後間もない仔魚ではまだ口が開いていないので餌を食べることができない。3日，4日あたりからやっと口が開いて，消化器系も発達し，餌を取ることもできるようになる。摂餌開始までの間は，「クロダイのお母さんが卵黄という弁当を子供に持たせてくれている」ような感じである。子供はこの弁当をしばらく食べて成長していくのである。

卵黄嚢は，クロダイの場合には，孵化後5日目ぐらいまで残っており，この卵黄嚢の中にいろいろな栄養分が入っており，そのうちのタンパク質の前駆体をビテロゲニン(vitellogenin：VTG)という。このタンパク質は雌の親魚の肝臓でつくられるが，その際に，雌性ホルモンのエストロゲンが非常に重要な役割を演じている(図3.3)。脳下垂体から分泌された性腺刺激ホルモン(ゴナドトロピン)が卵巣の卵母細胞に働きかけ，まず雌性ホルモン(エストロゲン)の17β-エストラジオール(E_2)の合成・分泌を促し，血中にE_2を放出する。E_2は肝細胞に存在するE_2レセプターと結合し，核内でビテロゲニン(VTG)合成遺伝子の作動スイッチをオンにする。その後は通常のタンパク質合成のしくみにしたがってVTGの合成が行われる。このレセプターは，雄，雌の成魚，未成熟魚すべてが肝臓に保有しているが，正常な条件下では雌の成魚がVTG合成を誘導するのに十分な量のエストロゲンを産生したと

3. 環境ホルモンの影響

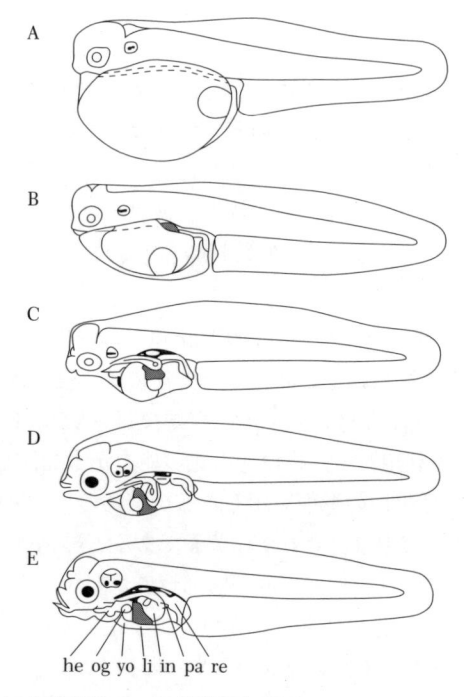

図3.2 クロダイの仔魚前期における消化器系の発達
A：孵化直後, B：孵化後2日, C：孵化後3日, D：孵化後4日, E：孵化後5日,
he：心臓, in：腸, li：肝臓, og：油球, pa：膵臓, re：直腸, yo：卵黄

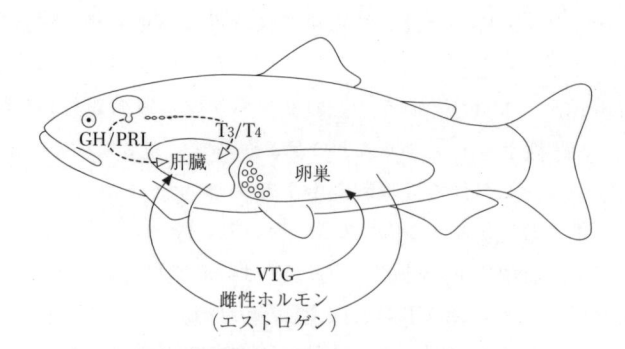

図3.3 魚の雌性ホルモン, VIGの作用機構
GH：成長ホルモン, PRL：プロラクチン
T_3：トリヨードチロニン
T_4：チロキシン

きに機能が発現する。したがって，血漿中のVTGを測定することは，雌の成熟状況の有効な指標であり，また雌雄の判別にも利用できる。さらにVTGは，通常，雄や未成熟雌では有意な量が検出されないため，その存在はエストロゲン様物質への曝露の指標となる。しかし，近年，繁殖期の雄の魚類では，VTG濃度が上昇することも知られている。この点については後述する.

　肝臓は，VTG合成においてエストロゲンの標的器官であると同時に，「用済み」となったエストラジオールを不活性化するための主要な器官でもある。

　一方，エストロゲン様物質でない場合でも，脳下垂体，卵巣そして肝臓へ何らかの作用が及ぼされた結果，雌の血中VTG濃度が減少し，卵の大きさや数が低下することも知られている。また，誘導合成されるVTGが，精巣の機能やテストステロンの分泌阻害を示すほどのレベルにまで達することもある。さらに，高濃度のVTGは，内分泌系以外の器官，例えば腎臓に傷害を引き起こすこともあるといわれている。

　卵黄タンパクの前駆体であるVTGは，血液を介して卵巣へ送り込まれ，卵巣の中でカテプシンD様酵素によってリポビテリン，ホスビチンおよびβ'-コンポーネントに分解される。VTGの一般的な性質は，次のとおりである[6]。

a. 卵黄形成期の雌の血清中に特異的に出現するタンパク質である。
b. 雄および未成熟の雌でもエストロゲンを投与すると肝臓で合成され，血中に誘導される。
c. カルシウム，鉄，亜鉛などと結合しているタンパク質で，糖，脂質，リンを含む複合タンパク質（分子量45万〜60万）である。

(2) 下水処理場放流口付近の魚類におけるビテロゲニンの合成

　本来，成熟した雌がつくるはずのタンパク質を雄がつくっていることが，1980年代からわかってきた。英国の南東部に，テムズ川の支流のリー川が流れている（**図3.4**）。この川で英国の研究者たちがいろいろ調べてきた[7]。A, B, C, D, Eは下水処理場の所在地で，処理水の放流口の直下から数kmまでいくつも定点を設け，ニジマスの雄をカゴに入れて川へ沈め，3週間後に取り上げて，雄のニジマスの血中にVTGがどれほど含まれているかを調べた。リー川の場合，例えばBという下水処理場について見ると（**図3.5**），白い棒グラフは，川の中に沈める以前の雄の血漿中VTG濃度であるが，それが放流口の直下では3週間後に1万倍も上昇している

3. 環境ホルモンの影響

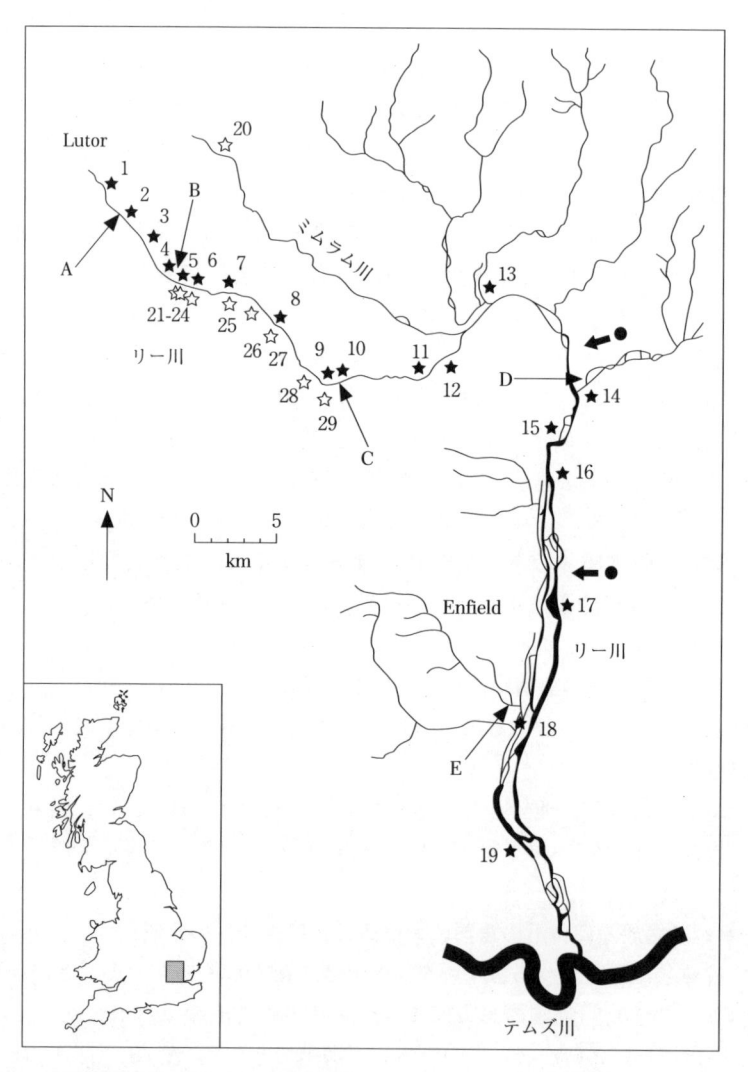

図3.4　英国南部のリー川における調査地点
　A～E：下水処理場放流口，1～29：ニジマスをカゴに入れて水中にセットした場所
　●：小規模下水処理場放流口

3.1 野生生物-魚類,水生生物-

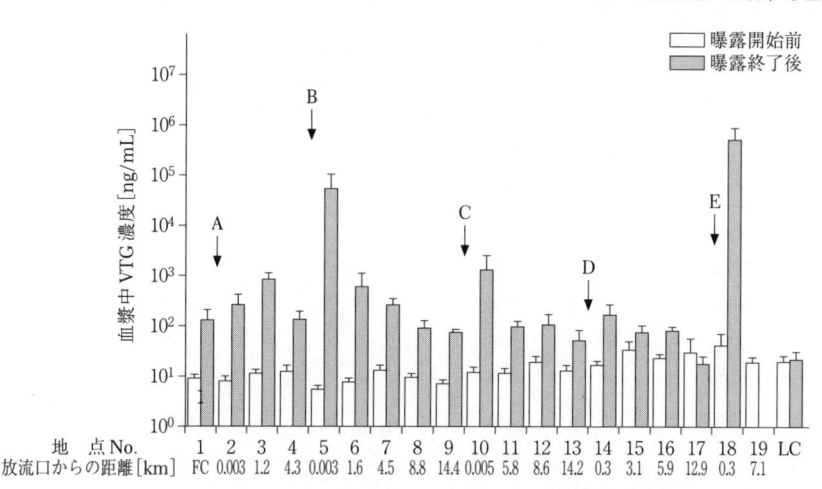

図3.5 飼育カゴ中のニジマスの血漿中VTG濃度
FC: field control, LC: laboratory control
A~E:下水処理場放流口

ことがわかった。このことは,下水処理水中に何らかのエストロゲン様物質が存在することを示唆している。その後,英国全土においても同様の調査がなされ,類似の結果が得られた。

次に,何がこんな現象を引き起こしているかということで,Sumpter, Joblingらのグループが非常に精力的に調べている。初めは,川の流域にある羊毛加工工場から排出される洗剤の分解産物であるアルキルフェノール,経口避妊薬ピルの主成分のエチニルエストラジオール(EE_2),女性ホルモンが疑われた。ところが,その後の研究の成り行きを見ると,どうも女性ホルモンそのものが原因物質のようだと結論付けている[8]。彼らは,英国の7箇所の下水処理場からの放流水を調べた結果,3種のステロイドが含まれており,それがE_2とE_1(エストロン)そしてEE_2であったこと,E_2とE_1はそれぞれ1~50,1~80 ng/Lであり,EE_2の濃度は低く0.2~7.0 ng/Lであったことを報告している。

下水処理場の放流口付近に設置したカゴで3週間飼育したニジマスの雄の血漿中VTG濃度を測定すると,**表3.1**に示したように147 mg/mLというとてつもない高い値が得られたケース(地点E)もあり,同じ地点における雌でも112 mg/mLとなっている[9]。雌におけるこのような状況,つまり超雌(super female)化がいかなる意味を有するかも気になるところである。

3. 環境ホルモンの影響

表 3.1　下水処理場放流口付近のニジマスにおける VTG 濃度

	地点	血漿中の VTG 濃度 [μg/mL]	
		雄	雌
対照	1	—	4.5
	2	0.05	—
	3	1.80	88.3
	4	0.05	23.5
	5	0.22	—
下水処理場放流口	A	—	47.0
	C	23	—
	D	3 100	—
	E	147 000	112 000
	F	—	10 000
	G	—	48 000
	H	7 600	6 000
	I	2 100	3 800
	J	—	13 200
	K	—	10 500
	L	—	3 000
	M	54 000	—
	N	65 000	—
	O	19 200	—
	P	15 600	—
	12 地点	試験魚が斃死	
	3 地点	カゴの設置ミス	
	1 地点	カゴが損失	

　米国ミネソタ州の都市下水処理場放流口で採集したコイの血漿中 VTG，E_2，テストステロン(T)濃度が測定されており[10]，VTG 濃度が 100 μg/mL を超える雄において，T 濃度が低い値を示すこともあったが，必ずしも T 濃度が低下するとは限らず，VTG の合成が雄の個体の生殖・生理にどのような影響を及ぼすかを，例えば生殖腺指数などで測定しておくことも重要であろう。

　野生の魚類でも同様のことが報告されている。英国の北東部のタイン川河口と北西部のソルウェイファース(対象水域)の 2 地点で採集されたヌマガレイ属の魚類 *Platichthys flesus* の血漿中 VTG 含量を比較すると，下水処理場の放流口付近でかつ工場排水が流入するタイン川河口部の試料の雄では明らかに高い濃度が見られ，さらに精巣の形態異常を示した個体が 53 % にも達した。一方，清浄な対象水域での精巣異常個体は観察されなかった[11]。その後もさらに詳細な調査がなされ，汚染レベルが異なる 4 箇所の河口域で採集したヌマガレイの血中 VTG が測定された。清

3.1 野生生物—魚類，水生生物—

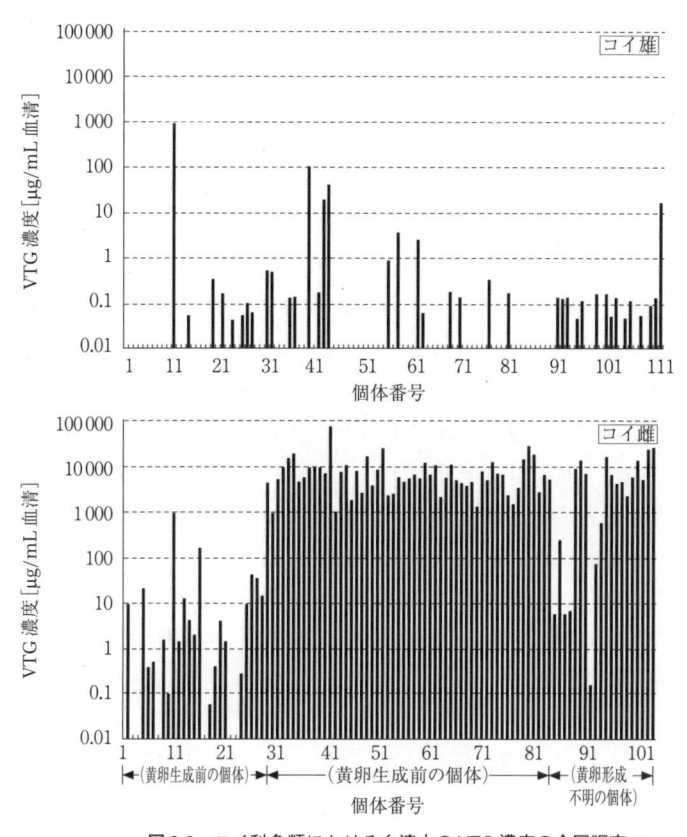

図3.6 コイ科魚類における血清中のVTG濃度の全国調査

浄な対照水域での血中VTG濃度が20〜60 ng/Lであるのに対し，汚染水域では19〜59 mg/Lというように6桁も高い値が得られ，なおかつ採集した雄の20%において精巣中に卵母細胞が認められた[12]。

わが国では，東京湾で採集されたマコガレイが北海道周辺のものと比べて高い血漿中VTG含量を示すことも報告されている[13]。また，ロッテルダム港の底泥に実験的に曝露させた雌のヌマガレイでは，血中のVTG濃度が上昇したが，雄ではVTG濃度の上昇が見られず，これは外因性のエストロゲン様物質によるのではなく，底泥中に高濃度に存在するベンゾ[a]ピレンが薬物代謝酵素を誘導し，その結果，肝臓におけるステロイド代謝に異常をもたらしたためと考えられている[14]。

3. 環境ホルモンの影響

 野生の魚類については，英国全土の河川においてローチの間性(intersexuality)が多発していることが報告されている[15]。間性の程度(intersex index)を精巣組織中の卵腔(ovarian cavity)や卵母細胞(oocyte)の存在状況をもとに0～7の8段階に分け，試料魚の雌化(feminization)の度合いが示されている。

 1998年に建設省が実施した全国の河川のコイ科魚類の雄と雌におけるVTG濃度の調査結果は，**図 3.6**[16]に示したように，雄のコイ111個体のうち4分の1において血清中のVTGが検出され，1 μg/L以上のレベルを示したのは7個体であった。ちなみに，成熟雌55個体の平均は8 100 μg/Lであった。このほかにもわが国の河川，湖沼において採取したコイの雄の血漿中VTG濃度が調べられているが，0.5 μg/mL程度の値が得られることは珍しくない。雄で見られるVTGは，雌のコイが排出するエストロゲン，餌に含まれるエストロゲン様物質(特に植物エストロゲン)，さらに人畜由来のエストロゲン，そしてアルキルフェノール類などのようなエストロゲン様作用を有する合成化学物質に起因すると考えられるが，因果関係を明らかにするまでには，きめ細やかな調査や研究が必要である。また，最近，雄のコイにおいて性成熟が進行して，繁殖期になると血中のVTG濃度が上昇することも知られており，雄魚の血中VTGがあるレベルまでは内因性の生理活性物質によって変動することは，異常現象ではないのかもしれない。そのような観点から，再度，既往の知見をチェックしてみる必要があろう。また，エストロゲンへの曝露が精子の質に及ぼす影響についての詳細な研究はないが，雄において高濃度のVTGレベルが精子の運動性を減少せしめることを示唆する報告や，雌において血漿中のVTG濃度の上昇が卵数や卵径に影響することも知られている[17]。

(3) ビテロゲニンの合成を誘導する化学物質

 魚類の雄にVTGを産生させる物質として，実験的に比較的よく知られているのはアルキルフェノール類である。アルキルフェノール-ポリエトキシレート(APnEO, $n = 1～40$)は洗剤の成分であり，これらの化合物の生分解産物であるアルキルフェノール類(ノニルフェノールやオクチルフェノール)の多くは難分解性であり，下水の処理水や河川水中に比較的ポピュラーに検出される[18]。

 例えば，ニジマスをノニルフェノール(NP)のいろいろな濃度で3週間飼育すると，NP濃度が20.3 μg/LのときVTG濃度が約10倍に上昇し，54.3 μg/Lでは1万倍にまで上昇した[19]。一方，精巣の発達[生殖腺指数, gonad somatic index：GSI(生殖巣

3.1 野生生物―魚類,水生生物―

重量／体重×100)〕は,図 3.7 に示したように 54.3 μg/L で有意に低下した。また, 30 μg/L のアルキルフェノール類や EE_2 2 ng/L に 3 週間曝露したときの,ニジマス雄の血漿中 VTG 濃度と精巣重量との関係を示した興味深い実験データが報告されている[18]。図 3.8 に示したように,血漿中 VTG 濃度が高くなると生殖腺指数は小さくなることがわかり,かつ,オクチルフェノール(OP)が最も強い作用を示している。また,EE_2 は OP の 1 万 5 000 分の 1 の濃度で OP と同程度の作用を示している。

水中のエストロゲン様物質に曝露された魚類の GSI の動向については,前述の英国北部のヌマガレイにおいて異なった結果も報告されている。タイン川河口とソルウェイファースの両水域で採取されたヌマガレイでの GSI や肝重指数(hepato-somatic index : HSI)も調べられている。HSI では地点間の差や季節変化もさほど顕著でないが,GSI は図 3.9 に示したように,雌雄とも季節変化や地点間の差が明らかに認められ,雌では 4 月に汚染水域であるタイン川河口のヌマガレイで高い値が見られたが,非汚染水域のソルウェイファースにおいては 12 月に最も

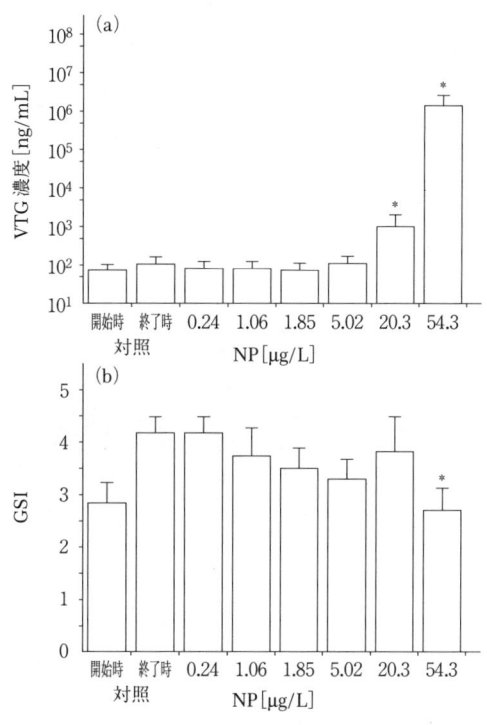

図 3.7 ノニルフェノールに 3 週間曝露した雄のニジマスにおける血漿中 VTG の合成(a)と生殖腺指数(b)
　　* 対照区と有意な差($p < 0.05$)

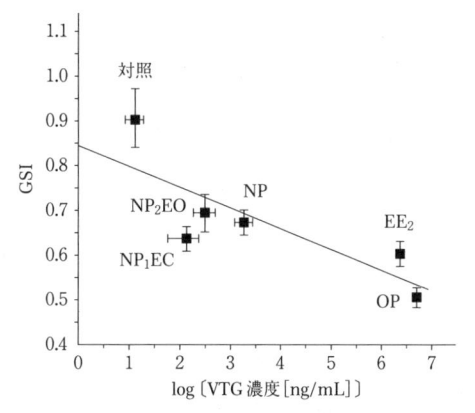

図 3.8 アルキルフェノール類や EE_2 に曝露したニジマスにおける血漿中 VTG 濃度と生殖腺指数との相関

3. 環境ホルモンの影響

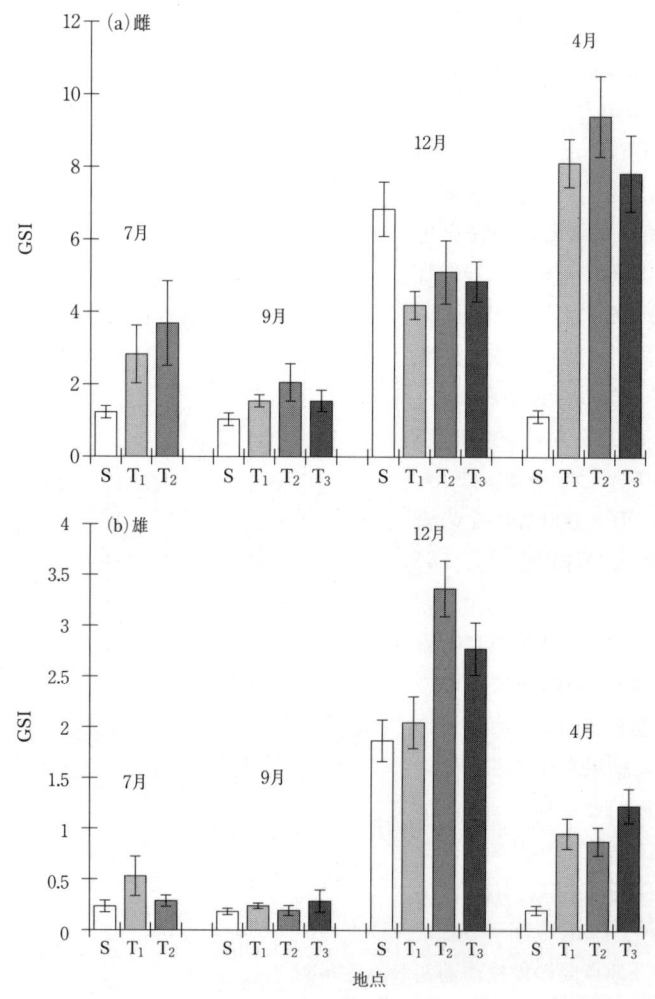

図3.9 タイン川河口(T_1, T_2, T_3)およびソルウェイファース(S)で採集したヌマガレイの雌(a)と雄(b)における平均生殖腺指数

高い値が認められた。一方，雄ではいずれの地点も 12 月に高い GSI が見られ，特にタイン川河口部の地点でその傾向が強かった[19]。

このように，エストロゲン様物質への曝露が，雄においてただちに GSI の低下をもたらすとは限らない。また GSI 値がどの程度になれば生殖・生理に障害をもたらすかを，飼育実験や組織化学的手法により明らかにすることは非常に重要である。

3.1 野生生物―魚類，水生生物―

　EE_2 のいろいろな濃度に，雄のニジマスを10日間曝露したとき，0.5 ng/L あたりから VTG 濃度が明らかに上昇し，10 ng/L では対照群($0.01\ \mu g/mL$ 以下)の 10^7 倍($37.4\ mg/mL$)にも達した[9]。英国では先にも述べたように，下水処理水中に EE_2 が ND (検出限界以下)〜7.0 ng/L 程度含まれていることが報告されている[8]。水中の EE_2 濃度が 25 ng/L という条件下で雄のニジマスを飼育すると，3日までは VTG 濃度がほぼ指数関数的に急上昇し，その後はやや緩やかな上昇カーブを描く(**図3.10**)。このようにニジマスでは EE_2 に対する応答が速やかである[9]。

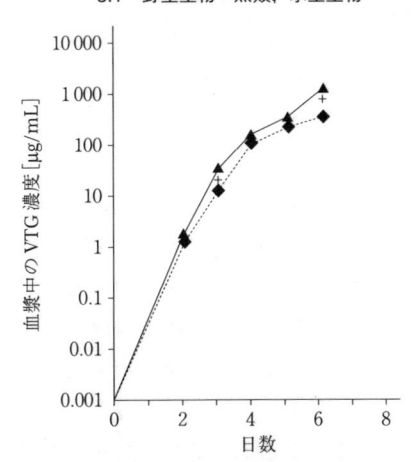

図3.10 EE_2 (25 ng/L)に曝露した雄のニジマスにおける VTG 合成の経日変化
＋：10個体の平均値，▲：最大値，◆：最小値

　これまで，各種化学物質を含む水中で飼育した魚類の血漿中 VTG 濃度を調べた報告が多いが，腹腔内注射を施したときに VTG 濃度の経時的変化がどのようであるかについても調べられている。E_2 と EE_2 をそれぞれ 1, 100, 500, 1 000 μg/kg 投与したとき，5日目からいずれの投与区でも VTG 濃度が上昇し，かつ，用量-反応関係が見られた。投与量が 1 μg/kg や 100 μg/kg 投与区では15日で最大 VTG 濃度を示し，以後は徐々に低下した。しかし，500 μg/kg や 1 000 μg/kg の投与区では，25日において最も高い VTG 濃度が観察された。さらに，E_2 と EE_2 の VTG 生成能を比較すると，EE_2 の方が明らかに高い(**表 3.2**)[10]。飼育水中の化学物質の鰓経由での取込み，餌を介しての経口的取込み，および前述

表3.2 E_2 と EE_2 を腹腔内注射した雄のニジマスにおける血漿中 VTG 濃度の経日変化

注入量[μg/kg]	注射後の日数					
	1	5	10	15	20	25
1 E_2	<10	15	18	22	13	10
EE_2	<10	39	87	155	66	88
100 E_2	<10	52	61	84	63	75
EE_2	<10	130	172	480	221	184
500 E_2	<10	82	92	173	108	126
EE_2	<10	261	3 750	15 050	13 110	90 750
1 000 E_2	<10	256	240	5 690	6 950	4 295
EE_2	<10	158	3 360	13 250	16 000	20 300

水温：8.5℃　数値は4個体の平均値[μg/mL]

の腹腔内注射など，投与方法の違いがVTGの合成とどのように関係するかは，データの解析の際に留意しておくべきであろう．

上述のVTGに関する知見は，雄の魚類または未成熟の魚類が，本来は成熟雌のなすべきことをしていることに着目している．近年，雌の魚類が，本来は雄がなすべきことをしているという興味深い報告がなされている．北半球の沿岸域や平地に広く分布しているトゲウオ類の一種のイトヨ(*Gasterosteus aculeatus*)の雄は，繁殖期になると水中の植物片や藻などを材料に巣作りをし，雌を迎える準備をする．この巣作りの際に，腎臓で合成され，排泄口から出される粘液性のタンパク質のスピギン(spiggin)を接着剤代わりに用いて巣を固める．このスピギンの合成は，雄性ホルモンのアンドロゲンの支配下にあるが，雌のイトヨを17α-メチルテストステロンや5α-ジヒドロテストステロンなどのアンドロゲンに曝露させるとスピギンを合成することが確かめられている．パルプ工場排水に曝露させた雌のイトヨがスピギンを合成していることが明らかとなり[20]，このことは排水中にアンドロゲン様物質が含まれていることを示唆している．

(4) 環境省魚類試験結果

ノニルフェノールについては，魚に対して内分泌撹乱作用があることが2001年8月に環境省から報告された[21]．

(a) 魚類エストロゲン受容体(ER)とアルキルフェノール類の結合性

ノニルフェノール(混合物；NP)，4-*t*-オクチルフェノール(4-*t*-OP)は，メダカ$ER\alpha$との受容体結合試験において，濃度依存的に結合性を示した．その相対結合強度はそれぞれエストラジオール(E_2)の約1/10，1/5であり，ヒト$ER\alpha$に対する強度と比較して強い結合性を示した．一方，その他のアルキルフェノール類については，ヒト$ER\alpha$に比べると数百〜数千倍強い結合性が認められたものの，最も結合性の強い4-*t*-ペンチルフェノールでもE_2の1/100，4-*t*-ブチルフェノールで1/500であり，直鎖型のノルマル異性体ではいずれも数千分の1と弱い結合性であった．なお，$ER\beta$との受容体結合試験では，NPはE_2と比較して約1/110の相対活性強度であり，ヒト$ER\beta$に比べて約30倍の強度であった．

他魚種においては，マミチョグ$ER\alpha$(リガンド結合ドメイン)で約1/200，コイ$ER\alpha$で約1/1 000の相対結合強度を示した．さらに，アルキル鎖長の異なる種々の

4-アルキルフェノール類では，同じ鎖長では直鎖型と比べて分岐型の方が ER への結合性は強いことが示され，この結合性は鎖長依存的であり，ER への結合において至適アルキル鎖長が存在することが確認されている．

(b) メダカ肝臓における VTG 誘導能

NP および 4-t-OP のメダカ肝臓中 VTG 産生能を評価するために，エストロゲン陽性対照物質として E_2(100 ng/L)を用い，約 3 箇月齢のメダカ(雌雄各 8 個体/濃度)を NP(7.40, 12.8, 22.5, 56.2 および 118 μg/L；平均測定濃度)および 4-t-OP(12.7, 27.8, 64.1, 129 および 296 μg/L；平均測定濃度)の試験液に流水条件下で 21 日間曝露し，肝臓中の VTG 濃度を測定した．その結果，雄メダカの肝臓中 VTG 濃度は曝露濃度の上昇とともに増加し，NP では 22.5 μg/L 以上，4-t-OP では 64.1 μg/L 以上で有意な上昇が認められた(**図 3.11**)．

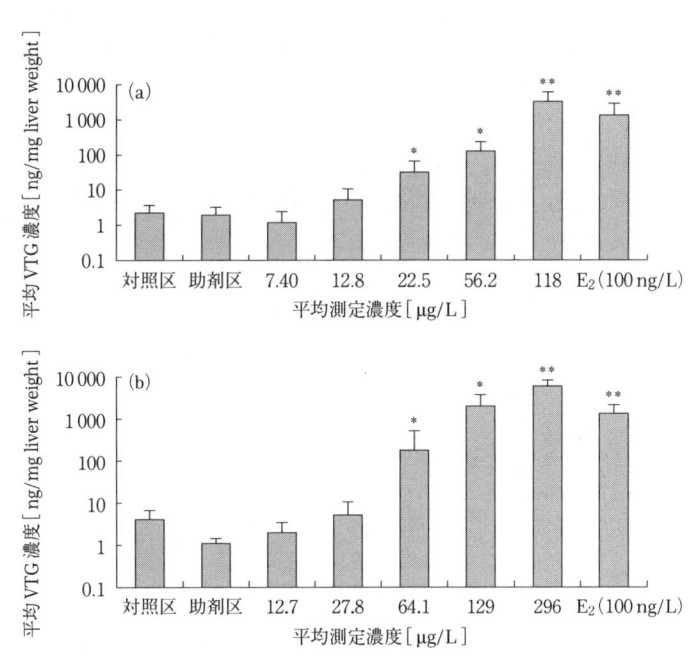

図 3.11 NP 試験(a)および 4-t-OP 試験(b)における雄個体の肝臓中 VTG 濃度
データは平均±標準偏差として示した．
* $p < 0.05$ で有意
** $p < 0.01$ で有意
出典：文献 21 より引用

3. 環境ホルモンの影響

(c) NP および 4-t-OP のメダカの性分化に及ぼす影響（初期生活段階試験）

NP（60 個体/濃度，3.30，6.08，11.6，23.5 および 44.7 μg/L；平均測定濃度）および 4-t-OP（6.94，11.4，23.7，48.1 および 94.0 μg/L；平均測定濃度）の試験液に受精卵から孵化後 60 日齢まで流水条件下で曝露し，NP および 4-t-OP のメダカの性分化に及ぼす影響と肝臓中 VTG 濃度を調査した。NP および 4-t-OP ともに，受精卵の孵化および孵化後の死亡は観察されず，NP の試験において孵化後 60 日齢で，44.7 μg/L 区で全長および体重が，23.5 μg/L 区で体重が有意に減少した事実から NP による成長阻害が示された。4-t-OP ではこの濃度範囲で成長阻害は認められていない。

孵化後 60 日齢における生存個体の外観的二次性徴から判定した性比は，NP は

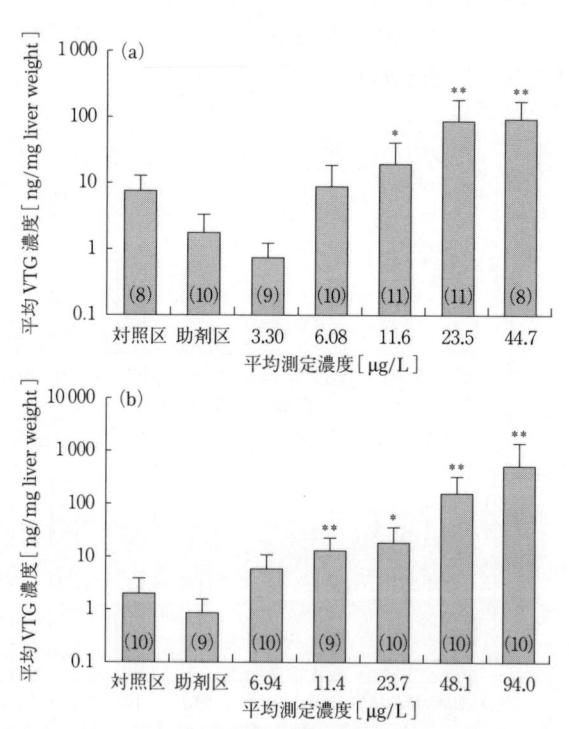

図 3.12 NP 試験（a）および 4-t-OP 試験（b）における孵化後 60 日齢の雄個体の肝臓中 VTG 濃度
データは平均±標準偏差として示した。カッコ内は個体数を示す。
* $p < 0.05$ で有意
** $p < 0.01$ で有意
出典：文献 21 より引用

23.5 μg/L 以上，4-t-OP は 48.1 μg/L 以上で有意に雌に偏っていることが認められ，生殖腺の組織学的観察結果からも，NP および 4-t-OP はそれぞれ 11.6 μg/L および 11.4 μg/L 以上で，精巣中に卵母細胞が出現する精巣卵の個体が確認された。このとき，雄メダカの肝臓中 VTG 濃度は，NP および 4-t-OP がそれぞれ 11.6 μg/L および 11.4 μg/L 以上で有意な上昇が認められた（図 3.12）。これらの結果から，NP および 4-t-OP が外観的二次性徴を雌化させる最小作用濃度（LOEC）は，NP が 23.5 μg/L，4-t-OP が 48.1 μg/L と考えられ，精巣卵を出現させ，VTG 産生を引き起こす LOEC は，NP が 11.6 μg/L，4-t-OP が 11.4 μg/L であることが示唆された。

(d) メダカフルライフサイクル試験

メダカを NP（60 個体/濃度，4.2，8.2，17.7，51.5 および 183 μg/L；平均測定濃度）の試験液に受精卵から孵化後 104 日齢まで流水条件下で曝露し，さらに，孵化後 70 日齢で雄個体が出現していた 17.7 μg/L 以下の濃度区について，ペアリング（6 ペア/濃度，ただし 17.7 μg/L 区は 3 ペア）を行い，孵化後 104 日齢まで毎日産卵数および受精率の調査，および 1 世代目の孵化後 102 日および 103 日齢に得られた受精卵も，同様に孵化後 60 日齢まで曝露試験が実施された。

その結果，183 μg/L 区では F_0 メダカの受精卵の生存および孵化後の遊泳開始（swim-up）が有意に低下，遊泳開始から孵化後 60 日齢までの累積死亡率は 51.5 および 17.7 μg/L 区で有意に増加が見られ，孵化後 60 日齢個体の成長については影響が見られず，外観的二次性徴から性比を判定した結果でも 51.5 μg/L 区では雄の二次性徴を呈する個体は観察されていない。さらに，生殖腺の組織学的観察結果から 17.7 μg/L 以上で精巣卵の個体が観察され，雄の特徴を呈する個体が出現する 17.7 μg/L 以下の濃度区については，孵化後 70 日齢でペアリングを行い，孵化後 104 日齢まで毎日産卵数および受精率を調査した結果，総産卵数には影響は認められず，平均受精率も有意差は認められなかった。しかし，対照区と比較して 76 % の低下が見られ（図 3.13），NP のメダカ全生涯を通した LOEC，NOEC（無作用濃度）がそれぞれ 17.7 μg/L および 8.2 μg/L と試算された。

1 世代目の孵化後 102 日および 103 日齢に得られた受精卵も，同様に孵化後 60 日齢まで曝露影響を調べたところ，次世代（F_1）の孵化，孵化後の死亡，成長については 17.7〜4.2 μg/L の濃度範囲で特段の影響は観察されなかった。一方で，孵化後 60 日齢個体の生殖腺における精巣卵の出現は，17.7 μg/L だけでなく 8.2 μg/L において

3. 環境ホルモンの影響

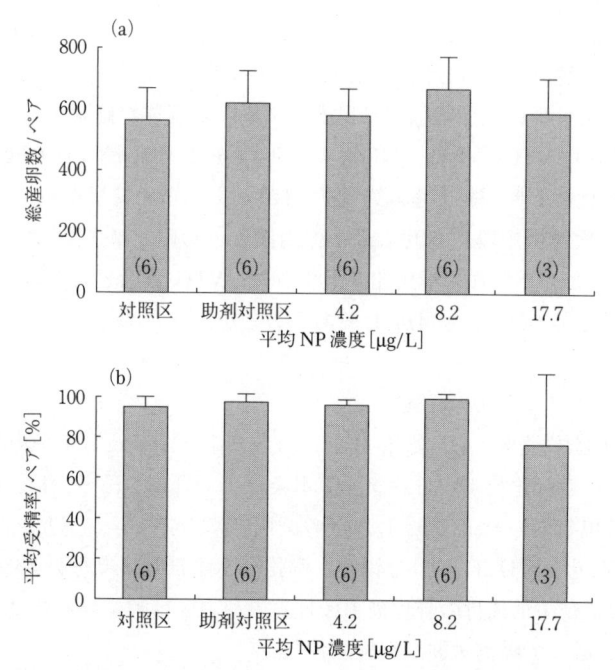

図 3.13 孵化後 71 ～ 104 日齢間のペア個体の総産卵数(a)および平均受精率(b)
データは平均±標準偏差として示した。カッコ内は個体数を示す。
出典：文献 21 より引用

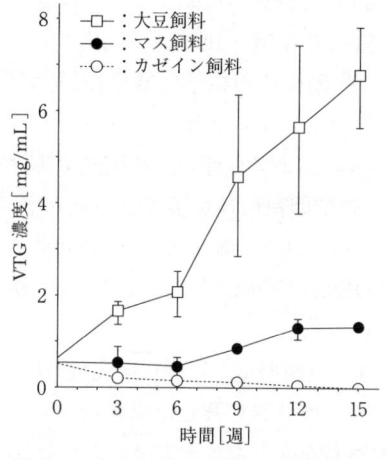

図 3.14 3 種の餌を与えて飼育した未成熟のチョウザメにおける血漿中 VTG 濃度

も観察された。NP は，17.7 μg/L より低濃度で次世代のメダカに対して影響を及ぼす可能性のあることが推測された。

(5) ビテロゲニンの合成と植物エストロゲン

内分泌撹乱化学物質問題の中で，我々が日常的に摂取している食物の中に植物エストロゲン(phytoestrogen)が多量に含まれていることはよく知られている。そのことが動物の内分泌系，特に性ステロイドホルモンの作用にいかなる影響を及ぼしているかが諸外国でも注目されてい

るところである。未成熟のチョウザメに大豆を主体とした餌，市販のマス用の配合飼料およびカゼインを主体とした餌を与えて15週間飼育すると，血漿中VTG濃度は3週間後から明らかに大豆を主体とした飼料区で高かった(**図3.14**)[22]。この現象はいうまでもなく大豆の中に含まれる植物エストロゲンのためである。養殖魚の場合，大豆に限らず植物エストロゲンを含む配合飼料を与えると，血漿中VTG濃度は常時高い値を示すことが予想される。雄の成魚にとって生殖能力に大きな障害を惹起しているかどうかを調べることも大切であろう。

(6) 合成エストロゲンによるビテロゲニンの合成と種間差

魚種間で合成エストロゲンに対する感受性がどのように異なるかも調べられている。飼育水中のEE_2が1～50 ng/Lの範囲内でコイとニジマスを10日間曝露したときの血漿中VTG濃度を比較すると，**表3.3**に示すように，いずれも用量-反応関係が明らかに認められるが，VTGの生産能には大きな差があり，10 ng/Lで4 000倍，25 ng/Lで6 000倍もニジマスにおいて高い値が得られ，EE_2に対する感受性が両魚種で大きく異なることがわかる[9]。しかし，飼育条件を見ると水温が9.5℃でなされており，冷水性魚類のニジマスはともかく，コイでは適正水温よりも低く，同様に比較し得るかどうかは疑問が残る。

表3.3 EE_2に10日間曝露した雄のニジマスとコイにおける血漿中VTG濃度

水中濃度 [ng/L]	血漿中VTG濃度[μg/mL]	
	コイ	ニジマス
0	<0.01	<1.0
1	<0.01	<1.0#
10	0.15±0.08*	630±140**
25	0.84±0.26**	4 970±73**
50	216±26**	11 200±800**

数値は10個体の平均値[μg/mL]，水温：9.5℃
* $p<0.05$，** $p<0.001$
\# 希釈過剰の試料

水中のエストロゲン様物質によって雄の肝臓で合成された血漿中VTG濃度はどの程度持続するのか，高濃度に一過性に曝露を受けたときと，低濃度で慢性的に曝露を受けたときなど，曝露条件によってVTGの誘導合成がどのように左右されるかも今後の課題である。

(7) 魚類の雄におけるビテロゲニンの合成に関する課題

魚類のVTGに付随した問題点や今後の課題を整理すると次のようになる。
a. 雄の魚類において，どの程度のVTGが血中に現れると雄としての機能が損なわれるのか。

3. 環境ホルモンの影響

b. エストロゲン様物質に対する応答性の種間差は，何によって生じるのか。
c. 非蓄積性のエストロゲン様物質の場合，VTG 産生能の持続性はどのようなものか。
d. 蓄積性(生物濃縮性)のエストロゲン様物質の場合，いったん蓄積された物質が血中に動員されるときは VTG が常時産生されるのか，またどの程度体内に蓄積(蓄積部位が皮下脂肪であるか，あるいは各組織や器官の脂質であるかも重要であろうが)したときに VTG 産生のスイッチがオンになり，血中 VTG 濃度レベルが顕著に増加するのか。
e. 餌中に含まれる植物エストロゲンを取り込むことによって，VTG は常時産生されるのか。
f. 過剰のエストロゲン様物質に曝露されると，雌において超雌化が生じるのか。
g. 雌の成魚では，血漿中の VTG レベルと血中の E_2 濃度は相関するのか。
h. 天然エストロゲン，または合成エストロゲン，さらにエストロゲン様物質は，体内に取り込まれるとただちに VTG 産生をもたらすのか，応答性の速さはどの程度なのか。
i. 体内へのエストロゲン様物質の取込みルート，例えば餌を介して，または水中から直接的に鰓を介して取り込まれるとき，VTG の産生の応答性はどのように異なるのか。

VTG は，卵生の動物，すなわち鳥類，両生類，魚類，昆虫類などに存在することがよく知られている。エストロゲン様物質による VTG の誘導は魚類で非常に多くの知見が得られてはいるが，他の動物での知見は比較的少ない。

また魚類の肝臓または膵臓の細胞をフラスコ内で培養し，培養液にエストロゲン様物質を加えて，VTG の産生がどのようになるかを調べた報告も近年多くなっている。

(8) 雄の魚類におけるビテロゲニン合成以外の内分泌撹乱現象

魚類への内分泌撹乱化学物質の影響については，VTG に関する報告が圧倒的に多い。しかし，このほかに重要と思われることは少なくない。例えば，魚類の生殖に関わるホルモンのしくみ，すなわち視床下部，脳下垂体を総元締めとする生殖内分泌系の初めの段階で影響を受けたときには，どのような状況が見られるであろうか。脳と密接な神経的関係を有している視床下部や脳下垂体は，殺虫剤や重金属などの

神経毒に対して特に敏感である。性腺刺激ホルモン放出ホルモン (gonadotropin releasing hormone : GnRH) の産生, 分泌に関わる視床下部のニューロンを重金属やカーバメイト系殺虫剤が痛めつけると, 卵黄および精子を生産する卵巣や精巣の機能障害をもたらすことも知られている。脳下垂体の腺組織の分泌細胞における機能障害を引き起こすといわれている有機塩素系, 有機リン系殺虫剤, シアン化合物, PAHs, PCBs, カドミウム, 水銀などは結果的にホルモンの分泌を低下させることになる。これらのことは, 有機塩素化合物で強度に汚染されている五大湖のような水域で, 魚類の生殖異常に関する報告事例が多いことを説明し得るかもしれない。

魚類の卵巣は, 哺乳動物における肝臓の役割, つまりステロイドホルモンを代謝する機能も有している。ある種の魚類ではこれらの代謝産物が雄に対する性的信号物質 (フェロモン) として働くと考えられており, その結果, 雄は精子の生産に励むことが知られている。カルボフランやダイアジノンは雄が雌から放出されるこのフェロモンを察知する能力を攪乱してしまうといわれている。このようなタイプの内分泌攪乱現象が生じていることも見落としてはならない。

3.1.3 無脊椎動物

(1) 海産巻貝におけるインポセックス現象

(a) インポセックス現象とその原因物質

内分泌攪乱化学物質問題は大きく取り上げられ,「環境ホルモン」が一つの流行語ともいえるくらい日常的に口にされ, 茶の間の話題にもなった。

しかし, いろいろな内分泌攪乱現象に関して因果関係が明確になっているケースはきわめてまれである。現時点では陸上および水界の生態系すべてにおいて因果関係がクリアな唯一の例は, 海産巻貝におけるインポセックス (imposex) 現象である。

多くの巻貝類は雌雄異体で, 雌は交尾して受精・産卵するので, 雄には交接器としてのペニスが存在する。ところが, ペニスを有し, 輸精管まで持つ雌の巻貝が1970年代の初め頃から世界各地で見られるようになってきたのである。このような巻貝を指してインポセックスというが, この定義として,「雌の巻貝類に雄の生殖器官 (ペニスおよび輸精管) が不可逆的に形成されて発達する現象およびその個体」とされている。わが国でも堀口らが非常に精力的に調査している[23]。**図 3.15** は, 日本全国の沿岸に生息する海産巻貝のイボニシにおけるインポセックスの出現状況を示

3. 環境ホルモンの影響

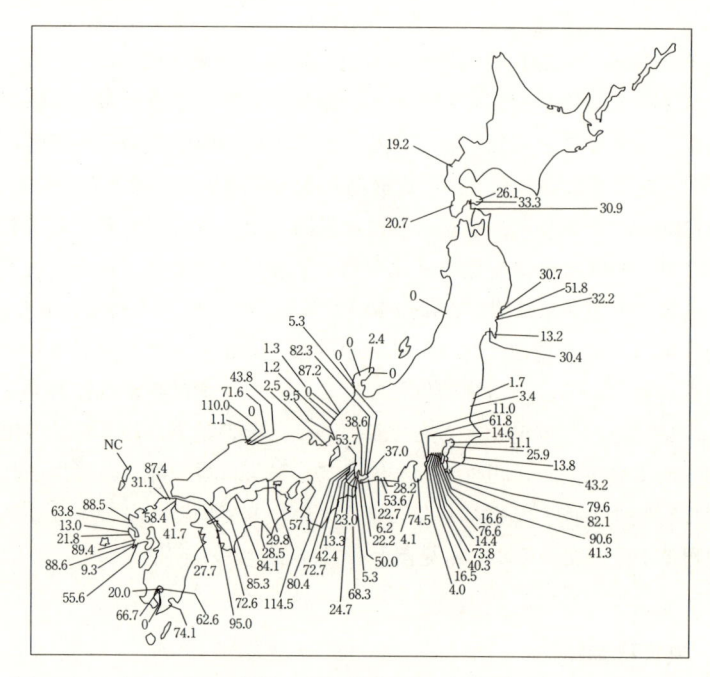

図3.15　イボニシにおける相対ペニス長指数の分布（1996年9月〜1999年1月）
NC：算出されず

したものである．図中の数字は，相対ペニス長指数（relative penis length index：RPL index, 雌の平均ペニス長／雄の平均ペニス長×100）であり，この値が大きいほど雌のペニスが相対的に発達していることになる．インポセックスが観察されなかった地点はわずかであり，指数が50を超えている地点は少なくない．

わが国では，1999年7月現在，中腹足目7種と新腹足目32種，あわせて39種がインポセックス現象を示すということがわかっているが，諸外国では140種類くらいの海産巻貝でインポセックスが生じているといわれている[24]．これが何によって起こるのかを示しているのが**図3.16**であり，イボニシの体内有機スズ［トリブチルスズ（tributyl tin：TBT）＋トリフェニルスズ（triphenyl tin：TPT）］濃度とRPL indexとの間には正の相関が見られる．これらの有機スズ化合物は，カキやフジツボがつかないようにするために船底塗料あるいは漁網防汚剤に添加されている物質である．TBTの濃度が1 ng/L（この濃度はわが国の沿岸域で普通に見られる）の海水中で3箇

3.1 野生生物—魚類，水生生物—

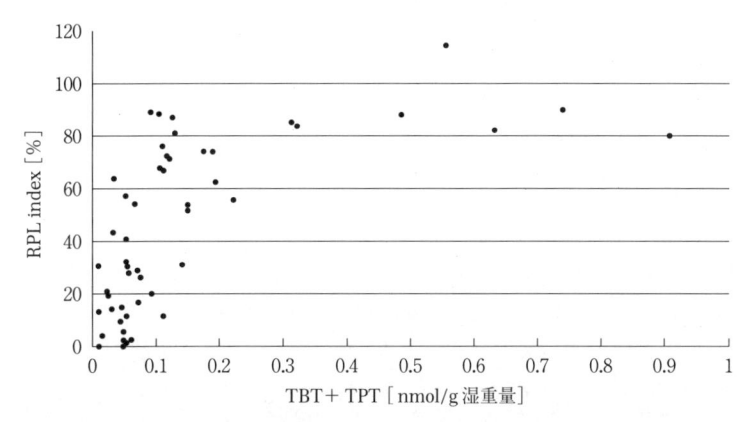

図3.16 イボニシの体内有機スズ(TBT＋TPT)濃度と相対ペニス長指数との関係

月間飼育したイボニシにおいて，インポセックスが誘導されることが実験室的に確かめられている．したがって，インポセックスの原因物質はこれらの有機スズ化合物であると結論し得る．

有機スズ化合物は，魚類，あるいはその他の水生生物に対しても非常に強い急性毒性を示すことがわかっている．農薬といってもいろいろな種類があるので一概にはいえないが，普通はppm(mg/L)のオーダーで急性毒性を示すものが大半を占めている．ところが，TBTの場合は，海産魚に対しての96時間LC_{50}(lethal concentration 50；半数致死濃度)の平均値が約10ppb(μg/L)というように強烈な急性毒性を示す[25]．このことは，有機スズ化合物がインポセックス現象だけでなく，水生生物全般に対して要注意物質であることを表している．逆のいい方をすれば，だからこそ防汚効果が抜群であるということであろう．TBTやTPT以外で，トリプロピルスズがヨーロッパチヂミボラ(*Nucella lapillus*)に弱いインポセックス症状を，また銅や非有機スズ化合物がオーストラリア産巻貝(*Lepsiella vinosa*)にインポセックスを引き起こすことも報告されているが，これまでの知見を総合するとTBTがインポセックス現象の中心的原因物質と考えてよい．

TBTの強い毒性のゆえに，1999年のIMO(国際海事機構)通常総会において「TBT船舶用塗料を2003年1月1日以降は船舶に新たに塗布することを禁止し，2008年1月1日以降は船舶に塗布されていることを禁止(船体への存在の禁止)するための世界的な法的拘束力のある枠組み(条約)を策定する」旨の決議が採択された．このよう

な状況を踏まえて，TBT代替塗料の開発が進められており，シリルアクリル酸エステルや，亜鉛および銅など有機金属アクリル酸塩が使用されつつある。

(b) インポセックス現象の発現機構

TBTが巻貝類の生殖生理のいかなる部分に作用しているかは，ほぼ明らかとなっている。脊椎動物に比べて無脊椎動物の内分泌系に関する知見は少ないが，貝類を含めた軟体動物が脊椎動物と類似のステロイド合成経路を有することも知られている。ステロイドホルモンの合成経路（**図3.17**）の中で雌性ホルモンの17β-エストラジオール，エストロン，エストリオールなどは，アンドロステンジオンや雄性ホルモンであるテストステロンからアロマターゼ(CYP19)という酵素の働きでつくられるが，TBTは，このアロマターゼの活性を阻害することが確かめられている[26),27)]。また，TBTは，テストステロンおよびその代謝産物の排泄を促進する硫酸抱合酵素活性も阻害する。これらの作用により，テストステロン濃度が上昇し雌の雄性化が生じると考えられている。テストステロンそのものを海産巻貝に注入するとインポセックス現象が起こることや，TBT以外でアロマターゼの活性を阻害する物質を与えるとやはりインポセックス現象が見られることなども明らかとなっている[26)]。このような生化学的な知見から見ても，TBTなどの有機スズ化合物がインポセックスを引き起こしていることは間違いのないことである。しかし，この有機スズ化合物の生物影響，特に生殖生理への影響についてはまだわからないことが多い。ステロイドホルモンの生合成経路は高等動物からかなり下等な動物まで共通しているが，なぜ海産の巻貝に特徴的にインポセックス現象が現れるのか，どの程度のインポセックス状態で雌は不妊となるのか，海産巻貝でインポセックス現象が見られない種があるのはなぜか，ペニスを用いる交尾行動はないにしても，二枚貝や魚類，その他の水生生物の生殖生理にはどのような影響をもたらしているのだろうか，TBTを取り込んだ雄やTBTとエストロゲン様物質に同時に曝露された雌ではどのような影響があるのだろうか，など疑問は尽きない。

最近，魚類においてTBTによるアロマターゼ活性阻害に起因する障害が観察されること，個体レベルで見ると巻貝のインポセックス現象が必ずしも不可逆的現象ではないこと，わが国沿岸域の場所によっては，インポセックス現象について回復の傾向が見られるという報告もなされている。

3.1 野生生物—魚類，水生生物—

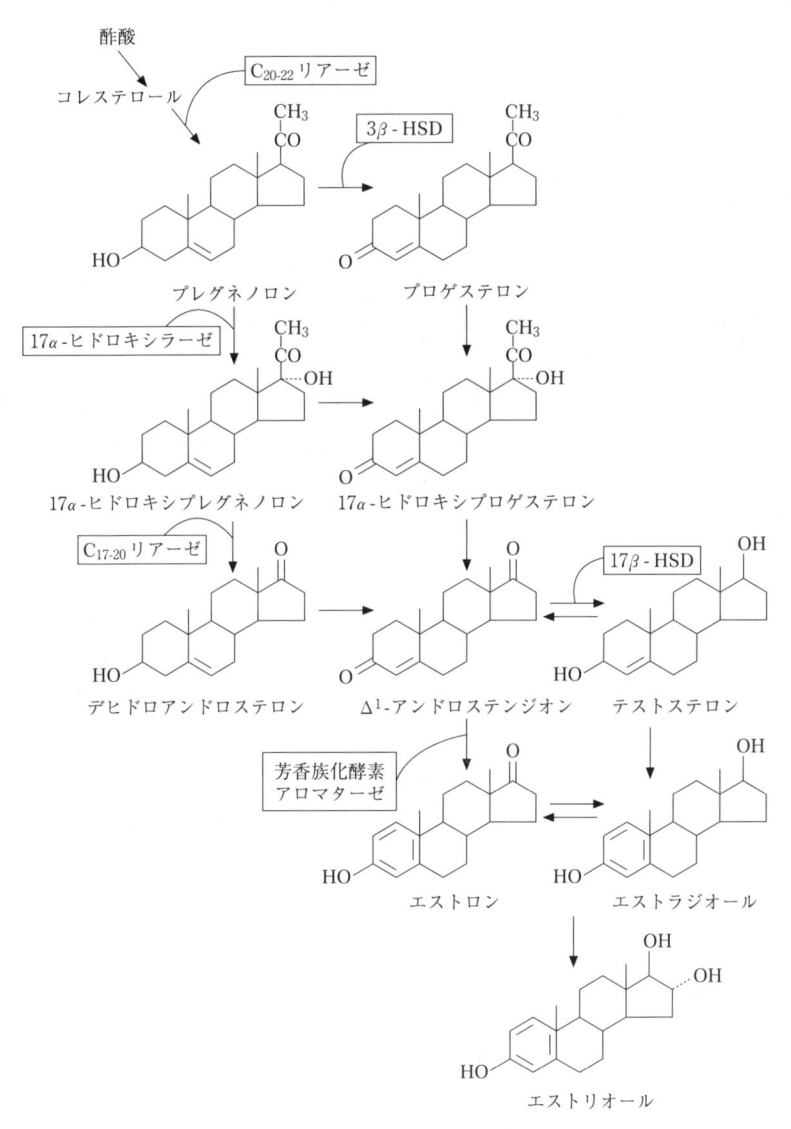

図 3.17 性ステロイド生合成経路と関連酵素
HSD：ヒドロキシステロイドデヒドロゲナーゼ

3. 環境ホルモンの影響

(c) 有機スズ化合物による雌アワビの雄化

ごく最近，アワビ類について雌の雄性化現象が自然界で観察され，TBT や TPT の関与を示唆する報告もなされている[23]。アワビ類は海水中に放精，放卵して体外受精するという繁殖形式をとっており，雌雄が同時期にいっせいに成熟することが重要である。ところが，ペニスなどの外部生殖器の形成は見られないものの卵巣中での精子形成が観察され，上に述べたイボニシやその他の新腹足類におけるインポセックスと質的に同じ雄性化が起こっているという。さらに，異常雌個体の筋肉や卵巣中の有機スズ化合物濃度も高いことが明らかにされており，この因果関係については今後，飼育実験などで確認することが必要であろう。

(d) 水中の細菌による有機スズ化合物の分解

有機スズ化合物は，いったん環境中に出てしまうといろいろな生物に取り込まれ，蓄積されていくが，水環境中での挙動や運命はどのようになっているのであろうか。この有機スズ化合物を分解する細菌が河川水や海水中に比較的ポピュラーに分布していることは，諸外国で報告されている。筆者らも淀川や大阪港周辺海域などで調べた結果，TBT を分解するバクテリアが間違いなく存在することを確認している[28]。しかしどのようなバクテリアがこれを分解するかについては，今まではっきりしていなかったが，筆者らは，大阪市内の河川水から TBT を分解する細菌を単離することができた[29]。図 3.18 は，3 段階の TBT 濃度（Sn として 4，20，40 μg/L）で無機塩培地に TBT を加え，数時間から 7 日間の培養期間中における分解の様相を調べたものである。4 時間あるいは 8 時間という非常に短い時間内でも TBT を

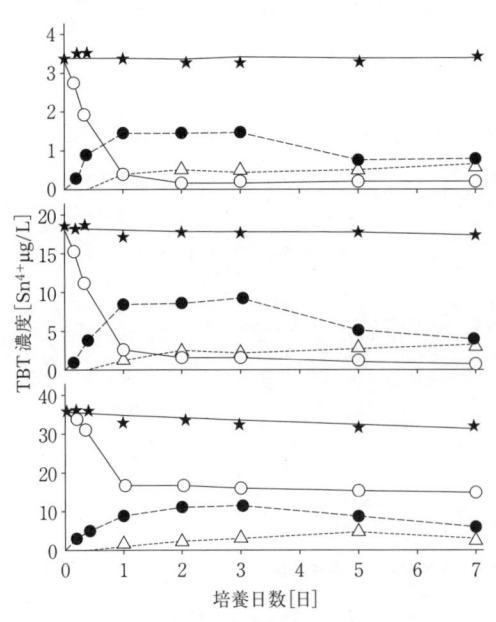

図 3.18 河川水中から単離した細菌による TBT の分解
○：TBT，●：DBT，△：MBT，★：対照

分解していることがわかる。また，その分解に応じてTBTから代謝産物のジブチルスズあるいはモノブチルスズが生成していることも明らかである。このようなバクテリアが自然界には普遍的に存在しているが，有機スズを環境中で分解して浄化していくことにどの程度寄与しているかを見積もることは難しい。何らかの役割を果たしていることを期待したい。

3.1.4　甲殻類

上述の海産巻貝の例を別にすると,一般に無脊椎動物における内分泌撹乱現象についてはほとんどわかっていない。これは，脊椎動物に比べて無脊椎動物でのホルモン系がよくわかっていないからである。脱皮は甲殻類にとって重要な生理学的な過程であり，多くの内分泌系によって調節されているが，直接的には，エクジステロイド(**図 3.19**)と呼ばれる脱皮促進ステロイドホルモンにより調節されている。エクジステロイドレセプターは脊椎動物のエストロゲンレセプターと同様にリガンドとの結合の選択性は厳密ではない。後述する植物エクジステロイドのブラシノステロイドとの結合はもとより，殺虫剤のRH 5849(1,2-ベンゾイル-1-*t*-ブチルヒドラジン)のような非ステロイド化合物と結合し，脱皮ホルモンのアゴニストとして作用する。昆虫のショウジョウバエ(*Drosophila*)のエクジステロイドレセプターの抗体は，甲殻類のいろいろな組織中のエクジステロイドレセプターの検出に用いることができることや，上述のRH 5849への曝露がゾエア期のカニの脱皮をも促進することから[30]，甲殻類のエクジステロイドレセプターの構造は昆虫のそれと非常に似ていると考えられる。

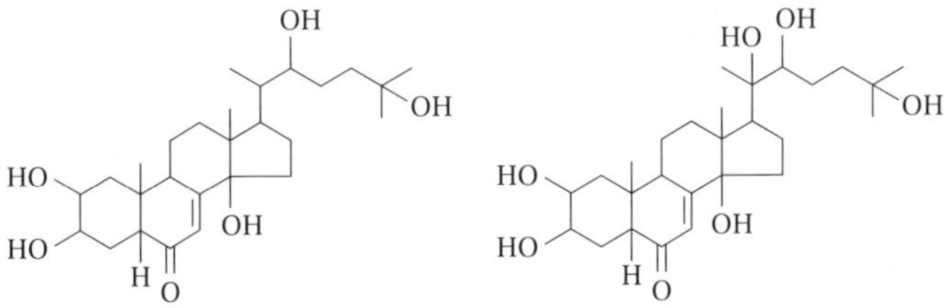

エクジソン　　20-ヒドロキシエクジソン

図 3.19　脱皮ホルモンのエクジソンと20-ヒドロキシエクジソンの化学構造

3. 環境ホルモンの影響

動物プランクトンは水界の食物連鎖において栄養段階は下位にあり，動物プランクトンが環境水中の有害物質を高濃度に取り込んだり，または水中の化学物質によって現存量が大きく減少すると，より高次の栄養段階にある生物への影響が危惧される。英国エジンバラの下水処理場放流口付近に生息するコペポーダ（カイアシ類）の Harpacticoid において，性比の変化や間性（intersex：本来は雌雄異体の生物で，性形質が中間的な異常を示している状態）が生じていると報告されている[31]。間性は数種の甲殻類では珍しくないが，Harpacticoid では非常にまれである。間性の発現と下水処理場放流口からの距離との関係は現時点では不明であるが，下水処理水中の何らかの物質が関与している可能性は高い。

コペポーダの *Acartia tonsa* は常時卵形成を行っているので，本種の成熟期において，単位時間当りの卵形成は，雌の成熟度合いの指標とすることができる。17β-エストラジオール（E_2）に曝露すると急激な成熟をもたらすことはこれまでに確かめられているが，E_2 とビスフェノール A にそれぞれ $23\,\mu g/L$ および $20\,\mu g/L$（急性毒性値 EC_{50} の約 1/5 の濃度）で有意な影響，すなわち無処理区と比べて卵形成の促進が見られた[32]。ビスフェノール A は，E_2 よりもエストロゲン様作用がはるかに低いといわれているが，コペポーダの類に対しては強い内分泌撹乱作用を示すのかもしれない。ただし，これらの E_2 やビスフェノール A の環境水中濃度とは相当かけ離れていることに留意しておく必要があろう。

オオミジンコ（*Daphnia magna*）は，実験動物としてよく用いられる生物種であるが，オルト位が塩素で置換された PCB の Aroclor 1242 の濃度が $0.05 \sim 0.1\,mg/L$ において脱皮が阻害された。これは，PCB がエクジステロイドレセプターに結合しアンタゴニストとして働くか，またはエクジステロイドの合成を阻害するためと考えられている[33]。甲殻類の脱皮を阻害する物質について，既往のいくつかの知見が整理されており（**表 3.4**）[30],[33],[34]，一般に $0.05 \sim 0.2\,mg/L$ の水中濃度で脱皮阻害または

表 3.4 甲殻類の脱皮に及ぼす数種の化学物質

化合物	脱皮への影響	影響濃度[mg/L]	文献
RH 5849	促進	0.1 および 1.0	30)
エンドスルファン	阻害	0.10 および 0.15	34)
ジエチルスチルベストロール	阻害	0.10 および 0.20	34)
PCB29	阻害	0.10 および 0.20	33)
Aroclor 1242	阻害	0.05 および 0.10	33)
フタル酸ジエチル	阻害	22.40	33)

促進が見られている。なお，これらの化合物の甲殻類に対する急性毒性値（48 h LC$_{50}$）は，脱皮への影響が見られる値の数倍である。

多くの種類の殺虫剤が，脊椎，無脊椎動物を問わず急性毒性を示す値よりも低い濃度で内分泌撹乱作用を示す場合があることはよく知られている。昆虫の生長阻害剤であるジフルベンズロンは，0.075 mg/L という低濃度で河口域に生息する甲殻類 *Mysidopis bahia* における多産性を減少せしめる[35]。このほかにも，100 mg/L のカドミウムがウニ（sea urchin）の卵形成に影響したり，30 mg/L の有機塩素系殺虫剤エンドリンがエビ（*Palaeomenetes pugio*）の産卵を遅延させるという報告もあるが，これらは通常のフィールドにおいては非現実的な濃度であり，一般化するには無理がある。

植物エストロゲンについては，魚類におけるビテロゲニンの合成との関連で少し触れたが，この植物エストロゲンの中には，昆虫に含まれるエクジステロイド（エクジソンや 20-ヒドロキシエクジソン）に類似の構造を有するものがあり，植物エクジステロイド（phytoecdysteroid）と呼ばれているが，これまでに 100 種以上が単離され，これらが昆虫のエクジステロイドと同様の脱皮ホルモン作用を示すことがわかっている。植物がなぜエクジソン様物質を保有しているかについては，次のように考えられている。昆虫により植物エストロゲンが取り込まれると昆虫の性比に変化が生じ，ひいては個体群の減少をもたらし，このことが植物の現存量の低下を防ぐことになるというわけである。製紙工場や皮革工場の排水に曝露された数種の水生昆虫において，脱皮の阻害や遅延が見られるのは，排水中に含まれる植物エクジステロイドが昆虫のステロイド代謝を阻害したためと考えられている。

以上のように，動物プランクトンを含めた甲殻類における内分泌撹乱現象については，少しずつ知見が集積されつつあるが，まだ断片的である。水界生態系の底辺を支える生物であるという重要性を考慮に入れるならば，今後のさらなる研究の進展が望まれる分野である。

3.1.5　野生生物における内分泌撹乱現象に関する今後の課題

本節では，水中の生物における内分泌撹乱化学物質問題やその周辺の事柄を述べてきた。最後に，当面の，そしてやや長期的な課題について触れておきたい。

いろいろな化学物質のうち，生物濃縮現象が生じやすいものとそうでないものに

ついては，内分泌撹乱作用を考える際にある程度区別しておくことも必要である。どの程度体内に蓄積されたときに生理学的異常が生じるかは，生物によってもまた化学物質によっても異なるであろうが，そのような知見はまだ少ない。水生生物の場合，水中の有機塩素化合物濃度がごく微量であっても，鰓を介した直接的取込みと食物連鎖を介した蓄積の双方によって，生物濃縮されることはよく知られている。また，難分解性の有機塩素化合物の場合，内分泌撹乱現象を引き起こすのは，ステロイドホルモンレセプターへ結合する物質とAhレセプターに結合する物質があるが，後者の場合の寄与度合いが大きいのではないかと考えられる。

　野生生物における内分泌撹乱現象とその原因物質について最近の知見を述べてきた。冒頭にも述べたように，因果関係が明瞭なケースはむしろまれであり，海産巻貝におけるインポセックス現象と有機スズ化合物，鳥類の卵殻薄層化と有機塩素化合物など少数の例に限られる。しかし，内分泌撹乱現象に関係していると思われる物質，あるいは内分泌系を活性化することが実験的に確かめられている物質についての情報は年々増加している。実験的に実証されている場合でも，実際の環境中の濃度レベルとは1～2桁もかけ離れて高い条件下でなされていることが多い。野生生物への影響を評価する場合には注意を要する。内分泌撹乱現象に限らず，化学物質が野生生物に及ぼす影響は，生理・生化学的なエンドポイントから論じられることが多いが，近年，行動生態毒性学(behavioral ecotoxicology)という分野が注目されつつあり，今後の重要な視点であろう。

3.2　野生生物 ― 鳥類，両生類など ―

　環境庁(現環境省)が内分泌撹乱化学物質(環境ホルモン)への対応を明らかにしたSPEED'98[36]では，環境ホルモンの野生生物に対する影響は，主に水生生物やそれらを餌とする食物連鎖の上位の生物に見られるとされている。ここでは，現在までに報告されている環境ホルモンが関連していると疑われている野生生物の影響事例をまとめて，**表3.5**に示す[37]。表において，「＋」の多いものほど確実さが高いことを示している。例えば，イボニシなどの巻貝の雌が雄化するインポセックスについては，メカニズムが十分に解明されていない点を除けば，原因物質がトリブチルスズ(tributyltin：TBT)などの有機スズであること，個体と個体群への影響，有機ス

3.2 野生生物―鳥類,両生類など―

表 3.5 野生生物への影響に関する報告

事例	個体への影響	個体群への影響	個体から群への関連性	メカニズムの妥当性	原因物質の確認	曝露の妥当性	回復経過
巻貝のインポセックス	++++	++++	++++	++ アロマターゼの阻害	++++ TBT	+++	+++
英国での魚のビテロゲニン生成	++++	+	+	++++ 女性ホルモン作用	+++ 女性ホルモン,ノニルフェノール	+++	+
五大湖のマス	++++	++++	+++	++++	+++ ダイオキシン類	+++	+++
パルプ工場排水の魚類への影響	++++	++	++	++	++ 植物エストロゲン?	+++	+
北米でのカエルの奇形	++++	++++	++	++	+ レチノイン酸様物質?	+	+
アポプカ湖のワニ	++++	++++	++	++	++ DDTなど有機塩素系農薬	++	+
五大湖周辺の鳥類	++++	+++	++	++++	+++ ダイオキシン類,有機塩素化合物	+++	+++
五大湖周辺のミンク	++++	+++	++	++	+++ ダイオキシン類,PCB	+++	++

+の多いほど確実さが高いことを示す。
出典:文献 37 より引用

ズ濃度の低下に伴う悪影響からの回復がほぼ確認されている[38]。

　なお,化学物質の野生生物への影響を考えるうえでは,ヒトと異なり個体群への影響で考える必要がある。すなわち,一般にある地域に生息する集団が絶滅するかどうかに影響の焦点が置かれている。

　表 3.5 に示す事例の原因物質については,一部に特定されていないものも残っているものの,大きく 3 群に分類される。第 1 群は,ダイオキシンや有機塩素系農薬などの,①有害で,②環境残留性が高く(難分解性),③生物濃縮されやすく(高蓄積性),④長距離を移動する,物質である。これら 4 つの性質を持つ物質は,残留性有機汚染物質(persistent organic pollutants:POPs)といわれ,日本を含む先進工業国では 1970 年代初めに製造や使用が禁止されている。しかし,開発途上国では現在も生産されており,汚染が地球規模で進行していることを踏まえ,POPs 条約により全世界で生産や使用の禁止を目指している。

　第 2 群は,ノニルフェノールなど POPs に比べて分解しやすいものの,大量に製造,使用されて,常に環境中に排出されている物質である。第 3 群は,エストロゲ

3. 環境ホルモンの影響

ンなどの天然ホルモンである。これらも人口増加や都市部への人口集中が原因となり，水中濃度が水生生物に影響を与えるまでに上昇したと考えられ，人工か天然かの区別をしなければ，第2群に含まれる。第2および第3群物質は，生物濃縮性があまり高くないが，水中に生息する魚や貝は，一定以上の濃度に曝露され続けることにより悪影響を受ける。一方，第1群物質は，食物連鎖を通じて体内に高濃度に蓄積し，曝露された個体だけでなく，子孫にも母体経由で移行する。それゆえ，第1群物質の影響を受けやすい生物は，水生生物を餌とする食物連鎖の上位生物である。

本節では，第1群物質の影響に関して多くの研究が行われている，北米の五大湖周辺に生息する鳥類への影響を最初に紹介する。さらに，それを踏まえて日本のカワウの状況を検討する。次に，最新の研究の一つとして，五大湖の魚を餌としてマウスに与え，精子に悪影響が生じた報告を紹介する。

第二の事例としては，北米における形態異常ガエルの発生と原因究明，および農薬によるカエルの減少を紹介する。形態異常ガエルについては，一部を除き原因が解明されていないものの，世界的な両生類の減少と併せて，環境ホルモンを含む化学物質汚染が原因の一つとして疑われている事例である。両生類は，3億5000万年前に陸上に初めて進出した脊椎動物で，現在までに3回の生物の「大量絶滅」を生き延びてきた種である。このような環境適用能力が高いと考えられる両生類が，急速に生息数を減らしている原因を究明することは，環境保全の面からだけでなく，種の多様性維持の点からも重要と考えられる。

3.2.1 五大湖周辺に生息する鳥類への影響

五大湖周辺に生息するミミヒメウなどの魚を餌とする鳥は，絶滅の危機に瀕する種がでるほど，1960年代に個体数が大きく減少した。主な原因は，有機塩素系殺虫剤のDDTの代謝物であるDDEにより卵の殻が薄くなり（卵中のDDE濃度が10 ppmで殻の厚さが約20％減少する[39]），抱卵時に壊れてしまうためである。しかし，1970年代初めのDDT使用禁止後，DDE濃度が卵殻の薄化を起こさないレベルまで減少して，多くの鳥の個体数は急速に回復した。一方，それまでは卵が壊れるために見過ごされていた胚の死（卵が孵化しない）や奇形雛の誕生などの異常が見つかるようになってきた。

3.2 野生生物—鳥類，両生類など—

ミシガン州立大学のGiesyら[40]は，これらの異常がダイオキシンを動物に曝露したときに現れる症状とよく似ていることに気づいた。原因物質は，ダイオキシンと同様に細胞内のAhR（芳香族炭化水素受容体）に結合して複数のタンパク質の合成を促して様々な悪影響を与えるダイオキシン類似物質と考えたのである。そこで，彼らは毒性発現のメカニズムに基づくダイオキシン類似物質の測定法であるラットの肝臓がん細胞を利用したバイオアッセイ（H4IIEアッセイ）を用いて，五大湖に生息するミミヒメウの卵中濃度を測定した。また，併せて胚の死亡率や奇形の発生率などを詳細に調査し，それらの発生率と卵中濃度との関連を調査した。卵のダイオキシン毒性等量濃度（TEQ；最も毒性の強いダイオキシンである2,3,7,8-TCDDに換算した濃度）は，35〜344 pg/g重量であった。また，TEQと胚死亡率（図3.20）や奇形発生率（図3.21）との間には，明確な用量-反応関係が認められ，ダイオキシン様の物質が異常を引き起こしていることが明らかになった[40]。しかし，影響は，一部の高汚染地域を除き個体レベルにとどまっていると評価されている。

なお，日本では，高度な分析機器を使用してダイオキシン類を構成する化合物を測定し，それぞれの濃度に毒性等価係数（TEF）を乗じて得られる各物質のTEQを合計して，ダイオキシン類としてのTEQを求めている。Giesyの共同研究者であるJonesらは，H4IIEアッセイと機器分析のTEQを比較し，機器分析に基づくTEQがH4IIEアッセイの約1/2であることを示している[41]。この違いは，

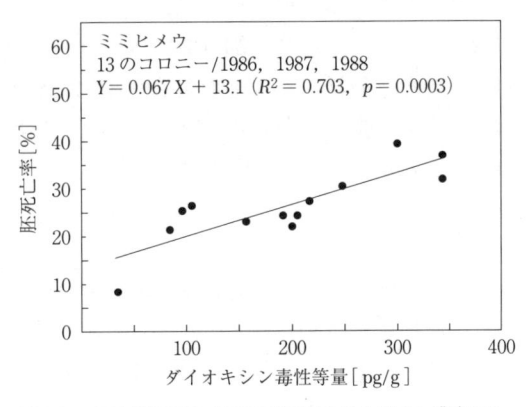

図3.20 五大湖のミミヒメウの胚死亡率とダイオキシン濃度との関係（1986〜88年の13コロニーでのデータ）

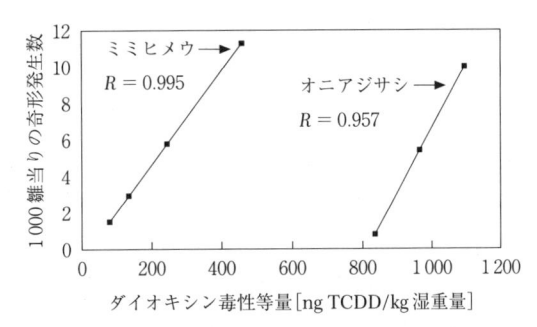

ミミヒメウ
13のコロニー/1986, 1987, 1988
$Y = 0.067X + 13.1$ ($R^2 = 0.703$, $p = 0.0003$)

図3.21 五大湖のミミヒメウ雛とオニアジサシ雛の奇形発生率とダイオキシン濃度との関係

ミミヒメウ　$R = 0.995$
オニアジサシ　$R = 0.957$

3. 環境ホルモンの影響

機器分析の対象外物質による毒性や複合作用によるものと考えられている。Giesyらは，この結果を踏まえて，ダイオキシン類のように多数の化合物からなる物質群の総合影響を評価する場合は，機器分析だけでなくバイオアッセイによる測定も必要と述べている[40]。

3.2.2　日本におけるカワウの現況

2000年に環境庁が実施したカワウのダイオキシン類調査結果と五大湖の調査結果に基づいて，日本産カワウのダイオキシン類による汚染影響の評価を試みた。環境庁が調査した千葉県の行徳に生息するカワウの卵の平均TEQ濃度は，約200 pg/g重量である[42]。この値を図 3.20 に当てはめて胚の死亡率を推計すると，27％となった。また，同様にして奇形発生率(図 3.21)を求めると，孵化した1000個体で5個体が奇形を持つと予測された。東京湾と五大湖とでは鳥の種類が異なり，ダイオキシン様物質の種類や濃度の比率も違うことが予想されるため，この推計はおおざっぱなものである。しかし，1973～80年に福田が不忍池で調査した1巣当りの推定巣立雛数(1.4～1.8)は，琵琶湖(1.8～2.1)や青森県むつ市(1.9)とほぼ同じである[43]ため，東京のカワウ個体群に対するダイオキシン類の影響は，五大湖のミミヒメウと同様にないとみなすことができる。一方，環境庁調査では，巣立ち前の個体の甲状腺ホルモン濃度や免疫機能低下と，化学物質の蓄積に関係が認められたことが報告されており[42]，ダイオキシン類の個体への影響については，今後さらに検討が必要である。

3.2.3　五大湖の魚によるマウスの精子形成不良

ミシガン州立大学のChouら[44]は，マウスに五大湖で獲れたコイを餌として与え，精子形成にどのような影響を与えるかを調べた。Chouらは，生まれたての雄マウスを3群に分け，①五大湖のコイを含む餌(DDEが300 μg/kg，PCBが2 500 μg/kg含まれている)，②養殖のコイ，③実験用の餌，を与えた母マウスの乳を飲ませ，離乳後も同一の餌を与えて，精子濃度と受精率を調べた。

その結果，生後8週の時点では3群に差はなかったが，15箇月の時点で五大湖のコイを与えた群の精子濃度が対照2群と比較して70％減少し，また受精率も10％

まで低下した。この結果からは，五大湖のコイに含まれる何らかの物質が精子形成に影響を与えることが確認されたが，加齢に伴いマウスの感受性が増したのか，有害物質が蓄積して影響が発現したかなどは不明であった。

そこで，さらに次の実験を行った。授乳期の雄マウスを8群に分け，4群に出産後から乳離れ後2週まで濃度を変えてPCB(0～32 mg/kg)を与え，他の4群には39週目から同濃度のPCBを与えた。そして，それぞれ44週目に精子の状況を調べた。その結果，最初の4群では精子濃度に差がなかったものの，最高濃度32 mg/kgのPCBを与えた群の受精率が71％減少していた。一方，後からPCBを与えた4群では何も差が認められなかった。さらに，妊娠中と授乳期にPCBを与えて生後16週と45週で精子および受精能力を調べた実験では，16週と45週で受精能力の差はなかったが，精子濃度は45週で有意に少なかった。

以上の実験から，年をとったマウスに現れる五大湖の汚染物質の影響は，加齢により感受性が増加したのではなく，影響が曝露後しばらくして発現することによるものと結論された。さらに，受精率低下の原因の一部は，PCBによるものであることも確認された。

3.2.4 形態異常ガエルの発生とカエルの絶滅

過去50年間，多くの両生類が人間活動の影響で減少し，一部は絶滅に至っており，21世紀にはその多くが絶滅するのではないかと懸念されている[45]。また，1995年には北米大陸[46]や北九州市[47]で過剰肢ガエルが相次いで発見され，何らかの環境汚染(変化)が進んでいるのではないかと危惧されている。

(1) 北米大陸の形態異常ガエルの原因究明

1995年8月，ミネソタ州の中学生が課外授業の自然観察中に湿地で奇形のカエルを発見した。ミネソタ州汚染規制局(MPCA)を中心に環境保護庁(USEPA)や大学が連携して原因究明に当たっているが，原因の特定には至っていない。

(2) 地域および発生率

ミネソタ大学のHoppe[48]は，1973～93年に9箇所で1772匹を調査したが，異常なカエルはわずか0.2％であった。しかし，1996～97年の調査では2548匹中

2.3％が異常であった。また，MPCAの195調査地点のうち，5％以上が異常である地点が20地点存在し，一部は異常なカエルが25％に達する地点もあった。ミネソタ州では，形態異常のカエルがいない地点を探すのが困難なほどといわれている。ミネソタのほかでは，ウィスコンシン，オハイオ，カリフォルニア，サウスダコタ，バーモントなど，米国の43州とカナダの5地域で異常ガエルが報告されている[48]。

(3) 異常の内容およびカエルの種類

最初に発見された異常は，主に後肢の過剰であるが，その他にも足の欠損，足の変形，多目，水掻きが肘（膝）の部分に存在するなど，多種類の異常が発見されている。1996年以降は，過剰肢の発生率が少なく，足の欠損や変形が主体となっている。また，消化器，泌尿器，生殖器官などの異常もある。発見された異常ガエルは，ミネソタ州ではNorthern leopard frogが主であるが，全米では延べ10種類にのぼる。

(4) 種々の原因説

現在考えられている原因は，①農薬などの化学物質，②寄生虫，③オゾン層破壊に伴う紫外線増加，④病原菌，などである[49]。

① 化学物質説

人工化学物質が形態異常の原因として疑われているが，ミネソタ州の異常発生地の水質分析結果からは，特に原因と疑われる分析値は得られていない。一方，カナダの研究では，異常発生率と農薬使用量の間に関連が認められている。ミネソタ州の異常発生地域でも，微量ながら農薬が検出されている[48]。

化学物質で最も疑われているのは，ビタミンA（レチノイド）様物質である[50]。ビタミンAの代謝物であるレチノイン酸は，レチノイド受容体と結合して特定の遺伝子に働きかけ，脊椎動物の足の形成を行う。そして，その曝露時期や曝露量により過剰肢となったり，欠損したりすることが知られている[51]。このメカニズムは，環境ホルモンの作用と同様である。ミネソタ州の奇形発生池において，レチノイド活性が検出されているものの，現在までに検出濃度レベルで異常が生じることは確認されていない[48]。レチノイド類似物質としては，昆虫の変態を妨害することにより害虫を駆除する農薬のメソプレン（methoprene）[52],[53]が考えられる。特に，メソプレンの光分解生成物は，メソプレンの1000倍も催奇形性能が強いことが明らかになっている[53]。米国立地質調査所での野外実験では，異常が発生している。しかし，

USEPAがカエルを用いて行った実験では，環境中濃度レベルで奇形は発生しなかった。また，エストロゲンも高濃度で肢の発達に影響を与えることが知られている。Garberらは，奇形発生池の環境エストロゲンを測定し，エストロゲン濃度と奇形発生率に関連を見出している[48]。さらにナトリウムやカリウムなどのミネラルがエストロゲン検出地点で低いため，低ミネラルとエストロゲンが奇形発生に関連しているのではないかと疑っている。

② 寄生虫説

化学物質ではなく，生物的なものが原因と考える説もある。水中に住むある種の吸虫は，オタマジャクシの下肢の発達部位に入り込み，足の正常な発達を妨げるという説である。オタマジャクシの下肢の肢芽にビーズ玉を埋め込むと，下肢に過剰肢が生じることが実験において確認されている[54]。過剰肢が急に増加したのは，吸虫の第一宿主である水生巻貝が増えたことが原因としている。この説では目の異常や足の変形などの説明はつかないものの，米国西部における下肢過剰の原因の一つが寄生虫であることが明らかになっている[55]。

③ 紫外線説

紫外線説の根拠は，異常の発生が共通の特徴を有する場所でなく，ランダムに発生している点である。また，紫外線B(295〜330 nm)の強度は，オゾン層の破壊に伴い世界中のあらゆるところで増加しており，カエルの卵が孵化して成長，変態する晩春から初夏にかけて強度が増加する点も紫外線説の根拠である。野外と同じ紫外線強度を用いた実験でカエルに異常が発生している[56]。また，ミネソタ州の異常発生池での調査では，水深10 cmでの紫外線強度と異常発生率に関連があることが確認されている。ある種の化学物質が感光物質として働き，紫外線の威力を増強している可能性も指摘されている。代表的な物質として，環境中のどこにでも一定濃度以上で存在する多環芳香族化合物[57]や農薬のカルバリル[58]がある。また，メソプレンのように分解により催奇形性能を増す物質も考えられる。しかし，2002年にUSEPAが公表した結果では，紫外線(UV-B)は後肢異常を発生させたり，幼生を殺したりする作用があるものの，実際の生息地(池)では水中に含まれる溶存成分などにより紫外線が吸収されて影響を与えないレベルまで減少するため，ミネソタなど米国北部での形態異常の発生の原因が，紫外線である可能性は低いことがわかった[59]。

3.2.5 有機リン系農薬によるカエルの減少事例

米国西部では，この10〜15年に数種のカエルが減少している[60]。カリフォルニア州においてカエルが激減している地域は，サンフランシスコの南東に位置するサンワキン渓谷の東側のシェラネバダ山脈である。一方，海岸地帯やサンフランシスコの北東にあるサクラメント渓谷の向かい側では，個体数が安定しているか，減少していてもわずかである。この減少の原因としていくつかが挙げられているが，最大のものは，有機リン系農薬と考えられている[60]。夏季に吹く海からの風が農業地帯で使用された有機リン系農薬をシェラネバダ山脈に運び，その影響をカエルが受けて減少していると疑われている。

有機リン系農薬は，神経系に作用する農薬である。神経系は，ニューロンという神経単位のネットワークであり，情報伝達は，ニューロンの軸索の先端から放出されたアセチルコリンが，隣のニューロンのレセプターに結合することにより行われる。情報伝達後，役目を終えたアセチルコリンは，コリンエステラーゼという酵素によりただちに分解される。有機リン系農薬は，コリンエステラーゼと結合してその働きを阻害する。その結果，情報伝達物質のアセチルコリンは，レセプターに結合したままとなり，正常な神経伝達が撹乱されて異常が生じる。地下鉄サリン事件で多くの犠牲者を出した毒ガスのサリンも有機リン化合物の1種である。

Sparlingら[60]は，カエルの減少の原因が有機リン系農薬であることを証明するために，カリフォルニア州各地に生息するカエルおよびオタマジャクシのコリンエステラーゼ活性と体内の農薬濃度を調べた。その結果，中央渓谷の東側の山岳地帯(セコイア国立公園)に生息するオタマジャクシのコリンエステラーゼ活性が，渓谷北部や海岸地帯と比べて低いことがわかり，コリンエステラーゼ活性は，カエルの個体数が少ない地域ほど低いことも確認された。さらに，コリンエステラーゼ活性の低い地域のカエルやオタマジャクシから有機リン系農薬が高頻度に検出され，海岸地帯の個体からは検出されなかった。これらの結果を踏まえて，Sparlingらは，サンフランシスコの東側に広がる農業地帯で使用された有機リン系農薬が，風に運ばれて山間部に達していること，そして，そこに生息するオタマジャクシが曝露され，高濃度では直接死に至り，死亡しない場合でもコリンエステラーゼ活性が低下して活動が鈍ったり，成長が遅れたりして，生存できない状況であると結論した。

3.2.6 今後の方向

PCB やダイオキシンなどの POPs は, 食物連鎖の上位生物中に高濃度に蓄積するため, 個体のみならず, 個体群への影響が心配されている。POPs は, マラリア対策用の DDT を除き生産と使用がすべて禁止される予定であり, そのリスクは, 軽減に向かうことが期待できる。しかし, 難分解性・高濃縮性を考慮して, 今後も環境中濃度の推移や生物への影響について精力的な調査研究が必要である。

一方, その生息数が急速に減少している両生類は, 水陸両方の生活史を持ち, 皮膚から容易に空気や水が体内に出入りし, さらにその卵は殻で保護されていないため, 環境変化や汚染に敏感な「炭坑のカナリア」に相当する「指標動物」であるといわれている[61]。化学物質の影響を最も受けやすいと考えられている発生期に, 母体から移行してきた第 1 群物質と, 水中に存在する第 2, 第 3 群物質の曝露を受けるのである。世界的なカエルの減少や形態異常の多発は, 何らかの環境汚染の前兆である可能性があり, 被害の拡大を防ぐため, その原因を早急に究明する必要がある。

3.3 ヒ ト

環境ホルモンのヒトへの影響については, 現在の段階でははっきりとした因果関係が証明されているものはなく, いずれも憶測の域を出ていない。しかし, 動物実験や疫学調査などの研究により, 化学物質の中には, きわめて低濃度で何らかの健康影響を及ぼすものや, 胎盤を容易に通過するもの, 摂取してから十数年後に次世代に健康被害が出るものなどのあることがわかってきた。環境ホルモンの影響として疑われるものは, ヒトの構成単位のうちの生殖器系, 内分泌系, 免疫系, 神経系の 4 つの系に関係している。これらの 4 つの系は, 独立した系ではなく, 相互に制御されている複雑なフィードバックループを形成している。生殖器系で疑われている影響として, 男性側では, 精子数減少, 生殖器異常(停留精巣や尿道下裂など), 精巣がんなど, 女性側では, 乳がん, 子宮内膜症, 女性の思春期の早期化, 不妊, さらに出生時の性比のバランスの崩れが挙げられる。免疫系では, アレルギー, アトピー, 自己免疫疾患が挙げられている。神経系への影響としては, IQ の低下, 性同一性障害, 注意欠陥・多動性障害(ADHD)などが挙げられる[62],[63]。

3. 環境ホルモンの影響

　特に，ヒトに対する影響で最も重要なのは，次世代への影響であることが広く認知されるようになっている。最近では，胚子(embryo)，胎児，新生児，乳幼児における微量の化学物質曝露が長期的影響(long term effects)として健康障害を生じさせることが動物実験などでわかってきている[64)-67)]。

　本節では，ヒトへの影響が明白でない状況下で，環境ホルモンの次世代や生殖系への影響を概略し，その影響判定の評価に関する新しい試みについてまとめる。

3.3.1 次世代への影響

(1) ジエチルスチルベストロール(DES)の次世代への影響

　環境ホルモンによるヒトへの影響として，唯一，明確な結果が示されているのは，DESのような強力なエストロゲン様物質を妊娠中の母親が摂取したケースである。1940年頃から米国でDESという合成女性ホルモンが切迫流産防止剤として妊婦に投薬され始めた。ところが，その後1970年前後にDESの妊婦への投薬が次世代に悪影響を及ぼすことが判明し，大きな社会問題になった[67)]。DESを妊娠中に服用した母親から生まれた女児に思春期を過ぎた頃に膣がんの発生が多く見られたのである。また，男児では，生殖器が小さかったり，精子数が少なかったり，停留精巣や精巣がんなどの生殖器官の異常が見られた。

(2) PCBや植物エストロゲンの次世代への影響の可能性

　米国五大湖の魚を多く食べていた人には，高濃度のPCBが検出されている。これらの汚染された魚を食べていた女性から生まれた子供たちの成長や知能発達に関する研究がいくつか報告されている[68),69)]。これらによると，母体血中PCB濃度が高い場合，生まれた子供の知能の発達に障害が認められるという報告[68)]と，神経学的な発達のレベルは，臍帯血中や母乳中のPCB類やダイオキシン類のレベルとは相関が見られなかったという報告[70)]がある。現在のところ，PCB類やダイオキシン類の胎児期・新生児期曝露の影響は，まだ結論が出ていない。この原因として考えられるのは，PCB類やダイオキシン類の影響といっても，毒性評価として何を用いるかという点が定まっていないことが挙げられる。また，最近の話題として，英国の研究者による尿道下裂の研究から，妊娠中にベジタリアンだった母親から生まれた男児には尿道下裂が多いとの報告がある[71)]。彼らは，この原因について果物や野菜に

付着する農薬の影響と，野菜，特に大豆などに含まれる植物エストロゲンの影響について言及している。

(3) 環境ホルモンを含めた微量化学物質のヒト胎児曝露に関する日本での調査

環境ホルモンがヒトに対して特に大きな影響を与えると想定されるのは，胎児期である。胎児期における環境ホルモン曝露を調べる方法として，母児ともに負担のない臍帯および臍帯血中の化学物質を測定する方法が試みられている。臍帯は，胎児組織の一部であり，しかも検体収集が簡便でもあるため，筆者らもこの方法を用い日本人の胎児における化学物質への曝露の調査を行っている。現在までのところ，蓄積性が高い微量のダイオキシン類，PCB類，DDT類，ヘキサクロロシクロヘキサン(HCH)，クロルデン類，重金属が検出されている。また，母体で代謝されやすいことから，胎児への移行はないと思われていたビスフェノールAも検出されてい

表 3.6 ヒト胎児における化学物質曝露状況(臍帯を用いた調査結果)

化学物質	検体数*	化学物質が検出された検体数**[%]	平均値±標準偏差	中央値	最大値	最小値
内分泌撹乱物質と疑われている物質						
ダイオキシン類[pg-TEQ/g wet]						
total WHO-TEQ2 (PCDDs+PCDFs+Co-PCBs)	20	20(100)	0.031±0.010	0.027	0.053	0.012
PCBs[ng/g wet]	11	11(100)	0.107±0.040	0.110	0.170	0.042
p,p'-DDT[ng/g wet]	20	17 (85)	0.006±0.002	0.005	0.010	0.003
p,p'-DDE[ng/g wet]	20	20(100)	0.225±0.121	0.225	0.440	0.064
HCB[ng/g wet]	20	9 (45)	0.038±0.055	0.021	0.180	0.005
HCH[ng/g wet]	20	20(100)	0.023±0.013	0.020	0.055	0.006
cis-クロルデン[ng/g wet]	20	15 (75)	0.015±0.018	0.008	0.073	0.005
trans-クロルデン[ng/g wet]	20	16 (80)	0.013±0.006	0.013	0.030	0.004
trans-ノナクロル[ng/g wet]	20	20(100)	0.031±0.014	0.030	0.066	0.009
エンドスルファン[ng/g wet]	20	18 (90)	0.035±0.019	0.032	0.073	0.007
ビスフェノールA[ng/g wet]	20	11 (55)	4.425±5.037	1.940	15.240	0.350
TBT[ng/g wet]	15	15(100)	1.280±0.369	1.300	1.800	0.500
重金属						
カドミウム[ng/g wet]	11	5 (45)	0.336±0.720	0.300	0.460	0.290
鉛[ng/g wet]	11	11(100)	27.102±24.375	16.400	93.500	7.920
植物エストロゲン*						
ゲニスティン[ng/mL]	10	10(100)	19.730±10.844	18.350	39.500	5.200
ダイゼイン[ng/mL]	10	9 (90)	4.678±2.730	3.600	10.000	1.700

％：検出率(**/*)
WHO-TEF：toxicity equivalent factor (WHO, 1998)
TEQ2 (Environmental Agency, 2001)：toxic equivalents
HCB： ヘキサクロロベンゼン
HCH： ヘキサクロロシクロヘキサン
TBT： トリブチルスズ
*** 植物エストロゲンは臍帯血より測定
出典：文献66より引用

る。さらに，植物エストロゲンも検出されている。この事実は，多数の化学物質によるヒト胎児での複合汚染が現実に起こっていることを示している[63)-66)]（**表 3.6**）。

各種環境ホルモンの胎児移行を考えるとき，環境ホルモンを，ダイオキシン類，PCB 類，DDT，DDE などの蓄積性の高い物質と，ビスフェノール A，ノニルフェノールなどの蓄積性の低い物質，さらに植物エストロゲンのカテゴリーに分けて考える必要があると思われる[65)]。蓄積性の低い物質は，母体内のクリアランス（排泄）が早いと考えられ，妊娠中の摂取を控えることにより胎児への移行は予防しうると考えられる。しかし，蓄積性の高い物質は，妊娠前の母体への蓄積があるため，妊娠可能年令になってから胎児への移行を防ぐことは困難と考えられる。この場合，胎児移行を減らすためには，母体への蓄積量を減らすことが必要と考えられる。

3.3.2　生殖系への影響

(1)　男性生殖系への影響
(a)　精子数に関する研究報告

この問題で最も注目され，社会的問題へ発展した原因となったのが精子数の減少に関する報告である。1992 年にデンマークの研究チームは，ヒトの精子数が過去 50 年間で半減しているのではないかという衝撃的な研究報告を発表し，その原因として環境ホルモンの可能性を指摘した[72)]。この報告には多くの研究者から懐疑的な意見が出されている。しかし，その後，精子数減少に関する同様の調査結果や解析結果がフランスや米国などの研究者から相次いで報告され[73),74)]，男子が胎児期や成長過程において環境ホルモンに曝露され続けたことによるという可能性が示唆されている。今後，世界規模の「ヒト精子数の状態に関する調査"Cross-sectional studies on human semen quality"」の正式な報告が待たれる。

(b)　精子形成状態に関する検死体を用いた検討

精巣での精子形成の状態に関する研究に注目すると，1997 年に非常に興味深い研究がフィンランドのチームから報告されている[75)]。それによると，1981 年と 1991 年に死亡した中年男性の精巣の組織像を比較した結果，正常な精子形成を示す割合が 1981 年からの 10 年間で 56.4 % から 26.9 % に減少する一方，精子形成不全を示す割合が逆に増加しているという。そして，その原因としてのリスクファクターは，

飲酒, 喫煙, 薬物などではなく, 環境ホルモンを含めた環境汚染による可能性を指摘している。

この研究に追随し, 日本における男性生殖能の現状を解明するために, 筆者らは, 約2万の日本人検死体の精巣重量や生前のプロフィール(身長, 体重, 生年月日, 死亡時年齢, 死因など)を用いて, 疫学調査として精巣重量の経年的変化に関する後ろ向き調査(retrospective study)を行った。1959年から1998年までに亡くなった死亡時年齢が20歳から39歳までの日本人検死体について検討したパイロットスタディの結果, 身長および体重は, 経年的に増加したが, 精巣重量は, 1960年から1980年前後にかけて上昇した後, 1990年代にかけてやや減少する傾向が見られた[76],[77]。

(c) 精巣形成不全症候群(testicular dysgenesis syndrome)

この概念は, 精子数減少を唱えたデンマークの研究者が最近提唱しているものである[78]。精巣形成不全症候群とは, 生殖原基からの精巣の発生過程においていったん精巣への分化が進むが, 胎生のある時期に何らかの要因により精巣の退縮あるいは変性が起こって, 形態的にも機能的にも精巣が消失してしまう病態をまとめて呼ぶ。この病態は, 胎児期にアンドロゲン作用が不十分だった場合に男性生殖器の発生異常に関与すると考えられる。現在のところ環境ホルモンとの直接的な関連を示す証拠は得られていないが, 胎児側の遺伝的背景や曝露される物質の種類, 程度, 時期によっては, 精巣の退縮に至る精巣形成不全から, 外性器異常, 精巣腫瘍, 精液の質の低下, 男性不妊症までの種々の段階の精巣形成不全症候群を来しうると考えられている。

(d) 精巣腫瘍

精巣腫瘍は, 20代から30代にかけての若年男性の悪性腫瘍の中で頻度が高い腫瘍である。デンマークをはじめとして北欧諸国において, 精巣がんの罹患率が近年増加傾向にある[79]。精巣腫瘍の統計は, 人種差, 地域差があり, 国際的比較はできないが, どの地域でも20代から30代において増加傾向にある。ただし今のところ, 精巣腫瘍と環境ホルモンとの因果関係は,「疑われている」という域は越えていない。

(e) 男性生殖器の発育異常としての尿道下裂および停留精巣
① 尿道下裂

本来，尿道は，男性の場合，ペニスの先に開くものであるが，陰茎の途中や，陰茎と陰嚢の中間に開く外生殖器の発育異常が尿道下裂という先天異常である。この尿道下裂が，先進国で近年増加傾向にある[80]。日本は，欧米に比べて発生頻度は低いが，やはり幾分増加傾向にあると報告されている[81]。動物実験では，尿道下裂は，内分泌撹乱化学物質の胎児曝露によって引き起こされるという報告もあり，ヒトでの因果関係が懸念されている。

② 停留精巣

精巣は，胎児期にはお腹の中にあるが，出生時に近くなるにつれて陰嚢の中に下がってくる。この精巣下降の過程がうまくない状態を停留精巣という。動物実験では，胎児期に，母獣が女性ホルモン，抗男性ホルモン剤，フタル酸類などに曝露されると，停留精巣を起こすことが知られている。ヒトでの停留精巣については，世界各地で調査されているが，停留精巣の程度による診断基準が各国あるいは各施設で異なるため，国際的かつ経年的な比較は難しく，症例が本当に増えているのかどうかは，はっきりしていない[80]。

(2) 女性生殖系への影響

(a) 乳がん

有機塩素系化合物と乳がんとの関連について調査した疫学研究論文も多く発表されている[82]。一時，PCB類やDDT類，DDE類と乳がんの発症とに関係があるとする研究調査が指示されていた時期もあったが，2001年，米国国立環境衛生科学研究所(NIEHS)から乳がんとPCB類やDDT類，DDE類の間には相関は認められないとする公式見解が発表された。

有機塩素系化合物の中で乳がんとの関連があると報告されているものとしては，ディルドリンが挙げられる。デンマーク人7000人を疫学調査し，エストロゲン作用を持つディルドリンの高曝露者は，低曝露者に比べて有意に乳がんの症例が多いと報告している[83]。

(b) 膣がん

　1960年代の後半，若年者ではまれな膣がんが，DESを服用した母親から生まれた女性に多いことが明らかにされた。これまでの調査からDES曝露による発がんのリスクは，1000人に1人の発生率とみなされている。また，妊娠初期にDESに曝露されると，膣腺症が起こることが知られている。つまり，エストロゲン作用の存在が膣腺症，ひいては膣がんの発生機序に関与していると考えられるのである。しかし，DESを投薬された全症例に膣がんが発症するわけではなく，その発生機序に関してはいまだ不明な点が多い[67]。

(c) 子宮内膜症

　ダイオキシン類のヒト女性生殖器への直接的な影響に関する報告はない[84]。しかし，子宮内膜症患者の血中ダイオキシン濃度が対照群に比べ高いという報告もあり，今後の研究が待たれる。

　実験動物に関しては，ラット，マウスにおいて妊娠中に最も毒性が強いダイオキシン(2,3,7,8-TCDD)を投与した場合，仔の生殖器に膣の形態異常，生殖能力の低下，卵巣重量の減少，排卵率の低下，卵胞形成の抑制，子宮内膜細胞の増殖が見られたとの報告があり，また，女性ホルモン濃度にも影響しているとの報告もある。アカゲザルの実験では，2,3,7,8-TCDD投与によって子宮内膜症の発症に影響があった。

(d) 性的早熟

　性的早熟に関して2つの特徴的報告[85]がある。

　プエルトリコでは，1985年頃から多数の女児に乳輪の硬結や陰毛の出現などの性的早熟の現象が報告された。少年においても，乳輪の硬結や女性化乳房が見られた。原因として食物が疑われ，原因究明の結果，プエルトリコ産の鶏肉に高い女性ホルモン作用を見出した。鶏肉中の化学物質は同定されなかったが，プエルトリコ産の鶏肉の摂取をやめると，子供たちの症状が軽快した。このことから，プエルトリコにおいて認められた性的早熟は，プエルトリコ産の鶏肉中に含まれていた化学物質の影響であることが推察されている[86]。

　米国ノースカロライナ州で1979年から1982年にかけて600組の母子を対象に，母乳中のPCB，DDE濃度や，臍帯血中の化学物質濃度の測定と性成熟の関係の調査が行われた。その結果，臍帯血中の化学物質濃度が最も高い女児が低い女児より

11箇月早く思春期を迎えていると報告されている．この報告は，微量化学物質の胎児・乳幼児曝露によって性成熟の時期の変化という影響を起こしているかもしれないことを示唆している[87]．

3.3.3 脳神経系への障害

オランダにおける母子の集団を対象とした大規模な疫学調査によると，母親の血しょう中のPCBおよびダイオキシン類濃度と出生時体重低下，神経学的試験成績の低下，精神運動性の低下，認知学習のスコアの低下，免疫機能の低下との関連が認められている[88]．さらに，105人の新生児と母親のペアでの調査結果から，PCB濃度の高い乳汁を出す母親の血液中のT_4，T_3の濃度が有意に低いこと，新生児の血液中の甲状腺刺激ホルモン(TSH)濃度が有意に高いことが報告されている．

母乳中のPCBおよびダイオキシン類濃度と生後2週の新生児における神経学的指標，甲状腺ホルモン(T_4)の低下，TSHの増加，生後42箇月における免疫機能への影響などとの関連性が認められている[89]．

米国のミシガン湖に生息する魚を多量に食べている母親から生まれた子供における発育への影響が調べられ，4歳児の言語能力，記憶能力は臍帯血中のPCB濃度と負の相関が認められている[90]．また，Darvill[91]は，オンタリオ湖において同様の前向き縦断研究を行った．すなわち，この湖周辺に位置するオスウェゴ郡に住み，オンタリオ湖からスポーツフィッシングで釣った魚を摂食する妊娠女性を調査の対象とした．その結果，乳児の精神運動発達障害，視覚認知記憶障害，早期幼児期(就学時前)における記憶と注意力の障害および後期幼児期における記憶，総合IQと読解力の障害などを報告している．これらの障害は，胎児臍帯血および母親の血清中のPCB濃度と関連することが示唆されている．

【コラム】 脳神経系の異常をどのように検出するか

脳の発達で最も重要な時期は，胎児期および母乳の影響を受ける乳児期であると考えられている．成熟した脳では，血液脳関門が発達し，有害な環境化学物質の侵入を防いでいる．しかし，胎児期にはこの防御システムがないといわれており，乳児，幼児期でもこの関門の機能は未発達で多くの有害物質が通過してしまう．そのため，脳の発達異常として機能異常(機能奇形)，行動異常が

認められる。この代表が微細脳機能障害(minimum brain dysfunction：MBD)や注意欠陥・多動性障害(attention deficit hyperactivity disorder：ADHD)を含む学習障害(learning disorder：LD)が見出されている。

　これらの脳の異常が環境化学物質によって起こるかを調べるためのラットやマウスなどを用いた動物実験における中枢神経系の障害を検出する項目について述べる。

中枢神経系の障害を検出するための試験法

1. 初期行動発達段階での評価：中枢神経系の障害の検出
2. ローターロッド検査による運動能の評価：ベルト上を走らせる走行試験, 水中で泳がせる遊泳試験などで運動能力を測定する。
3. 自発行動量の評価：外部刺激を与えない状態で観察される自発的な行動を評価する。運動機能障害があると抑制されるので注意を要する。
   a. オープンフィールド試験
   　　探索潜時, 歩行量, 脱糞数, 排尿回数, 立ち上がり回数, 毛繕い回数, 洗顔運動などを測定し, 情動性, 人の場合の情緒に近いものが評価できる。
   b. アニメックス試験
   　　装置がつくる弱い磁力線が動物によって遮られることを感知し, 行動量を赤外線センサーなどを用いて測定する。
4. 情動性試験：オープンフィールド試験で評価する。
5. 学習試験：学習・記憶を評価するために強化因子を用いて行われる。動物実験においては, 正の学習では, 指示どおりの行動をした場合に報酬(餌, ミルク, 砂糖水など)が与えられる。一方, 負の学習では, 指示通りの行動をしなかった場合に罰(電撃, 風, 水浸など)が与えられる。
   a. レバー押し学習試験
   　　ラットが入れられた箱内の側面にあるレバーを押すという反応に対して, 正の学習では報酬が与えられ, 負の学習では罰が回避できる。
   b. シャトル箱往復式能動回避試験
   　　床に電撃を発するグリットが設置された横長の箱の中心がシーソー構造となっている。中央部に左右を隔てるラットが乗り越えられる高さの仕切りが設置されている。箱のどちらかの側にいるラットが電撃を予告するブザーなどの弁別刺激を感知して反対側に移動すると弁別刺激はなくなり, その後し

3. 環境ホルモンの影響

ばらく回避できるというスケジュールの学習試験である。

c. 迷路学習試験

迷路の目的地(ゴール)に到達するまでの時間，間違えたエラー数を測定する学習試験でT迷路やE迷路試験が代表的である。

1) T迷路：T字の真中の縦通路の端にラットの頭部を断端に向けて置き，横通路のどちらか一方を目的地とする。達成できたときには餌などの報酬を与える。
2) E迷路：E字の真中の通路の端を出発点とし，両端の通路の端の一方を目的地とする。T迷路において分岐地点から目視できる目的地を見えなく改良したもの。

3.3.4 事故事例に見られるヒトへの影響

イタリアのセベソにおいて，2,4,5-トリクロロフェノールやヘキサクロロフェンなどを製造していた農薬工場の火災爆発事故によって大量の2,3,7,8-テトラクロロジベンゾダイオキシン(2,3,7,8-TCDD)が発生し，広範囲にわたる地域がダイオキシンに

表 3.7 イタリア，セベソにおけるダイオキシンに被爆した両親からの出生児の性比

家族	1976年における血清中 2,3,7,8-TCDD[ppt]		出生児	
	父親	母親	男	女
1	2340	980	0	1
2	1490	485	0	2
3	1420	463	0	1
4	509	257	0	1
5	444	126	0	2
6	436	434	0	1
7	208	245	0	1
8	176	238	0	1
9	104	1650	0	2
10	65.4	26.6	1	0
11	55.1	27.6	1	0
12	29.6	36.5	1	0
13	29.3	ND	1	1

よって汚染された。ダイオキシンの曝露レベルの高い地域において，事故9箇月後の1977年4月から翌年12月までの間に出産された74例の出産時児に対する疫学調査が実施された。その結果，**表 3.7** に示すように，父親および母親の血清中 2,3,7,8-TCDD の濃度が高い場合に，女児の方が多いことが明らかとなった。また，74例において，男/女比は 60/64（性比＝60/124＝0.484）となり，通常の性比 0.515 と比較すると出産児の性は女子に偏っていることが認められた。そのため，ダイオキシンによる生殖発生段階における毒性発現が疑われている[92]。

1978～79年に食用油による油症事件が台湾の台中県において発生し，患者数は約2000人に達した。油症患者から生まれた子供の少年期において，知能指数の低下，成長抑制（低身長，低体重，初潮開始時期の遅延，陰毛発育遅延，ペニスの短小化など）などの変異が認められた。知能低下は，PCDFs とコプラナー PCB によって母親の甲状腺機能が低下し，脳の発生や分化に重要な働きをする甲状腺ホルモン濃度の低下が原因と考えられている[93]。

3.3.5 ヒトへの影響を評価する新しい方法の確立の必要性

本節では，環境ホルモンの次世代や生殖系への影響について概説した。環境ホルモンによる影響は，従来の毒性学の試験・判定法では検出できない可能性もあり，新しい判定法が必要となる。現在までのところ，最も化学物質に感受性が高い胎児において内分泌撹乱化学物質による複合曝露が起こっている。これは，複合曝露から考えても悪影響が次世代のヒトに将来出てくる可能性を示唆している。ただ，曝露量アセスメントだけでは，曝露されている胎児に悪影響が出るのかどうかはわからない。悪影響の出方は，胎児側の遺伝的背景や環境背景によっても起因する。したがって，曝露量アセスメントのほかに，各個体の曝露状況下での悪影響の可能性を判定する方法の確立が必要である。内分泌撹乱化学物質の影響は，ヒトに関しては曝露時期から十数年から30年経ってから現れる場合も多い。そのことから，期待される評価方法は，曝露時期に近い段階で判定でき，なおかつ各個体の遺伝的差異や複合曝露状況も含めて判定できる必要がある。そのためには，感度や特異性の高い先行指標「バイオマーカー」を用いた評価方法，あるいは化学物質によって発現が変化する遺伝子の情報を用いて判定する Toxicogenomics（毒性遺伝子情報学）を用いた評価法の確立が必須となる。多くの化学物質に曝露されたヒトが体内でどのよう

3. 環境ホルモンの影響

な生体反応を起こしているかを見極め，その生体反応が将来の健康影響の先行指標として使えるものならば，その生体反応による様々な生化学的変化や遺伝子産物の変化が化学物質の複合曝露のバイオマーカーになりうるのである。このバイオマーカーや Toxicogenomics などを用いた影響評価は，曝露時期，生活環境，遺伝的素因をも考慮した影響判定，リスク評価に結び付くと考えられている [94]。

環境ホルモンの影響は，単に化学物質の環境汚染問題にとどまることなく，地球環境時代の概念や循環型社会の構築から教育問題まで，様々な面で 21 世紀の新しい価値観を広げ，遺伝子から環境問題を考える時代にしたと思われる。

参考文献

1) Helle, E., Olsson, M. and Jensen, S. (1976) *Ambio*, **5**, 261-263.
2) Reijnders, P. J. H. (1986) *Nature*, **324**, 456-457.
3) Bergman, A., Olsson, M. and Reiland, S. (1992) *Ambio*, **21**, 517-519.
4) Subramanian, A., Tanabe, S., Tatsukawa, R., Saito, S. and Miyazaki, N. (1987) *Mar. Pollut. Bull.*, **18**, 643-646.
5) 田中 克 (1975) "稚魚の摂餌と発育"，稚魚の消化系，水産学シリーズ 8，恒星社厚生閣，9-10.
6) 原 彰彦 (1998) 科学, **68**, 591-596.
7) Harries, J. E., Sheahan, D. A., Jobling, S., Matthiessen, P., Neall, P., Routledge, E. J., Sumpter, J. P. and Tylor, T. (1996) *Environ. Toxicol. Chem.*, **15**, 1993-2002.
8) Routledge, E. J., Sheahan, D., Desbrow, C., Brighty, G. C., Waldock, M. and Sumpter, J. P. (1998) *Environ. Sci. Technol.*, **32**, 1559-1565.
9) Purdom, C. E., Hardiman, P. A., Bye, V. J., Eno, N. C., Tylor, C. R. and Sumpter, J. P. (1994) *Chem. Ecol.*, **8**, 275-285.
10) Folmer, L. C., Denslow, N. D., Rao, V., Chow, M., Crain, D. A., Enblom, J., Marcino, J. and Guillette, L. J. Jr. (1996) *Environ. Health Perspect.*, **104**, 1096-1101.
11) Lye, C. M., Frid, C. L. J., Gill, M. E. and McCormick, D. (1997) *Mar. Pollut. Bull.*, **34**, 34-41.
12) Allen, Y., Scott, A. P., Mathiessen, P., Haworth, S., Thain, J. E. and Feist, S. (1999) *Environ. Toxicol. Chem.*, **18**, 1791-1800.
13) Hshimoto, S., Bessho, H., Sato, K., Hara, A. and Fujita, K. (1998) *Japan J. Environ. Toxicol.*, **1**, 75-85.
14) Janssen, P. A. H., Lambert, J. G. D. and Goos, H. J. Th. (1995) *J. Fish. Biol.*, **47**, 509-523.
15) Jobling, S., Nolan, M., Tyler, G. B. and Sumpter, J. P. (1998) *Environ Sci. Technol.*, **32**, 2498-2506.

参考文献

16) 建設省河川局および都市局（1999）平成 10 年度「水環境における内分泌攪乱化学物質に関する実態調査結果」, pp.39.
17) Kime, D. E., Nash, J. P. and Scott, A. P. (1999) *Aquaculture*, **177**, 345-352.
18) Bernett, E. R. and Metcalfe, G. D. (1998) *Environ. Toxicol. Chem.*, **17**, 1230-1235.
19) Lye, C. M., Frid, C. L. J. and Gill, M. E. (1998) *Mar. Ecol. Prog. Ser.*, **170**, 249-260.
20) Kastiadaki, I., Scott, A. P., Hurst, M. R., Matthiessen, P. and Mayer,I. (2002) *Environ. Toxicol. Chem.*, **21**, 1946-1954.
21) 環境省総合環境政策局環境保健部（2001）ノニルフェノールが魚類に与える内分泌攪乱作用の試験結果に関する報告(案), pp.44.
22) Pelissero, C. and Sumpter, J. P. (1992) *Aquaculture*, **107**, 283-301.
23) 堀口敏宏（2000）"水産環境における内分泌攪乱物質"（川合真一郎・小山次朗編）貝類, 水産学シリーズ 126, 恒星社厚生閣, 54-72.
24) Horiguchi, T., Shiraishi, H., Shimizu, M., Yamazaki, S. and Morita, M. (1995) *Mar. Pollut. Bull.*, **31**, 402-405.
25) 小山次朗, 清水昭男（1992）"有機スズ汚染と水生生物影響"（里見至弘・清水誠編）, 魚類, 水産学シリーズ 92, 恒星社厚生閣, 86-98.
26) Lee, R. F. (1991) *Marine Environ. Res.*, **32**, 29-35.
27) Oehlman, J., Oehlman, U. S., Stroben, E., Bauer, B., Bettin, C., Fiorni, P. and Markert, B. (1996) Expert Round Endocrinically Active Chemicals in the Environment, Texte 3/96 Umwertbundesamt, Germany, 111-118.
28) Harino, H., Fukushima, M., Kurokawa, Y. and Kawai, S. (1998) *Environ. Pollut.*, **98**, 163-167.
29) Kawai, S., Kurokawa, Y., Harino, H. and Fukushima, M. (1998) *Environ. Pollut.*, **102**, 259-263.
30) Clare, A. S., Rittschaf, D. and Costlow, J. D. (1992) *J. Exp. Zool.*, **262**, 436-440.
31) Moore, C. G. and Stevenson, J. M. (1994) *J. Nat. Hist.*, **28**, 1213-1230.
32) Andersen, H. R., Halling-Sorensen, B. and Kusk, K. O. (1999) *Ecotoxicol. Environ. Safety*, **44**, 56-61.
33) Zou, E. and Fingerman, M. (1997) *Ecotoxicol. Environ. Safety*, **38**, 281-285.
34) Zou, E. and Fingerman, M. (1997) *Bull. Environ. Contam. Toxicol.*, **58**, 596-602.
35) Nimmo, D. R., Hamaker, T. L., Moore, J. C. and Sommers, C. A. (1979) *Bull. Environ. Contam. Toxicol.*, **22**, 767-770.
36) 環境庁（2000）内分泌攪乱化学物質問題への環境庁の対応方針について —環境ホルモン戦略計画 SPEED'98 — 2000 年 11 月版.
37) Ankley, G. T. and Giesy, J. P. (1996) Principles and Processes for Evaluating Endocrine Disruption in Wildlife, pp.351, SETAC.
38) 堀口敏宏 他(2000)有機スズ汚染と腹足類のインポセックスの経年変化と現状, 沿岸海洋研究, **37**, 89-95.
39) Tillitt, D. E. *et al.* (1992) Polychlorinated Biphenyl Residues and Egg Mortality in Double-Crested Cormorants from The Great Lakes, *Environ. Toxicol. Chem.*, **11**, 1281-1288.

3. 環境ホルモンの影響

40) Giesy, J. P. *et al.* (1994) Deformities in Birds of The Great Lakes Region, *Environ. Sci. Technol.*, **28**, 3, 128A-135A.
41) Jones, P. D. *et al.* (1993) 2,3,7,8-Tetrachlorodibenzo-p-dioxin Equivalents in Tissues of Birds at Green Bay, Wisconsin, USA, Arch. *Environ. Contam. Toxicol.*, **24**, 345-354.
42) 環境庁 (2000) 内分泌撹乱化学物質による野生生物影響実態調査結果 (平成11・12年度実施分).
43) 福田道雄 (1995) 日本の希少な野生水生生物に関する基礎資料 (II), pp.687, 日本水産資源保護協会.
44) Chou, K. *et al.* (2001) 滋賀・ミシガン共同シンポジウム2001講演要旨集, Great Lakes Contaminants Reduce Sperm Production and Fertilizing Ability in Mice, S-72-S-74.
45) Wake, D. B. (1991) Declining amphibian populations, *Science*, **253**, 860.
46) Ouellet, M. *et al.* (1997) Hindlimb deformities (Ectromelia, Ectrodactyly) in free-living anurans from agricultural habitats, *J. Wildl. Dis.*, **33**, 95-104.
47) 武石全慈 (1996) 北九州市山田緑地で見られた過剰肢をもつヤマアカガエル *Rana ornativentris* について, *Bull. Kitakyushu Mus. Nat. Hist.*, **15**, 119-131.
48) http://water.usgs.gov/pubs/FS/fs-043-01/
49) Burkhart, J. G. *et al.* (2000) Strategies for Assessing The Implications of Malformed Frogs for Environmental Health, *Environ. Health Perspect.*, **108**, 83-90.
50) Blumberg, B. *et al.* (1999) 奇形蛙と環境レチノイド, 第2回内分泌撹乱化学物質問題に関する国際シンポジウム講演要旨集, 181-182.
51) http://www.im.nbs.gov/naamp3/papers/limbbuds.html.
52) Ankley, G. T. *et al.* (1998) Effects of Ultraviolet Light and Methoprene on Survival and Development of Rana pipiens, *Environ. Toxicol. Chem.*, **17**, 2530-2543.
53) La Clair, J. J. *et al.* (1998) Photoproducts and Metabolites of a Common Insect Growth Regulator Produce Developmental Deformities in Xenopus, *Environ. Sci. Technol.*, **32**, 1453-1461.
54) Sessions, S. K. *et al.* (1990) Explanation for naturally occurring supernumerary limbs in amphibians, *J. Exp. Zool.*, **254**, 38-47.
55) Johnson, P. T. J. *et al.* (1999) The Effect of Trematode Infection on Amphibian Limb Development and Survivorship, *Science*, **284**, 802-804.
56) Bruggeman, D. J. *et al.* (1998) Linking Teratogenesis, Growth, and DNA Photodamage to Artificial Ultraviolet B Radiation in Xenopus laevis Larvae, *Environ. Toxicol. Chem.*, **17**, 2114-2121.
57) Monson, P. D. *et al.* (1999) Photoinduced Toxicity of Fluoranthene to Northern Leopard Frogs (Rana Pipiens), *Environ. Toxicol. Chem.*, **18**, 308-312.
58) Zaga, A. *et al.* (1998) Photoenhanced Toxicity of a Carbamate Insecticide to Early Life Stage Anuran Amphibians, *Environ. Toxicol. Chem.*, **17**, 2543-2553.
59) Ankley, G. T. *et al.* (2002) Assessment of the risk of solar ultraviolet radiation to amphibians. I. Dose-dependent induction of hindlimb malformations in the Northern Leopard Frog (Rana

pipiens), *Environ. Sci. Technol.*, **36**, 2583-2858.
60) Sparling, D. W. *et al.* (2001) Pesticides and Amphibian Population Declines in California, USA, *Environ. Toxicol. Chem.*, **20**, 1591-1595.
61) Pelley, J. (1998) *Environ. Sci. Technol.*, **32**, 352A-353A.
62) Colborn, T. *et al.* (2001) Our Stolen Future〔奪われし未来(増補改訂版), 長尾 力・堀千恵子訳〕, 翔泳社.
63) Mori, C. (2001) Possible effects of endocrine disruptors on male reproductive function, *Acta. Anat. Nippon*, **76**, 361-368.
64) 桜井健一, 森 千里 (2000) ヒト胎児への内分泌撹乱物質問題の状況, 日本臨床, **58**, 2508-2513.
65) 森 千里 (2001) ヒトへの影響と対策の方向性, *Journal of Endocrine Disruption*, **1**, 203-212.
66) Todaka, E., Mori, C. (2002) Necessity to establish new risk assessment and risk communication for human fetal exposure to multiple endocrine disruptors in Japan, *Congenit. Anom. Kyoto*, **42**, 87-93.
67) McLachlan, J. A. *et al.* (2001) From malformations to molecular mechanisms in the male ; three decades of research on endocrine disruptors, *APMIS*, **109**, 263-272.
68) Winneke, G. *et al.* (1998) Developmental neurotoxicity of polychlorinated biphenyls (PCB) ; cognitive and psychomotor functions in 7-month old children, *Toxicol. Letters*, **102-103**, 423-426.
69) Carpenter, D. O. (1998) Polychlorinated biphenyls and human health, *Int. J. Occup Med. Environ. Health*, **11**, 291-303.
70) Lanting, C. L. *et al.* (1998) Neurological condition in 42-month-old children in relation to pre- and postnatal exposure to polychlorinated biphenyls and dioxins, *Early Hum. Dev.*, **50**, 263-292.
71) North, K. *et al.* (2000) A maternal vegetarian diet in pregnancy is associated with hypospadias, *BJU Int.*, **85**, 107-113.
72) Carlsen, E. *et al.* (1992) Evidence for decreasing quality of sperm during past 50 years, *Br. Med. J.*, **306**, 609-613.
73) Auger, J. *et al.* (1995) Decline in semen quality among fertile men in Paris during the past 20 years, *N. Engl. J. Med.*, **332**, 281-285.
74) Swan, S. *et al.* (1997) Reanalysis of international data finds sharp decline in sperm density, *Environ. Health Perspect.*, **105**, 1228-1232.
75) Pajarinen, J. *et al.* (1997) Incidence of disorders of spermatogenesis in middle aged Finnish men, 1981-91 ; two necropsy series, *Br. Med. J.*, **314**, 13-18.
76) 深田秀樹 他 (2000) 内分泌撹乱化学物質と精子形成, 産婦人科の実際, **49**, 1045-1052.
77) Mori, C. *et al.* (2002) Temporal changes in testis weight during the past 50 years in Japan, *Anatomical Science International*, **77**, 109-116.
78) Skakkebaek, N.E. *et al.* (2001) Testicular dysgenesis syndrome ; an increasingly common developmental disorder with environmental aspects, *Human Reproduction*, **16**, 972-978.

3. 環境ホルモンの影響

79) Moller, H. (2001) Trends in incidence of testicular cancer and prostate in Denmark, *Human Reproduction*, **16**, 1007-1011.
80) Toppari, J. et al. (2001) Trends in the incidence of cryptorchidism and hypospadias, and methodological limitations of registry-based data, *Human Reproduction Update*, **7**, 281-286.
81) 平原史樹 他 (2001) 先天異常モニタリングから内分泌攪乱化学物質の動向を予測する, 第41回日本先天異常学会学術集会抄録集, 75.
82) Sasco, A. J. (2001) Epidemiology of breast cancer : an environmental disease?, *APMIS*, **109**, 321-332.
83) Høyer, A. P. et al. (2001) Organochlorine exposure and risk of breast cancer, *Lancet*, **352**, 1816-1820.
84) 森 千里 (2000) 第2章 人工化学物質がもたらす健康影響(循環型社会 科学と政策, 酒井伸一, 森 千里, 植田和弘, 大塚直著), 有斐閣アルマ, 27-96.
85) 香山不二雄 (1998) 第7章 人への健康影響(よくわかる環境ホルモン学, 養老孟司・森 千里他著), 環境新聞社, 154-182.
86) Saenz de Rodriguez, C. A. et al. (1985) An epidemic of precocious development in Puerto Rican children, *J. Pediatr.*, **107**, 393-396.
87) Gladen, B. C. et al. (2000) Pubertal growth and development and prenatal and lactational exposure to polychlorinated biphenyls and dichlorodiphenyl dichloroethene, *J. Pediatr.*, **136**, 490-496.
88) Koopman-Esseboom, C., Weisglas-Kuperus, N., et al. (1996) Effects of polychlorinated biphenyl/dioxin exposure and feeding type on infants' mental and psychomotor development, *Pediatrics*, **97**, 700-706.
89) Koopman-Esseboom, C., Morse, D. C. et al. (1994) Effects of dioxins and polychlorinated biphenyls on thyroid hormone status of pregnant women and their infants, *Pediatr. Res.*, **36**, 468-473.
90) Jacobson, J. L. et al. (1990) Effects of exposure to PCBs and related compounds on growth and activity in children, *Neurotoxicology and Teratology*, **12**, 319.
91) Darvill, T. et al. (1996) Critical issues for research on the neurobehavioral effects of PCBs in humans, *Neurotoxicol. Teratol.*, **18**, 265.
92) Mocarelli, P., Brambilla, P. et al. (1996) Change in sex ratio with exposure to dioxin, *Lancet*, **348**, 409.
93) Chen, Y. C. J. et al. (1992) Cognitive development of Yu-Cheng (oil disease) children prenatally exposed to heat-degraded PCBs, *JAMA*, **268**, 3213.
94) Komiyama, M., et al. (2003) Analysis of toxicogenomic response to endocrine disruptors in the mouse testis, Toxicogenomics (ed) Inoue T and Pennie WD. Springer-Verlag, Tokyo, pp.156-162.

4. 環境ホルモンによる水環境の汚染

4.1 汚染の実態

　ダイオキシン類対策，環境ホルモン戦略計画 SPEED'98(Strategic Programs on Environmental Endocrine Disruptors'98)[1]の一環で，環境汚染の実態解明がかつて例をみない規模で進んでいる。調査の対象となっている物質は，内分泌撹乱作用を持つ可能性があるとしてリストアップされた，いわゆる環境ホルモンおよび人畜に由来する天然と合成の女性ホルモンである。本節では，ダイオキシン類の常時監視[2],[3]，環境ホルモン全国一斉調査[4]-[15]の結果をもとに，公共用水域の水質，底質および魚介類における汚染実態を概説したい。

4.1.1 物質濃度の評価

(1) 公共用水域
(a) 環境ホルモンの検出状況
　約80種にのぼる物質が調査されているが，実際にはどのような物質が水環境中に存在しているのであろうか？　検出頻度，すなわち環境ホルモンを検出した試料数と調査した試料数の比で見ると，水質，底質あるいは魚介類のいずれかの媒体で10％を超えた物質は，**表 4.1** の28種にまとめることができる。当面，これらの物質が水環境中に比較的普遍的に存在する環境ホルモンであるとみなすことができよう。
　きわめて低濃度の測定手法が採用されていることもあって，ダイオキシン類は水質，底質および魚介類の調査したすべての試料から検出され，またポリ塩化ビフェニル(PCB)もほぼ同様な傾向があり，これらの物質が水環境中に広く分布している

4. 環境ホルモンによる水環境の汚染

表 4.1　水環境における内分泌撹乱化学物質の検出状況

区分	SPEED '98 No.	物質名	水質	底質	魚介類	備考
非意図的	1	ダイオキシン類[*1]	2 424/2 424[*2]	1 887/1 887	2 832/2 832	ゴミ・廃棄物焼却, 農薬合成不純物
	4	ヘキサクロロベンゼン (HCB)	0/274	0/114	6/48	
	43	ベンゾ[a]ピレン (BaP)	12/815	252/304	0/141	化石燃料
工業用	2	ポリ塩化ビフェニール類 (PCB)	556/746	234/290	133/141	熱媒体, 電気製品など
	33	トリブチルスズ (TBT)	57/769	174/290	113/141	船底塗料, 魚網防汚剤
	34	トリフェニルスズ (TPT)	2/769	63/297	70/141	
	36	4-t-オクチルフェノール (4-t-OP)	372/1 876	88/356	16/141	界面活性剤材料, 分解生成物
	36	ノニルフェノール (NP)	674/1 876	189/355	42/141	
	37	ビスフェノールA (BPA)	941/1 876	178/321	8/141	樹脂原料
	38	フタル酸ジ-2-エチルヘキシル (DEHP)	581/1 745	293/341	30/141	プラスチック可塑剤
	39	フタル酸ブチルベンジル	7/1 745	62/341	3/141	
	40	フタル酸ジ-n-ブチル	208/1 859	128/577	0/141	
	44	2,4-ジクロロフェノール	75/780	4/227	1/141	染料中間体
	45	アジピン酸ジ-2-エチルヘキシル	272/1 745	16/293	0/141	プラスチック可塑剤
	46	ベンゾフェノン (BZP)	130/794	55/289	3/141	医薬品合成原材料, 保香剤, 紫外線吸収剤
農業用	7	2,4-ジクロロフェノキシ酢酸 (2,4-PA)	68/847	0/154	0/48	フェノキシ系除草剤
	14	クロルデン (trans-および cis-)	0/274	0/114	25/48	農薬登録失効, シロアリ駆除剤
	16	trans-ノナクロル	0/274	0/114	43/48	クロルデンの主成分の一つ
	19	p,p'-DDE	0/274	3/114	31/48	DDT の分解産物
	19	p,p'-DDD	0/274	3/114	11/48	
	35	トリフルラリン	1/797	0/129	8/48	ジニトロアニリン系除草剤
	50	ベノミル (カルベンダジム, MBC)[*3]	96/847	41/154	1/48	ベンゾイミダゾール系殺菌剤
	52, 53, 61	マンゼブ, マンネブ, ジネブ[*4]	1/797	19/124	0/48	エチレンビスジチオカーバメイト系殺菌剤
	62	ジラム[*5]	1/772	12/109	0/48	ジメチルジチオカーバメイト系殺菌剤
ホルモン	—	17β-エストラジオール (17β-E2)	1 175/1 694	220/248	—	女性ホルモン
	—	17α-エストラジオール (17α-E2)	93/341	66/96	—	
	—	エストロン (E1)	5/14	8/14	—	
	—	エチニルエストラジオール (EE2)	13/367	0/96	—	医薬品 (避妊薬)

[*1] ダイオキシン類の検出状況は, 水質と底質については2000年度常時監視, 魚介類は1999年度全国調査の結果である.
[*2] 表中の数値は,「検出試料数／調査試料数」であり, 検出頻度を示す.
[*3] ベノミルは, 環境中で速やかにカルベンダジムに分解され, カルベンダジムとして検出. チオファネートメチルなど類似の構造を持つ物質も代謝分解物としてカルベンダジムを与えるので, 検出されたカルベンダジムがベノミルに由来するか否かは不明である.
[*4] マンゼブ, マンネブおよびジネブについては, エチレンビスジチオカルバミン酸ナトリウムに分解して測定している関係上, これらの合量として検出される. また, 同様の化学構造を持つ他の物質も加わっている可能性がある.
[*5] 同様に, ジラムはジメチルジチオカルバミン酸ナトリウムに分解した後測定しており, 同じナトリウム塩を生じる他の物質との合量として検出している可能性がある.

ことがうかがえる。他の物質について媒体ごとに検出頻度を見ると，水質では 17β-エストラジオール(17β-E$_2$)，ビスフェノール A(BPA)，ノニルフェノール(NP)，フタル酸ジ-2-エチルヘキシル(DEHP)，ベノミル(カルベンダジム)，ベンゾフェノン(BZP)，4-*t*-オクチルフェノール(4-*t*-OP)，底質では 17β-E$_2$，DEHP，ベンゾ[a]ピレン(BaP)，BPA，17α-エストラジオール(17α-E$_2$)，NP，魚介類では *trans*-ノナクロル，トリブチルスズ(TBT)，*trans*-および *cis*-クロルデン，トリフェニルスズ(TPT)の頻度が高い。

水環境中に存在する個々の環境ホルモンの特性や汚染実態は多岐にわたるが，用途，物理化学的性状などからおおむねプラスチック，界面活性剤，農薬，残留性有機汚染物質および女性ホルモンに分類できる。それぞれについて濃度レベルや分布の特徴を以下に解析する。

(b) 濃度レベルと分布の特徴
① プラスチック，界面活性剤

プラスチックに関わる物質では，主にポリカーボネート樹脂の原材料である BPA，塩化ビニル樹脂などの可塑剤として添加される DEHP，紫外線による劣化を防ぐ BZP がある。また，界面活性剤では NP と 4-*t*-OP のアルキルフェノールがあり，これらはエチレンオキシドを重合付加してアルキルフェノールでエトキシレートを合成し，非イオン性界面活性剤などとして工業用途に広く利用されている。アルキルフェノールは，フェノール樹脂の原材料としての用途もある。

これらプラスチック，界面活性剤の原材料や添加剤の最大の特徴として，水環境，とりわけ水質と底質中における濃度の高さが挙げられる。おそらく，生産・使用量の多さや用途の多様さとともに，各種排・廃水，廃棄物などからの溶出，降雨流出などによって比較的容易に水系へ流出すること，アルキルフェノールは水環境中で生分解によって界面活性剤から再生成することなどが，水質，底質中の濃度レベルの高さにつながっているものと推察される。

これらの物質の中でも，DEHP と NP の濃度が高い。水質では最高値がそれぞれ 9.9，21μg/L に達し，一般的な水域でも 0.1～1μg/L の範囲にある。BPA と 4-*t*-OP の濃度は DEHP，NP のおおむね 1/10 である。似た用途と性質を持つ界面活性剤のノニルフェノールエトキシレートとオクチルフェノールエトキシレートの流通量は 10：1 とされており，水質中の両者の濃度比とよく一致している。BZP は，4-*t*-OP

と同程度かやや低い値が一般的である。

環境省[16),17)]は，新たに行ったリスク評価によって，NP と 4-t-OP が魚類に精巣卵を発現させるなど環境ホルモン作用を持つことを再確認し，実験結果から影響がないと予測される水中濃度，つまり，生態系における予測無影響濃度(predicted no effect concentration：PNEC)を NP では 0.608 μg/L，4-t-OP では 0.99 μg/L と評価している。実態調査で得た測定値を小さい順に並べて全体の 95 % に対応する値，つまり 95 % 値と PNEC を比較すると，4-t-OP は 0.06 μg/L であって PNEC の 3/5 であり，超過の可能性はごく限られた水域にとどまる。しかし，NP は 95 % 値と PNEC がほぼ同じ値となっており，全国の 5 % に相当する水域で NP の濃度は PNEC を超過している状況にある。このような水域では，魚類に精巣卵など何らかの異常が見られたとしても不思議でないことになる。

底質中では，特にアルキル鎖長が長い物質の検出頻度と濃度が高い。これは，疎水性が高まり，懸濁粒子への吸着性が高まるためである。汚染源が近接した水域にあって有機物に富む底質では，DEHP と NP は 1 000 μg/kg オーダーの濃度を示し，局所的には DEHP は 2 000 μg/kg，NP は 12 000 μg/kg の濃度も観測されている。これらに対し，4-t-OP，BPA，BZP の底質中濃度は相対的に低く，通常の河川では 4-t-OP と BPA は 10 〜 20 μg/kg 程度，BZP は 5 μg/kg 程度の濃度が最高である。

水質と底質における濃度の高さは魚介類にも影響しており，NP と DEHP は 20 〜 30 % の頻度で検出される。魚介類への蓄積濃度の最高として，NP では約 800 μg/kg，DEHP では約 200 μg/kg の結果が得られている。BAP と BZP は検出頻度が 5 〜 10 % にとどまり，最高濃度も 4 〜 15 μg/kg 程度である。

② 農　薬

環境ホルモンとしての農薬は，現在農薬登録中とすでに失効したものに分けることができる。後者については，次項の「③残留性有機汚染物質」で述べる。

河川水中において最も広範囲に検出される農薬は，野菜や果樹栽培などに利用されるベンゾイミダゾール系殺菌剤のベノミルであり，最高で 0.8 μg/L の濃度が検出されている。しかし，ベノミルは環境水中で 2 時間，土壌中で 19 時間程度の半減期でカルベンダジム(methyl-2-benzimidazolecabamate：MBC)に分解する。そのため，ベノミルとしての検出は散布直後に限られ，技術上の困難さもあって，汚染実態の把握では分解産物の MBC が追跡されている。やっかいなことに，ベンゾイミ

4.1 汚染の実態

ダゾール系殺菌剤のチオファネートメチルやチアベンダゾールも同様に MBC を生成し，MBC 自体も農薬登録されているため，検出した MBC の濃度はこれらの農薬の合量であることに留意する必要がある。MCB がベノミルに由来するか否かについては，調査地点の後背地におけるベンゾイミダゾール系農薬の使用実態から推定することになる。MBC に比べて検出頻度は若干低いものの，濃度的には高いものに 2,4-ジクロロフェノキシ酢酸(2,4-PA)があり，除草剤として稲作や日本芝の維持管理に用いられている。2,4-PA の河川水中濃度は最高値として 1.6 μg/L が得られている。

底質中では，MBC は水質に比べて検出頻度が 2.5 倍程度上昇しているのに対し，2,4-PA はいずれの底質試料からも検出されていない。MBC の底質と水質中の濃度比は，おおむね 10 倍である。水質中からほとんど検出されないにかかわらず，底質中からかなり顕著に検出される農薬にエチレンビスジチオカーバメイト系殺菌剤のマンゼブ，マンネブおよびジネブ，ジメチルジチオカーバメイト系殺菌剤のジラムがある。これらの農薬は，野菜・果樹栽培，園芸用に用いられている殺菌剤である。物性的には水への溶解度がきわめて低いことが，主に底質中に分布している要因であり，底質中では 40～100 μg/kg に達するかなり高い濃度が得られている。ただし，これらの濃度は，エチレンビスジチオカーバメイト系およびジメチルジチオカーバメイト系農薬の合量であることに注意する必要がある。技術上の問題として，マンゼブ，マンネブおよびジネブは，エチレンビスジチオカルバミン酸ナトリウムに，ジラムはジメチルジチオカルバミン酸ナトリウムに分解して測定せざるを得ない物質であり，同一のカルバミン酸ナトリウムを与える物質があればそれらの合量として測定される。MBC と同様に，いずれの農薬に起因する濃度であるかを判別するには，使用実態に関する情報が不可欠となる。

水質あるいは底質で検出した MBC，2,4-PA およびジチオカーバメイト系殺菌剤の魚介類への蓄積は，無視できる程度である。その一方で，両媒体にはほとんど検出されていなかったトリフルラリンが魚介類から約 20％の頻度で検出され，蓄積濃度は最高で 4 μg/kg の結果が得られている。トリフルラリンは，畑地や非農耕地に施用される除草剤である。水系への流出は比較的少ない施用形態であるものの，生物濃縮性の指標となるオクタノール／水分配係数(対数値)が 5.07 と高いことから，トリフルラリンの魚介類への蓄積は固有の物理化学的性状の反映と見られる。

4. 環境ホルモンによる水環境の汚染

③ 残留性有機汚染物質(persistent organic pollutants : POPs)

POPs は環境残留性，生物濃縮性，有害性および長距離移動性を併わせ持つ物質であり，非意図的生成物質のダイオキシン類，ヘキサクロロベンゼン(HCB)，ベンゾ[a]ピレン(BaP)，工業用途の PCB，船底塗料や魚網防汚剤として使われた有機スズ化合物のトリブチルスズ(TBT)，トリフェニルスズ(TPT)，農薬やシロアリ防除剤であった DDT，クロルデンが該当する。POPs については国際的にも関心度が高く，2001 年 5 月には，ダイオキシン類，PCB，HCB，DDT，クロルデンなど残留性有機塩素化合物 12 種の生産・使用の禁止，排出削減，適正管理などを求めた「残留性有機汚染物質に関するストックホルム条約」，また同年 10 月には，有機スズ化合物の船舶への塗布の禁止を求めた「船舶についての有害な防汚方法の管理に関する国際条約(TBT 条約)」が採択され，地球上から残留性有機汚染物質を根絶させようとする動きが具体化してきた。

わが国では，すでに工業・農業用途の PCB，DDT，クロルデンなどの有機塩素化合物，船底塗料・魚網防汚剤の有機スズ化合物について生産・使用の禁止措置がとられ，ダイオキシン類など非意図的生成物質の排出削減対策も進み，残留性有機汚染物質による環境中の汚染レベルはかなり低減してきた。しかし，近年低減傾向は鈍化し，依然検出し得るレベルにあり，人や生態系に対する脅威も続いている。

2000 年度に行われたダイオキシン類の常時監視によれば，ダイオキシン類は調査した全地点から検出された。水質では 0.012 ～ 48 pg-TEQ/L，平均 0.31 pg-TEQ/L，底質では 0.0011 ～ 1400 pg-TEQ/g，平均 9.6 pg-TEQ/g の結果が得られ，全国 83 地点の水質が環境基準の 1 pg-TEQ/L を超過していることが判明している。また，2002 年 9 月に新たに設定された底質環境基準の 150 pg-TEQ/g に照らすと，13 地点の底質が超過しており，何らかの対策が必要となっている。ダイオキシン類は魚介類からも顕著に検出され，1999 年度の全国調査では 0.032 ～ 33 pg-TEQ/g，平均 1.4 pg-TEQ/g の結果が得られている。

PCB はダイオキシン類に次いで高い検出頻度を示し，特に魚介類では 90 % を超えている。濃度的には，水質では 0.01 ～ 0.1 μg/L 程度であるが，有機物含量の高い底質では 10 ～ 100 μg/kg オーダーのレベルとなる。さらに魚介類では 1000 μg/kg を超える個体もあって，PCB は環境ホルモンの中で最も濃度が高い物質として検出されることが多い。

PCB に比べて検出頻度と濃度は低いが，HCB，クロルデン(*trans*-および *cis*-クロ

ルデン，*trans*-ノナクロル），DDT（DDE，DDD）は，水質と底質では痕跡程度であるにもかかわらず，魚介類では 1～10μg/kg の濃度となり，比較的高い頻度で検出されている。化石燃料の燃焼などによって生成する BaP は，魚介類への蓄積性は低いものの底質中に広く分布しており，水域によっては 100～1000μg/kg の濃度が見られる。

④　女性ホルモン

　主にヒトをはじめとした哺乳類が排泄する女性ホルモンが水生生物の異変に原因しているのではないか？との指摘に注目が集まり，天然女性ホルモンの 17β-E_2，17α-E_2 およびエストロン（E_1），合成女性ホルモンで経口避妊薬（ピル）の主成分であるエチニルエストラジオール（EE_2）の女性ホルモン 4 種について実態調査が行われている。最も強いエストロゲン活性は 17β-E_2 が示し，立体異性体の 17α-E_2 の活性はその 1/10～1/100 と弱い。また，エストラジオール（E_2）の代謝物である E_1 の活性は 1/2～1/20，EE_2 の活性は 1/2～2 倍と見積もられている。水環境中にかなり高い濃度で存在する NP，BPA，4-*t*-OP のエストロゲン活性は 17β-E_2 の 1/1 万～1/10 万であり，一般化学物質と女性ホルモンの濃度を比較する際には，エストロゲン活性の違いを考慮することが重要である。

　環境ホルモンの実態調査が始まった当初，17β-E_2 の測定には ELISA（enzyme-linked immuno-sorbent assay）法が用いられていた。しかし，その後の検討で，類似の物質も測定してしまう交叉反応性のために，測定値が高めにでることが判明し，最近では NCI-GC/MS（負イオン化学イオン化ガスクロマトグラフ質量分析）法あるいは LC/MS（液体クロマトグラフ質量分析）法が併用されている。したがって，本項での女性ホルモンの濃度の記述には，質量分析法による結果を用いる。

　天然女性ホルモンの検出頻度は高く，その頻度は，17β-E_2 は水質では 70 %，底質では 90 %，17α-E_2 は水質で 30 %，底質で 70 %，E_1 は水質で 40 %，底質で 60 % である。一方，合成女性ホルモンの EE_2 の検出頻度は水質で 3 % であり，底質からは検出されていない。17β-E_2 の水中濃度は，1 箇所で異常に高い 0.28μg/L が検出されているが，これを除けば ＜0.0001～0.014μg/L の範囲であって，0.001μg/L 未満が 85 %，0.005μg/L 未満が 98 % を占めている。17β-E_2 の影響濃度については明確となっていないが，その可能性がある 0.005μg/L を基準にすると 2 % に相当する水域が超過していることになる。底質では，＜0.01～1.4μg/kg の範

囲であって，0.1 μg/kg 未満が 60 %，0.1 〜 1 μg/kg が 37 %を占めている。魚介類については，17β-E_2 のような天然女性ホルモンは生物体内で産生する物質であるため，調査が行われていない。17α-E_2 の水中濃度はおおむね 17β-E_2 に対応しており，濃度的には 17β-E_2 の 1/10 程度とみなせる。底質中でも 17α-E_2 の検出状況は同様であり，濃度範囲＜ 0.01 〜 0.18 μg/kg の中で 0.1 μg/kg 未満が 85 %を占める。測定事例数は少ないが，E_1 は水質で＜ 0.0005 〜 0.0052 μg/L，底質で＜ 0.05 〜 0.92 μg/kg の濃度が検出されており，17β-E_2 とほぼ同程度の濃度であることが推察される。EE_2 の水中濃度は＜ 0.0001 〜 0.0008 μg/L，底質ではすべてが＜ 0.01 μg/kg 以下である。

このように，女性ホルモンの中では，濃度的にも，エストロゲン活性の強さからも，17β-E_2 が影響を及ぼす可能性が最も高いことがわかる。ちなみに，影響の程度を他の化学物質と比較するため，17β-E_2 の水中濃度の 85 %値である 0.001 μg/L を 1000 倍すると 1 μg/L となり，NP と 4-ι-OP の PNEC（それぞれ 0.608，0.99 μg/L）レベルの値となる。

(2) 下　水

(a) 下水の状況

有害化学物質による環境汚染に関心が集まっている。特に，内分泌撹乱化学物質による汚染は，極微量で影響があるだけに問題である。下水処理場においてもその実態の解明が重要であり，建設省（現国土交通省）は，1998 〜 2000 年の 3 年間にわたり全国 47 の下水処理場において環境ホルモン調査を実施・報告している[18]。

(b) 下水調査の手法

調査対象物質は，環境庁（現環境省）の『環境ホルモン戦略計画 SPEED'98』において，内分泌撹乱作用が疑われている化学物質の中から排水中に多く存在していると推定される 25 物質と，関連物質としてノニルフェノール，ノニルフェノールエトキシレート，ノニルフェノキシ酢酸類，人畜由来の女性ホルモンであるエストロゲン（17β-エストラジオール，エストロン）と合成女性ホルモンのエチニルエストラジオールが選択された。調査地点は，下水処理場内の流入下水，水処理工程，汚泥処理工程，処理水（放流水）などの各ポイントである。図 4.1 に下水処理場の一般的な工程を示す。

4.1 汚染の実態

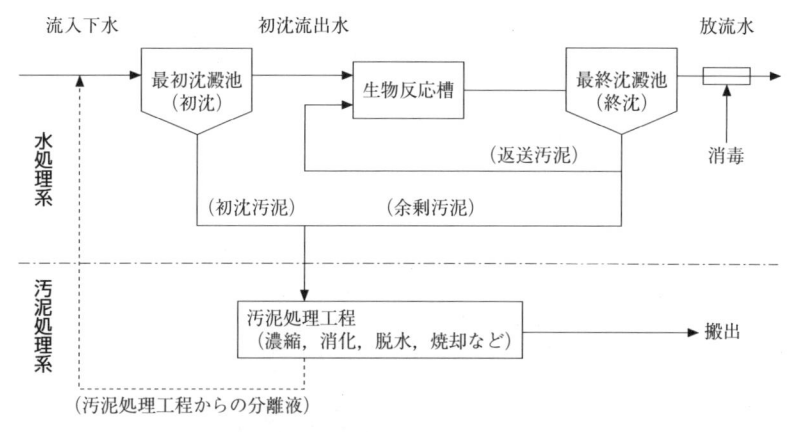

```
水処理系:
流入下水 → 最初沈澱池（初沈） → 初沈流出水 → 生物反応槽 → 最終沈澱池（終沈） → 消毒 → 放流水
                                                      （返送汚泥）
            （初沈汚泥）    （余剰汚泥）

汚泥処理系:
汚泥処理工程（濃縮，消化，脱水，焼却など） → 搬出
（汚泥処理工程からの分離液）
```

図 4.1　下水処理場の一般的な工程

(c)　流入下水および処理水の実態

　流入下水において，一度でも定量下限値以上の濃度で検出されたものは 15 物質，処理水においても 8 物質にのぼった(**表 4.2**)。しかも，流入下水においてノニルフェノール，フタル酸ジエチル，フタル酸ジ-2-エチルヘキシルおよびベンゾフェノンは，すべての検体で定量下限値以上の濃度で検出された。関連物質のノニルフェノールエトキシレート，ノニルフェノキシ酢酸類およびエストロゲン(17β-エストラジオール，エストロン)は，流入下水と処理水において少なくとも 1 検体以上が定量下限値を超す濃度で確認されたが，エチニルエストラジオールは，流入下水，処理水のすべてで検出下限値未満であった。また，流入下水中に中央値濃度が定量下限値以上で確認された物質は，ノニルフェノール，ビスフェノール A，2,4-ジクロロフェノール，フタル酸ジエチル，フタル酸ジ-n-ブチル，フタル酸ジ-2-エチルヘキシル，アジピン酸ジ-2-エチルヘキシル，ベンゾフェノン，ノニルフェノールエトキシレート，ノニルフェノキシ酢酸類およびエストロゲンであった。しかし，処理水では，ベンゾフェノン，ノニルフェノールエトキシレート，ノニルフェノキシ酢酸類およびエストロゲンであった(**表 4.3**)[19]。これらの物質の流入下水と処理水の中央値濃度を比較すると，ほとんどの物質が下水処理場の処理により 90 % 以上の減少率を示しており，環境ホルモンの濃度が著しく低減していることが確認された。

4. 環境ホルモンによる水環境の汚染

表 4.2 流入下水および処理水中に存在する物質

(a) 調査を行った25化学物質のうち，1検体でも定量下限値以上の濃度で確認された物質

流入下水	処理水（終沈流出水あるいは放流水）
4-t-ブチルフェノール	4-t-オクチルフェノール
4-n-オクチルフェノール	ノニルフェノール
4-t-オクチルフェノール	ビスフェノールA
ノニルフェノール	2,4-ジクロロフェノール
ビスフェノールA	フタル酸ジ-n-ブチル
2,4-ジクロロフェノール	フタル酸ジ-2-エチルヘキシル
フタル酸ジエチル	アジピン酸ジ-2-エチルヘキシル
フタル酸ジ-n-ブチル	ベンゾフェノン
フタル酸ジ-2-エチルヘキシル	（関連物質）
フタル酸ブチルベンジル	ノニルフェノールエトキシレート
ベンゾ[a]ピレン	ノニルフェノキシ酢酸類
アジピン酸ジ-2-エチルヘキシル	エストロゲン
ベンゾフェノン	（17β-エストラジオール，エストロン）
スチレンダイマー（2量体），スチレントリマー（3量体）	
n-ブチルベンゼン	
（関連物質）	
ノニルフェノールエトキシレート	
ノニルフェノキシ酢酸類	
エストロゲン	
（17β-エストラジオール，エストロン）	

(b) 調査を行った25化学物質のうち，すべての検体で定量下限値以上の濃度で確認された物質

流入下水	処理水（終沈流出水あるいは放流水）
ノニルフェノール	なし
フタル酸ジエチル	
フタル酸ジ-2-エチルヘキシル	
ベンゾフェノン	
（関連物質）	
ノニルフェノールエトキシレート	
ノニルフェノキシ酢酸類	
エストロゲン	
（17β-エストラジオール，エストロン）	

(d) 水処理，汚泥処理工程での挙動

　水処理の各工程における環境ホルモンの中央値濃度を求め，流入下水に含まれる濃度を100として，各工程でどのように変化していくのかを示したものが**表4.4**である。最初沈殿池（初沈）から生物反応槽，最終沈殿池（終沈）までの各工程で大きな低減効果を示した。また，生物反応槽については，水理的な滞留時間の長い方，活性汚泥の滞留時間の長い方が，それぞれ高い減少率で安定する傾向を示すことが確認された。

4.1 汚染の実態

表 4.3 流入下水で中央値が定量下限値以上で確認された物質 [単位：μg/L]

内分泌撹乱作用の疑いのある化学物質			流入下水		処理水		検出下限値	定量下限値
			濃度範囲	中央値	濃度範囲	中央値		
ノニルフェノール			0.7〜75	4.4	ND〜1.0	tr(0.2)	0.1	0.3
ビスフェノールA			0.04〜9.6	0.53	ND〜0.52	tr(0.02)	0.01	0.03
2,4-ジクロロフェノール			ND〜0.9	0.07	ND〜0.14	ND	0.02	0.06
フタル酸ジエチル			0.9〜8.9	3.1	ND〜tr(0.3)	ND	0.2	0.6
フタル酸ジ-n-ブチル			ND〜14	2.6	ND〜0.7	ND	0.2	0.6
フタル酸ジ-2-エチルヘキシル			1.4〜68	12	ND〜6.2	tr(0.4)	0.2	0.6
アジピン酸ジ-2-エチルヘキシル			ND〜6.9	0.09	ND〜0.2	ND	0.01	0.03
ベンゾフェノン			0.03〜2.6	0.17	ND〜1.0	0.05	0.01	0.03
関連物質								
ノニルフェノールエトキシレート	($n=1〜4$)		6.1〜270	28	ND〜23	0.7	0.2	0.6
	($n≧5$)		tr(0.2)〜810	81	ND〜24	tr(0.4)	0.2	0.6
ノニルフェノキシ酢酸類	ノニルフェノキシ酢酸		ND〜3.4	tr(0.8)	ND〜11	tr(0.7)	0.5	1.5
	ノニルフェノールモノエトキシ酢酸		2.5〜250	44	ND〜29	3.1	0.5	1.5
	ノニルフェノールジエトキシ酢酸		5.9〜100	16	ND〜48	3.1	0.5	1.5
17β-エストラジオール	〈ELISA法〉		0.0091〜0.094	0.042	ND〜0.066	0.01	0.0002	0.0006
	〈LC/MS/MS法〉		0.0036〜0.018	0.0081	ND〜0.0033	ND	0.0005	0.0015
エストロン	〈LC/MS/MS法〉		0.015〜0.077	0.043	ND〜0.063	0.0064	0.0005	0.0015

ND：検出下限値未満, tr：検出下限値以上かつ定量下限値未満
出典：文献 19 より作成

表 4.4 水処理工程における挙動

物質名		流入下水	初沈流入水	初沈流出水	処理水	データ数
ノニルフェノール		100	82	50	(−)	55
ビスフェノールA		100	86	40	(−)	55
フタル酸ジ-2-エチルヘキシル		100	104	49	(−)	56
アジピン酸ジ-2-エチルヘキシル		100	93	54	(−)	36
ベンゾフェノン		100	97	89	29	48
ノニルフェノールエトキシレート	($n=1〜4$)	100	90	59	3	47
	($n≧5$)	100	82	42	1	47
17β-エストラジオール〈ELISA法〉		100	105	105	34	47

・流入下水を 100 としたときの各工程の濃度の割合。
・各工程において調査を実施した中央値の濃度で算出したもの。
・(−)は当該工程水の中央値が定量下限値未満であるもの。
出典：国土交通省調査報告より

次に，汚泥処理工程における脱水汚泥と焼却灰中の環境ホルモン濃度を**表 4.5**に示す。焼却灰については，ほとんどの検体で検出下限値未満であったが，ノニルフェノールは定量下限値以上の濃度を示した。排ガスについては，焼却灰で検出されたノニルフェノールは検出下限値未満であったが，フタル酸ジ-2-エチルヘキシルは定量下限値以上の濃度で確認された。

4. 環境ホルモンによる水環境の汚染

表4.5 汚泥処理工程における濃度

物質名		脱水汚泥 [mg/kg-dry]			焼却灰 [mg/kg-dry]			排ガス [µg/Nm^3]	
		濃度範囲	中央値	検出割合	濃度範囲	中央値	検出割合	濃度範囲	検出割合
ノニルフェノール		tr(0.17)〜210	6	21/23	ND〜0.57	ND	1/19	すべてND	0/2
ビスフェノールA		ND〜1.2	tr(0.29)	7/23	ND	ND	0/19	すべてND	0/2
フタル酸ジ-2-エチルヘキシル		ND〜170	97	17/18	ND	ND	0/16	0.1〜0.6	2/2
ベンゾフェノン		ND〜tr(0.42)	ND	0/8	ND	ND	0/6	(−)	
ノニルフェノール エトキシレート	($n=1\sim3$)	ND〜47	14	17/18	ND	ND	0/14	(−)	
	($n\geq5$)	tr(0.3)〜71	9	16/18	ND	ND	0/14	(−)	
17β-エストラジオール〈ELISA法〉		ND〜0.062	tr(0.008)	4/18	ND	ND	0/16	(−)	

検出割合：定量下限値以上の検体数／調査検体数
(−)：調査を実施していない物質
出典：国土交通省調査報告より

(e) 下水処理場全体での挙動

前述したように，流入下水に含まれる環境ホルモンは，処理水ではほぼ90％以上減少しているが，減少した環境ホルモンはどうなったのだろうか。全体としてのマスバランスを考えてみる。流入下水中の含有量を100とした場合，放流水の含有量は1〜30程度，発生汚泥（初沈汚泥，余剰汚泥）の含有量は10〜40程度であり，両者の合計の含有量は物質によって異なるが20〜80と小さくなっている。そのため，下水処理場の中で分解などの現象が生じていることが示唆される。

(f) 流入下水の種類による相違

事業系排水を含む流入水と家庭系排水のみの流入水について，環境ホルモンの種類を比較した結果，家庭系排水にもノニルフェノール，ビスフェノールA，フタル酸ジ-2-エチルヘキシル，アジピン酸ジ-2-エチルヘキシル，ノニルフェノールエトキシレートおよび17β-エストラジオールが含まれることが確認された。ただし，流入下水に含まれる事業系排水の割合が高い場合に，ノニルフェノールおよびノニルフェノールエトキシレートの濃度が高くなる傾向が見られた。

(g) 今後の展望

下水処理場への流入下水には多くの環境ホルモンが存在するが，水処理工程，汚泥処理工程によって処理水中では約90％以上減少し，焼却灰，排ガス中ではほとんどの物質は検出下限値未満であることが判明した。また，窒素除去を行うための高度処理方式とするなど，生物反応槽の運転条件を変更すれば，環境ホルモンの低減が図られる可能性があることもわかった。

4.1 汚染の実態

しかしながら，極微量に残存するノニルフェノール関連物質，エストロゲンなどの環境ホルモンが環境に対してどのような影響を与えるのか，現時点では解明されていない。我々は今後さらに注意深く見守っていかなければならないと思われる。

(3) 水道水

水道水での環境ホルモン物質については，水道水源となる河川や湖沼・貯水池など公共水域および地下水など，その原水中の濃度により大きく左右されるが，現在，各水道事業体などでの調査されたものは非常に少ないのが実状である。厚生省(現厚生労働省)が1998年に全国25浄水場で，フタル酸エステル類(7物質)，アジピン酸類(1物質)，フェノール類(15物質)，スチレン類(6物質)，人畜由来ホルモン(17β-エストラジオール)および揮発性炭化水素類(塩化ビニルモノマー，スチレンモノマー，エピクロヒドリンなど3種)などの計33種の内分泌撹乱化学物質について実態調査を行っている。また，1999年には全国の水道事業体の協力を得て，北海道から沖縄県までの45浄水場の原水(2回調査)および浄水(1回調査)につき，フタル酸エステル類(フタル酸ジ-2-エチルヘキシル，フタル酸ジ-n-ブチルなど9物質)，フェノール類(ビスフェノールA，ノニルフェノールなど15物質)，スチレン類(スチレンモノマーなど8物質)，有機スズ2物質，人畜由来ホルモン類(エストラジオール類の2物質)，農薬類(メソミルなど20物質)，ダイオキシン類およびその他の有機物(5物質)など計68物質を測定している。

1998年度および1999年度で原水および浄水から複数回以上検出されたのは9物質で，その調査結果を**表4.6**に示す。この結果からは，特にフタル酸ジ-2-エチルヘ

表4.6 水道原水および浄水からの内分泌撹乱化学物質の検出状況

[μg/L]

	1998 年 度		1999 年 度	
	原　水	浄　水	原　水	浄　水
フタル酸ジエチルヘキシル (DEHP)	16/25 (64 %) ND～0.06	17/25 (68 %) ND～0.15	79/90 (88 %) ND～0.53	37/42 (88 %) ND～0.26
フタル酸ジ-n-ブチル (DEP)	2/25 (8 %) ND～0.06	2/25 (8 %) ND～0.07	23/90 (26 %) ND～0.63	5/42 (12 %) ND～0.18
ビスフェノールA (BPA)	11/25 (44 %) ND～0.16	2/25 (8 %) ND～0.11	20/90 (22 %) ND～0.23	0/42 (0 %) ND
フェノール	2/25 (8 %) ND～0.04	1/25 (4 %) ND～0.03	19/90 (21 %) ND～0.05	1/42 (2 %) ND～0.01
ダイオキシン類 [pg-TEQ/L]	－	－	90/90 (100 %) 0.0 070～0.99	82/90 (91 %) 0.000 56～0.035

出典：(財)水道技術研究センター「水道水源における有害化学物質等監視情報ネットワーク」より作成

4. 環境ホルモンによる水環境の汚染

キシルは，原水で1998年度が64％，1999年度は88％と，浄水でも1998年度は68％，1999年度88％と非常に高い検出率を示していた。次いでビスフェノールAが，原水で1998年度44％，1999年度22％と高い検出率を示すが，浄水では1998年度8％，1999年度0％とほぼ除去されていた[20),21)]。

以上のように，検出された内分泌撹乱化学物質と考えられるこれらの物質は，浄水処理過程に入ると一部は凝集沈殿ろ過処理によって除去される。特に，ビスフェノールA，ノニルフェノールは浄水処理プロセスの塩素処理などによって速やかに分解されるため，浄水からの検出される頻度は非常に低くなっていると考えられる[22)]。このことから，これらフェノール化合物が塩素化されどのような物質を生成するかについて，十分な検討を進める必要がある。

なお，これら水道水からの検出濃度は非常に低いレベルであり，まだ十分な評価基準はない。厚生労働省ではこれら測定値について，「内分泌撹乱の恐れのある化学物質の人に対する健康影響については，現在調査研究が行われているところであり，現時点において，今回の測定値について確定的な評価を行える状況でないが，原水および浄水から検出されたものは，いずれも定量下限値近くの低濃度であり，水道水がただちに問題となる状況でない」としている。

ダイオキシン類については1999年度の調査結果のみであるが，原水では100％の検出率で，浄水でも91％検出され，浄水処理の除去率は50〜100％となっていた。ダイオキシン類の検出濃度の頻度分布では，原水でも水質基準を補完する監視項目の指針値1 pg-TEQ/Lを超える箇所は存在せず，浄水ではすべてが指針値以下で，最大の検出でも指針値の3.5％となっている。また，浄水で指針値の1％を超える濃度の検出は，30％(40検体中12検体)となっていた。厚生労働省では，「これら水道水中の濃度は一般的に検出値が低いため，安全上問題のないレベルであるが，万全を期するため，検討結果に基づき水質監視の実施など，速やかに適切な対応が執られることが望ましい」としている[20)]。

以上，水道での内分泌撹乱化学物質の存在量は比較的低い値となっており，ただちに問題となる量ではないが，浄水処理過程で塩素添加により，消毒副生成物として有機塩素化合物を生成する可能性もある。事実，ビスフェノールA，およびノニルフェノールは浄水処理プロセスで特に塩素処理によって速やかに分解され，塩素の置換体(一塩素，二塩素，三塩素および四塩素体)が形成されることが報告されている[23)]。このことから，今後これらの副生成物の確認とそのリスク評価についても

留意していく必要がある。

なお，内分泌撹乱化学物質を含む水道水源における有害化学物質の全国的な調査については，2000年以降は，(財)水道技術研究センターを中心に全国の水道事業体で検査した結果を集約した「水道水源における有害化学物質等監視情報ネットワーク (http://ygnet.mizudb.or.jp/ippan/index.htm)」[20)]で，情報を公表するシステムが構築されている。

4.1.2 包括的評価

(1) 評価の戦略

環境中に存在する内分泌撹乱化学物質の質的および量的な把握を目指す場合，最も手っ取り早くアプローチし得るのは in vitro(試験管内)の方法である。丸ごとの実験動物を用いる in vivo の方法は，労力，時間，コストの面から見ると第1段階のスクリーニングから用いるのでなく，ある程度的を絞ってから取り掛かる方が合理的である。さらに動物愛護の観点からも用いる実験動物の数を極力少なくすることは大切である。

本稿では，in vitro の方法について既往の知見を簡略にレビューした後，筆者らが現在取り組んでいる「培養細胞を用いた内分泌撹乱化学物質のスクリーニング」について，問題点や注意点などを述べる。

(2) In vitro のスクリーニング法

近年，よく用いられているスクリーニング法は**表4.7**に示したとおりであるが[24)]，

表4.7 in vitro での各種バイオアッセイ法の比較

方法	細胞	$E_2(EC_{50})$	分析所要日数
競合リガンド結合	MCF-7	5 nM	1
細胞増殖	MCF-7	9 pM	7
アルカリフォスファターゼ	Ishikawa cell	11 pM	3
ビテロゲニン	ニジマス肝細胞	1.8 nM	6
エストロゲンレセプター因子に制御されるレポーター遺伝子	MCF-7	50 pM	3
キメラレセプター	MCF-7	420 pM	3
酵母			
ヒトエストロゲンレセプター, LacZレポーター遺伝子	S.cerevisiae	0.8 nM	1
ヒトエストロゲンレセプター, URA3レポーター	S.cerevisiae	3 nM	2

4. 環境ホルモンによる水環境の汚染

これらはエストロゲン様物質が細胞の核の中にあるエストロゲンレセプターと結合する性質や，結合によって細胞が増殖することを利用したり，転写活性を指標としている。後述する乳がん由来細胞の MCF-7 の細胞増殖(cell proliferation)アッセイ[25]や Ishikawa cell[26]を用いてエストロゲン存在下でアルカリフォスファターゼ活性が上昇することを利用する方法は感受性が高いが，スクリーニングに要する日数がやや長いのが短所である。また，酵母にエストロゲンレセプター遺伝子を導入し，β-ガラクトシダーゼなどのレポーター遺伝子の転写活性化を利用する YES (yeast estrogen screen)アッセイ法[27]もよく用いられている。酵母には細胞壁があるため化学物質の透過性が低く，MCF-7 に比べて感度が低いという欠点もあるが，扱いやすいこともあって利用頻度は高い。

In vitro の実験は，生理・生化学，医学，薬学，毒性学などいろいろな分野で日常的に行われているが，丸ごとの生物を用いる *in vivo* のアッセイ系とは大きく異なり，化学物質の生体内での代謝，神経系やいろいろな内分泌系，さらには免疫系などの制御・調節機構から解除されているため，実際の生体内での化学物質の影響をどこまで評価し得るかが常に問われるのである。肝ミクロソーム画分である S-9 を添加することにより供試化合物を代謝活性化してエストロゲン活性が発現するかどうかを調べることもなされている[28]。

(3) 乳がん由来細胞を用いる方法(E-screen)

A. M. Soto ら[25]によって開発された E-screen は，エストロゲンレセプターを保有している乳がん由来細胞(MCF-7, T-47D, ZR-75-1)は培養液中に存在するエストロゲン様物質によって増殖するという性質を利用したスクリーニング法である[25]。E-screen の概略は，**図 4.2** に示したとおりである。24 穴のプレートに対数増殖期の乳がん由来細胞の浮遊液を入れて 6 日間培養後，細胞をトリクロロ酢酸で固定する。次に，固定された細胞をスルホローダミン-B(SRB)で染色後，492 nm における吸光度を測定し[29]，後述する方法で細胞数に換算する。ただし，通常の細胞培養法とは異なり，E-screen の場合，使用する血清(ヒトの血清またはウシの胎児血清いずれも用いられる)はあらかじめ活性炭-デキストラン処理(CD treatment)を行う必要がある。これは血清中に含まれるエストロゲンを除去するためである。

同じ MCF-7 細胞でも，保存株の違いによってエストロゲンに対する感受性が異なることが報告されている。**図 4.3** は，E_2, *p*-ノニルフェノール(NP)およびビスフ

4.1 汚染の実態

ヒト乳がん由来細胞
- 5% FBS（仔牛血清）を含む D-MEM で培養した細胞を 24 穴の培養プレートに 2×10^4 cells/well の細胞密度で植える
- 24 時間培養し，プレートの底面に細胞を付着させる
- CD-FBS を 5% の濃度で含み，かつ供試化合物を添加した D-MEM と交換する
- 37℃，5% CO_2/95% air の条件下で，6日間培養する
- 培地を除去し，10% TCA（トリクロロ酢酸）を加え，4℃で30分間静置し，細胞を固定する
- 純水で洗浄後，風乾する
- 0.4% SRB で10分間染色後，1% 酢酸を用いて洗浄，風乾する
- 10 mM トリス緩衝液（pH 10.5）を用い，細胞に結合した色素を可溶化する
- 492 nm における吸光度を測定する

図 4.2　E-screen の概要

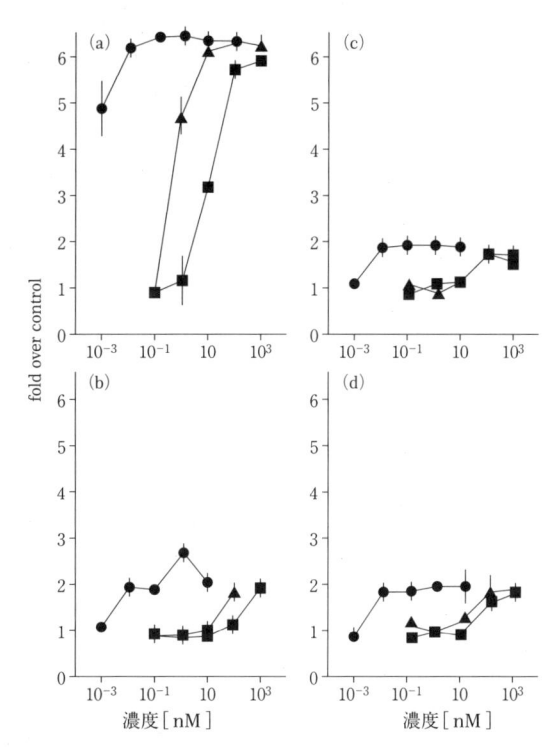

図 4.3　MCF-7 細胞の保存株の違いが E_2，NP および BPA による細胞増殖効果に及ぼす影響
―●―：E_2，―▲―：NP，―■―：BPA

ェノールA(BPA)に対する4種の保存株の感受性をE-screenによって比較した結果である[29]。図中のaはタフツ大学所有の株(BUS)であるが，最も高い増殖応答を示し，6日間の培養でコントロールの6倍以上の増殖を示している。図中のcはATCC(American Type Culture Collection)が扱っている株であり，購入が容易であるためこのATCC株を利用している研究機関は多いが，上述のBUSに比べると，E_2に対する感受性は3分の1程度である。感受性が低くてもE_2，NP，BPAに対する増殖の応答性の傾向はいずれの保存株も類似しているので，使用することは可能である。

このように，保存株の違いによってエストロゲン様物質に対する感受性が異なるだけでなく，乳がん由来細胞の培養条件，例えば実験開始時の細胞密度，使用する血清などによって細胞の増殖が左右されることも知られている[24]。また，これらのことが表4.8に示したように研究者間でのデータの違いに関わっている。E_2，微生物エストロゲンのゼアラレノン，植物エストロゲンのクメストロール，合成エストロゲンのジエチルスチルベストロール(DES)を供試化合物として，MCF-7を用いるE-screenアッセイが3つの研究機関で行われているが，化合物によっては数〜30倍程度の感受性の違いが見られる[24]。

表4.8 細胞増殖測定による天然および合成エストロゲンのエストロゲン活性の比較

化合物	Mayr et al.	Welshons et al.	Soto et al.
17β-エストラジオール*	1.0	1.0	1.0
ゼアラレノン	0.04	0.0085	0.010
クメストロール	0.0030	0.0011	0.00010
ジエチルスチルベストロール		0.070	10

* 17β-エストラジオールの値を1としている。

(4) 組換え酵母を用いる方法(YESアッセイ法)

YESアッセイ法の操作手順は，図4.4に示したとおりである。E-screenに比べて感度は劣るが，簡便な方法なのでよく利用されている。

(5) Ishikawa cell-ALPアッセイ

エストロゲン様物質の存在下でアルカリフォスファターゼ(ALP)活性が上昇するIshikawa cellを用いる方法[26]は，図4.5に示したように操作手順も簡便で，感度も良好であるが，環境試料への適用例は筆者らの報告のみである[30]。

4.1 汚染の実態

酵母
- 酵母を増殖培地で32℃，24時間前培養
- 96穴マイクロプレートに試料のエタノール溶液10μLを入れる
- 室温でエタノールを揮散させる
- 酵母液を含むアッセイ培地200μLを添加し，30℃，84時間培養
- 色素変化を吸光度測定(540 nm)
- シグモイド曲線からEC_{50}値を求める
- E_2std.とサンプルのEC_{50}値からサンプル中のE_2当量を算出する

図4.4　YESアッセイ法の概略

Ishikawa cell
- 15% FBSを含むDME培地で培養した細胞を，24穴プレートに$15×10^4$ cells/wellの細胞数となるように播種する
- 24時間培養し，プレート底面に細胞を付着させる
- 供試化合物を含むCD・FBS-D・MEMと交換する
- 37℃，5% CO_2/95% airの条件下で3日間培養する

ALP活性の測定

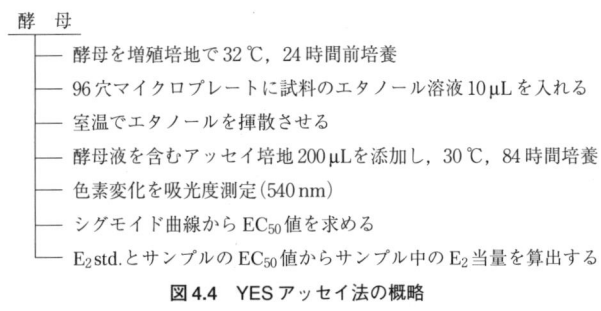

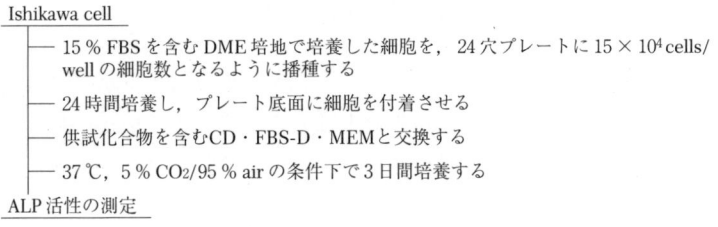

図4.5　Ishikawa cell-ALPアッセイ法の概略

(6) *In vitro* アッセイの課題

In vitro アッセイの長所，短所および今後の課題を以下に述べる。長所については本稿の初めにも述べたように，エストロゲン様物質の第一次スクリーニング法としては，多くの試料を同時に扱えること，簡便さ，ある程度の迅速さ，分析に要するコストの低さなどのために，また，実験動物の愛護の面からも優れている。環境水の *in vitro* アッセイに加えてGC/MSやLC/MSによる化学分析データと照らし合わせるならば，内分泌撹乱化学物質の生物影響を把握する際に貴重な情報を提供することができる。また，化学分析データをもとに再構成実験を行うことが可能であり，どのような化学物質がエストロゲン様活性に寄与しているかがわかる。

E-screen，YES，Ishikawa cell-ALPいずれの *in vitro* のアッセイ法も，用いる各細胞が保有しているエストロゲンレセプターを介して発現する転写活性や増殖をマーカーとしている。いくつかの *in vitro* アッセイによって河川水，海水，底泥などから抽出・濃縮した試料中のエストロゲン様物質を測定し，E_2当量として表してみると，数値にかなりの差が見られることが少なくない。その理由として考えられるのは，それぞれのアッセイ法のエンドポイントが微妙に異なること，抽出試料はエ

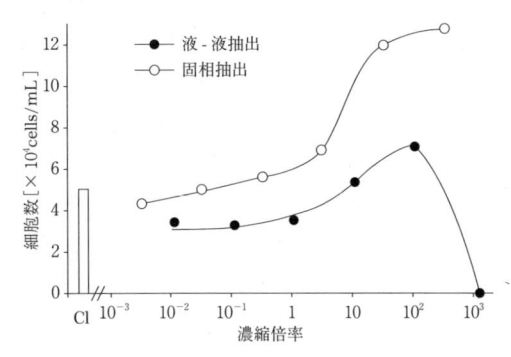

4. 環境ホルモンによる水環境の汚染

図 4.6 生下水の抽出物が T-47 D 細胞の増殖に及ぼす影響
Cl：CD・FBS のみをコントロールとした

ストロゲン様物質以外の，というよりも大部分はエストロゲン様物質以外の有機物で占められており，その中にはそれぞれの細胞の増殖を阻害する物質も少なくないことなどが挙げられる。しかも，阻害の程度や阻害の様式，メカニズムは，酵母，乳がん由来細胞，子宮内膜がん由来細胞それぞれで異なると思われる。

また，**図 4.6** に示したように，下水処理場の生下水の場合，試料の抽出・濃縮方法の違いによって得られる結果は大きく異なる。Sep-pak カートリッジを用いる固相抽出では，試水の濃縮倍率が増加するにしたがって細胞の増殖も顕著に上昇し，エストロゲン様物質の存在が明らかであった。一方，ジクロロメタンを用いる液-液抽出法で調製した試料においては，濃縮倍率が高いとき細胞毒性が顕著に現れた[30]。したがって，環境試料中にエストロゲン様物質と細胞毒性物質が共存するとき（むしろ共存しているときが一般的であると考えられるが），結果の解析には注意を要するし，また，実験方法，例えば試料の抽出法，クロマトグラフィーによる分画法などに対する工夫が不可欠である。

これまで，いくつかの in vitro アッセイで「エストロゲン活性あり」と判定されると，内分泌撹乱化学物質のリストに挙げられることが一般的であった。しかし，in vitro アッセイで陽性とされる物質でも，それぞれのエストロゲン活性には 100 万倍もの差がある。in vitro のアッセイで測定している化学物質の濃度と環境水中の濃度との間には大きな差があり，化学物質の生物濃縮現象を考慮に入れたとしても非現実的な濃度と思われる場合が少なくない。内分泌撹乱化学物質に限ったことではないが，これらのことは化学物質の生態影響を考えるうえでの重要事項である。

(7) 酵母ツーハイブリッド法による包括的評価

環境水中に存在する内分泌撹乱化学物質の包括的なバイオモニタリング法の一つとして，酵母ツーハイブリッド法が最近よく用いられている。これは，宿主細胞に酵母を用いることでアッセイの簡便性や安定性を図るとともに，エストロゲン受容

4.1 汚染の実態

体とその共役転写活性化因子を同時に酵母内で発現させるために，エストロゲン様物質に対する選択性が増していると考えられる。その詳細な原理については **6.2.2(3)** を参照されたい。本項では，環境水として琵琶湖・淀川水系河川水や下水処理場放流水を例に取り，これら環境水中に含まれる比較的疎水性の有機物を XAD-2 樹脂によって濃縮した後，本法を用いてエストロゲン様活性を測定した事例を紹介する。

通常，環境水 10 ～ 20 L を塩酸酸性下で XAD-2 樹脂カラムに通水した後，樹脂を乾燥させ，その後酢酸エチルおよびメタノールで溶出後，濃縮乾固し，DMSO に溶解してアッセイを行う。琵琶湖北湖と南湖，桂川，宇治川，木津川およびその下流域の淀川の各 8 地点ならびに下水処理場放流水 6 試料から得られた酢酸エチル溶出物 (a) とメタノール溶出物 (b) について，酵母ツーハイブリッド法によるエストロゲン様活性を測定すると，ほとんどの地点において湖水や河川水の酢酸エチルおよびメタノール溶出物中に弱いながらもエストロゲン様活性が認められる（**図 4.7**）。このときは，琵琶湖湖水 (2 地点) よりも淀川水系河川水 (6 地点) の方にエストロゲン様活性がやや高い傾向を示した。また，下水処理場放流水は河川水よりも高いエストロゲン様活性を示す傾向が認められるが，これは主としてヒトの排泄物中に存在する女性ホルモンの代謝物に起因するところが大きいことが報告されている[31]。

一方，淀川水系河川水のうち，桂川の宮前橋地点では BOD や $KMnO_4$ 消費量が通

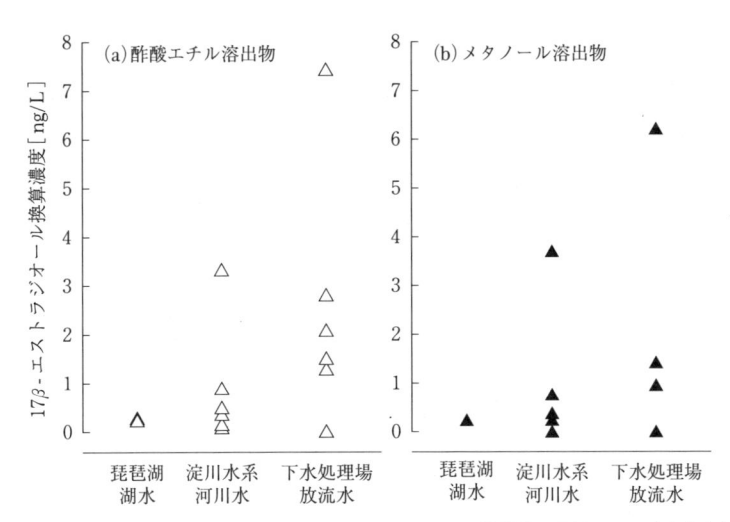

図 4.7 酵母ツーハイブリッド法による環境水の XAD-2 樹脂濃縮物の酢酸エチル溶出物 (a) およびメタノール溶出物 (b) のエストロゲン様活性

4. 環境ホルモンによる水環境の汚染

常高く水質汚濁が進行しているが，エストロゲン様活性は高くないという興味深い結果が得られている。その理由としては，本河川水など環境水中には一般にエストロゲン様活性を修飾する物質を含有する可能性が考えられている。例えば，実際に一定量の 17β-エストラジオールに，桂川宮前橋の XAD-2 樹脂濃縮物の酢酸エチル溶出物を段階的に添加量を増やしながら共存させてアッセイを行うと，見掛けのエストロゲン様活性が徐々に低下することが認められている(**図 4.8(a)**)。また，17β-エストラジオールと環境濃縮試料を共存させる時間が長ければ長いほど，見掛けの活性が低下する傾向を示す(**図 4.8(b)**)。この原因の詳細は現時点で不明であるが，① 17β-エストラジオールなどの脂溶性物質を非特異的に吸着しやすく，酵母の細胞壁を通過できないフミン質のような分子量の大きな共存物質の存在，②酵母内の遺伝子発現に特異的に影響を与える物質の存在，③酵母に毒性を示す物質の存在，などが推定される。そのため，酵母ツーハイブリッド法を用いて環境水のエストロゲン様活性を包括的に評価するためには，この原因を解明するとともに，定量的なアッセイ法の確立を行う必要がある。現在，その検討を行っているところであり，実際にフミン酸はエストロゲン様活性を低下させる共存物質の一つであることや，この妨害が酵母に被検物質を曝露する際に pH7.6 に調整すること(調整しないと pH4.0)によって消失することが認められつつある。

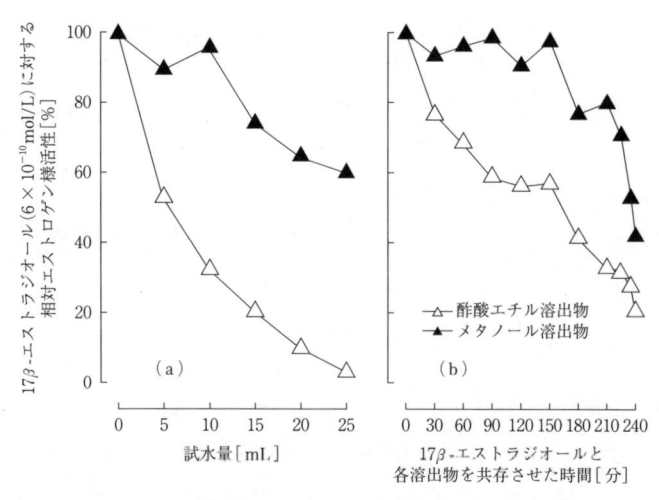

図 4.8 17β-エストラジオールの見掛けのエストロゲン様活性に対する淀川水系河川水 XAD-2 樹脂濃縮物中の共存物質の添加量(a)と共存時間(b)の影響(採水地点：桂川宮前橋)

4.2 水環境中での挙動
4.2.1 環境内での運命

　環境ホルモンの汚染濃度と分布は，その環境内挙動によって決定されている。各種環境ホルモンの環境内挙動の詳細については，十分に解明されているとはいえず，今後の研究が待たれるところであるが，一般的には**図 4.9** に示したような物理化学的および生物学的プロセスにより移動したり，変化・消失したりしているものと考えられる。図では，本書の趣旨に従い，環境ホルモンを水環境へ放出される汚染物質として描いているが，実際には，大気，あるいは土壌環境への放出ももちろんあり得る。

　水環境中に放出された環境ホルモンは，水中の移流・拡散によって希釈されていくが，結果として汚染の範囲は拡大する。水中において光化学作用や加水分解による化学的分解，あるいは細菌などによる生分解を受けた環境ホルモンは，やがて消失することになるが，分解性の低い物質は，汚染範囲を広げながら長期間残留することになる。多くの環境ホルモンは化学的安定性が高く，その消失は化学的分解よりも主に生分解に依存している。河川などの流水中や静水の表層付近で酸素が十分に存在している場合には，効率的な好気的分解が起こりやすい。

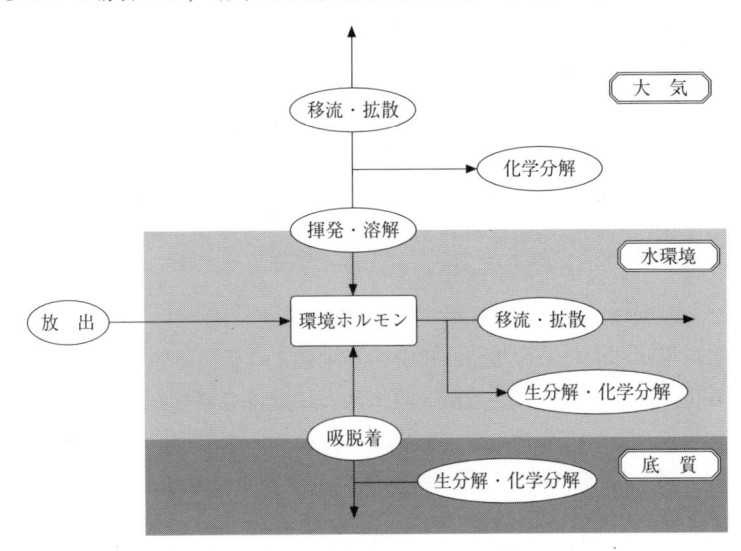

図 4.9　環境中における環境ホルモンの運命

4. 環境ホルモンによる水環境の汚染

　水中の環境ホルモンの一部は揮発した後，大気環境中に拡散し，主に光化学反応により化学的分解を受ける。一方，大気中では，生分解などの生物学的な反応はほとんどないと考えられる。分解されなかった部分は，再び水表面から溶解するか，降雨とともに降り注いで海洋などの水環境中に戻ることになる。化学物質の使用がほとんど行われていない北極や南極においてポリ塩化ビフェニル(PCBs)やヘキサクロロシクロヘキサン(HCH)などの環境ホルモンが検出されているのは，海洋中での移流・拡散のみによるものではなく，大気を介した輸送も大きく寄与しているとされている[32]。このように，大気中に蒸発した化学物質が，大気循環によって長距離を移動し，極地で降下する現象は，バッタが飛び跳ねるさまにたとえられ，「バッタ効果」と呼ばれる。また，底泥や浮遊物質などの固相に吸着されて水相から除去され，底質に移行する部分もある。環境ホルモンは，固相中では濃縮されることになり，この中で生分解などの変化も生じるが，水中での反応に比べるとその速度はかなり遅いと考えられている。この原因は，底泥中などでは一般に酸素が欠乏しやすく，主に効率が良くない嫌気分解が進行することに加えて，固相表面に吸着したり，フミンなどと結合した化学物質は，微生物などによる利用性(bioavailability)が極端に低下することにある。

　環境中に残留する環境ホルモンは，直接あるいは食物連鎖を通じて間接的に野生生物やヒトに摂取される機会が増し，様々な悪影響を及ぼすこととなる。生体内での濃縮・蓄積は，環境ホルモンの濃度と物性(主に脂溶性など)，受容体となる生物の生活様式や生体内代謝に大きく依存する。貝類は棲息場所がほぼ一定しており，大量の水をろ過するフィルターのような働きをしていることから，その生体蓄積は，水域の汚染状況を如実に反映するといわれている[33]。イルカやクジラなどの海棲哺乳動物は，皮下に厚い脂肪組織を有するうえ，肝ミクロソームにP-450系の薬物代謝酵素が発達していないため有害物質を分解することができず，脂溶性の有機塩素化合物などをきわめて高濃度で蓄積する傾向がある[32]。

　以下，水環境中における環境ホルモンの挙動のこれまでに知られている知見について，物理化学的プロセスと生分解プロセスとに分けて述べる。特に生分解挙動に関しては，化成品として大量生産・消費されていて，水環境の汚染物質として検出されることの多い環境ホルモンのフタル酸エステル類(PAEs)，ビスフェノールA(BPA)と，環境ホルモンの前駆体であるノニルフェノールエトキシレート(NPEs)に焦点を当てる。

4.2.2 物理化学的挙動

各種環境ホルモンのうちダイオキシン類，PCBs，HCH などの有機塩素化合物や多くの農薬は，化学的にはきわめて安定であり，また生物難分解性であるため，その環境内での運命は，ほぼ溶解，拡散，揮発や吸脱着のような物理化学的挙動によって決まるものといえる。一方，化学的分解や生分解を受けやすい他の環境ホルモンも，水に溶解している状態と底質や土壌に吸着している状態とでは分解速度が大きく異なるなど，その挙動は，物理化学的プロセスにも多大な影響を受ける。環境中における化学物質の物理化学的挙動は，原則的には，その物理学的特性(いわゆる物性)に依存して決まるものであり，特に重要な物性値としては，水溶解性，蒸気圧，オクタノール／水分配係数などが挙げられる。**表 4.9** に環境ホルモン 67 物質の主な物性値を東京都立衛生研究所のデータ集[34]より一部抜粋してまとめている。ここで抜粋した数値は，常温，常圧下(原則として 20 ~ 25 ℃，1 atm)でのものを採用し，できるだけ自然環境中での物理化学的挙動を反映するよう考慮している。個々の環境ホルモンについては，環境中における物理化学的挙動がそれぞれ調べられているわけではなく，むしろ不明な部分が多いが，**表 4.9** に示したような物性値から，以下のように一般的な挙動を推測することが可能である。

(1) 水溶解性

化学物質がある温度において水に溶解する最大濃度を水溶解度，もしくは飽和溶解度といい，いうまでもなく水への溶け込みやすさを示す指標として用いられている。

表 4.9 に示したように，環境ホルモン 67 物質には，アミトロールやメソミルのようにきわめて水溶解性の高いものから，ダイオキシン類や PCBs のようにほとんど溶解しないものまで含まれている。水溶解性の高い物質は，流れによる輸送，分子拡散などにより水環境中で移動しながら希釈される。これにより汚染濃度は低下していくが，その範囲はきわめて広範に広がることとなる。一方，水に不溶，もしくは難溶の環境ホルモンは，水を介しての移動性には乏しく，一般的には水環境における汚染の範囲は広がりにくい。典型的な水環境汚染物質として頻繁に自然水中から検出される BPA の水溶解度は，120 mg/L ときわめて高い。一方，水溶解性の比較的低いノニルフェノール(NP)やオクチルフェノール(OP)も，同様に水環境中での検出頻度は高いが，これは NP や OP の前駆体である界面活性剤 NPEs，あるいはオク

4. 環境ホルモンによる水環境の汚染

表 4.9 内分泌攪乱化学物質 (67 物質) の物理化学的特性

物質名	融点 [℃]	沸点 [℃]	蒸気圧 [Pa]	水溶解性 [ppm]	オクタノール／水分配係数 [$\log P_{ow}$]
アラクロール	39.5～41.5	—	2.1E−3	140	3.5
アルジカルブ	99～100	分解	1.0E−2	6 000	1.36
アルドリン	104	—	8.0E−3	0.027	7.4
アミトロール	159	—	5.9E−5	280 000	−0.65
アトラジン	175～177	—	4.0E−5	70	2.34
ベノミル	140 分解	—	<1.0E−3	4	1.37
ベンゾフェノン	26～49(α,β,γ)	305	—	<1 000	3.38
ベンゾ[a]ピレン	179	475	7.3E−7	0.0038	6.57
フタル酸ブチルベンジル (BBP)	−35	370	1.1E−3	3	3.38
ビスフェノール A (BPA)	150～155	—	—	120	3.32
n-ブチルベンゼン	−88.5	183	—	不溶	—
カルバリル	142	315	<5.3E−3	82.6	2.34
trans-,cis-クロルデン	104～107(t-,c-)	—	1.3E−3	0.0177	4.79～5.01(t-,c-)
シペルメトリン	60～80	170～195	<5.3E−3	0.087	6.6
2,4-ジクロロフェノキシ酢酸 (2,4-D)	140.5	—	—	620	2.81
ジブロモクロロプロパン	6	196	1.1E+2	1 000	—
p,p'-DDT	109	260	2.0E−5	0.0017	5.75
p,p'-DDD (DDT 代謝物)	109～110	—	1.3E−6	0.09	5.99
p,p'-DDE (DDT 代謝物)	88～89	317	8.8E−4	0.0014	5.78
フタル酸ジブチル (DBT)	−35	340	1.0E+1	13	4.72
2,4-ジクロロフェノール (2,4-DCP)	45	209～211	—	4 500	3.06
フタル酸ジシクロヘキシル (DCHP)	62～65	340	—	10	3.74
ディルドリン	176～177	385	2.4E−5	0.25	5.48
アジピン酸ジエチルヘキシル	−65	417	1.3	<100	—
フタル酸ジエチルヘキシル	−55	386	1.0	1	3.98
フタル酸ジエチル (DEHP)	−3	295	—	896	3.22
フタル酸ジヘキシル	−58	350	—	不溶	—
フタル酸ジ-n-ペンチル (DPP)	−55	342	—	1 000	—
フタル酸ジプロピル	<25	304～305	—	不溶	—
エンドリン	245 分解	—	2.7E−5	0.024	5.34
エンドスルファン	106	—	—	0.32	3.55～3.62
エスフェンバレレート	59	—	6.7E−5	0.3	6.22
フェンバレレート	37～54	—	1.5E−6	1	4.09
ヘキサクロロベンゼン (HCB)	231	332	1.5E−3	0.005	5.23
γ-,β-ヘキサクロロシクロヘキサン (HCH)	113(γ),312(β)	323(γ)	1.3E−3(γ)	7.3(γ),5(β)	3.71(γ)
ヘプタクロル	195～96	135	4.0E−2	0.56	5.27
ヘプタクロルエポキサイド	157～160	200	—	0.35	4.17
ケルセン	77～78	225	5.3E−2	0.8	4.28
ケポン	350 分解・昇華	—	<4.0E−5	7.6	4.28
マラチオン	2.9	—	5.3E−3	120	2.89
マンコゼブ	192～204 分解	—	—	6.2	—
マンネブ	—	—	—	ほとんど不溶	—
メソミル	78～79	144	7.1E−4	58 000	0.09
メトキシクロル	78	346	—	0.1	—

146

物質名	融点	沸点	蒸気圧	水溶解度	logKow
メチラム	140	—	1.0E-5	不溶	2
メトリブジン	125～126	—	1.3E-3	1050	1.60
マイレックス	485分解・昇華	—	4.0E-5	0.6	6.89
ニトロフェン	70～71	180～190	—	0.7～1.2	3.4
4-ニトロトルエン	53～54	238	—	160	2.41
trans-ノナクロル	128～130	—	—	0.064	5.08
オクタクロロスチレン	—	—	—	溶解	6.29
オキシクロルデン	98～101	—	—	不溶	4.76
ポリ臭化ビフェニル (PBBs)	119～383	—	1.0E-2	0.01～0.03	—
ポリ塩化ビフェニル (PCBs)	233～253	603～648	8.0E-3	0.01～10	6.30
ポリ塩化ジベンゾダイオキシン (PCDDs)	305～306	—	2.5E-7	0.0002	6.64
ポリ塩化ベンゾフラン (PCDFs)	—	—	—	不溶	5.82
ペンタクロロフェノール (PCP)	190～191	309～310	1.5E-2	80	5.01
p-オクチルフェノール (OP)	83.5～84	276	—	不溶	—
ノニルフェノール (NP)	2	295	<1.0E+1	ほとんど不溶	3.28
ペルメトリン	34～39	220	1.0E+1	0.2	5.41
シマジン	226～227	—	9.2E-7	5	1.96
スチレンダイマー (2量体)	—	—	—	—	—
スチレントリマー (3量体)	—	—	—	—	—
トキサフェン	65～90	—	27～53	0.4	6.44
トリブチルスズ (TBT)	—	—	2.1E-1	0.75	3.20
トリフルラリン	46～47	139～140	2.7E-2	24	5.07
トリフェニルスズ	104～105	—	—	—	—
2,4,5-トリクロロフェノキシ酢酸 (2,4,5-T)	153～158	—	≪1.0	238	—
ビンクロゾリン	108	—	1.3E-5	3.4	3.0
ジネブ	157分解	—	—	10	—
ジラム	250	—	—	65	1.08

出典:東京都衛生研究所生活科学部乳肉衛生研究科「内分泌かく乱化学物質データー集」(1998)記載のデータより作成。値は常温,常圧下の代表的なものを記載。
—:該当データ記載なし

チルフェノールエトキシレート (OPEs) の水溶性が高いためと考えれば解釈できる。

(2) 蒸気圧

ある温度下で化学物質(固体もしくは液体)が蒸発して示す圧力が蒸気圧である。この値が大きい物質ほど気化,蒸発しやすく,固相や液相から大気へ移行しやすいものといえる。また,およそ融点や沸点が低い物質ほど蒸気圧は高く,ある温度 T [℃]における蒸気圧 P [atm]と沸点 T_{bp} [℃]から式(4.1)によって算出することができるとされている[35]。

$$\log P = 4.6\{1 - (273 + T_{bp})/(273 + T)\} \tag{4.1}$$

式(4.1)を蒸気圧と温度の関係として捉えると,温度が高くなるにつれて蒸気圧が高くなる,すなわち,化学物質の揮発が促進されることを示している。したがって,式(4.1)は,化学物質の大気への移行がその物性に加え,気候条件によっても著しく

4. 環境ホルモンによる水環境の汚染

左右されることを意味しているといえる。

表 **4.9** に挙げた環境ホルモンの中では，ジブロモクロロプロパン，アジピン酸ジエチルヘキシルやフタル酸ジエチルヘキシル(DEHP)の常温における蒸気圧がかなり高い。これらは，水環境の汚染物質としてのみでなく，大気汚染物質としても検出されやすく，大気を介して急速に拡散し，また気流により長距離輸送されることから環境汚染の範囲が広がりやすい。蒸気圧が比較的低い物質も全く気化しないわけではなく，徐々に揮発していくため，やはり大気を介した移動についても注意しなければならない。

有機塩素化合物の環境ホルモンの海洋汚染調査結果から，PCBs，クロルデン，HCH，DDT などが確かに大気中に揮発し，汚染が地球規模に拡大しつつあることが報告されているが，その汚染分布は，各物質の蒸気圧，その他の物性の差を反映したものとなっている[32),36)]。すなわち，PCB やクロルデンは，南北両半球での大きな濃度差が認められない一方，HCH や DDT は，使用量の少ない南半球での汚染レベルが低くなっている。表 **4.9** に見られるように，前 2 者の蒸気圧は比較的高く，大気に分配されて広域に拡散，均一化されやすかったものといえる。

一方，これらの物質の中で DDT の蒸気圧は低く，大気を介した移動が必ずしも速くないことを示唆している。蒸気圧が比較的高く，インドの水田への散布実験から 99 ％以上が大気へ移行することが確認されているにもかかわらず[36)]，HCH の分布に南北差が認められることについては，この物質の水溶性が他の物質に比べてかなり高く，大気中よりも海水中に優先して存在しやすかったためと解釈できる。同じ有機塩素化合物であるポリ塩化ジベンゾダイオキシン(PCDDs)やポリ塩化ジベンゾフラン(PCDFs)などのダイオキシンは，常温での蒸気圧，水溶解性ともに低いため，大気および水を介した移動性に乏しく，土壌粒子に吸着して残留しやすいことから，陸域汚染型の環境ホルモンといえる[32)]。

(3) オクタノール／水分配係数

オクタノールと水の体積比が 1：1 である液に化学物質を加え，水側に溶解する量に対するオクタノール側に溶解する量の比率を求めた値をオクタノール／水分配係数(P_{ow})と称する。P_{ow} は，物質によって非常に大きい値から小さい値を示すものまで様々であることから，通常は表 **4.9** 中の値のように対数値 $\log P_{ow}$ として表す。最も単純にいえば，本指標は，化学物質の脂肪への溶け込みやすさを示すものであ

る。オクタノールは，生物体の脂肪組織と同じような疎水性を有しているため，ヒトや動物の体内環境を代替しており，水中から体内への化学物質の分配を模擬しているものといえる。

一般的には，$\log P_{ow}$ の大きい物質は，土壌や底質などに吸着しやすく，生物体内にも蓄積されやすい。また，毒性も高く，生分解をも受けにくい傾向があるといわれている。したがって，$\log P_{ow}$ が高いほど自然界における残留性が高く，生物にも高倍率で濃縮されるリスクの大きい物質であるといえる。表 4.9 に示した環境ホルモンのほとんどは，比較的高い $\log P_{ow}$ 値を有している。特にアルドリンなどの一部の農薬，ベンゾ[a]ピレン，ダイオキシン，PCBs などは非常に高い $\log P_{ow}$ 値を示しており，その汚染はきわめて深刻な問題である。水環境の汚染物質としてよく検出される BPA や NP も脂溶性は低いとはいえず，底質などへ吸着，濃縮されやすい。

4.2.3 生分解挙動

最近の環境バイオ研究から，かつては生分解を受けることはないと考えられていた多様な化学物質が分解され得ることが明らかにされてきている。環境ホルモンとされている物質の中でも，ペンタクロロフェノール(PCP)，ヘキサクロロベンゼン(HCB)，HCH のように高度に塩素化された芳香族／環状化合物，ベンゾピレンのような多環芳香族化合物，DDT を含む各種農薬，PCBs，さらにはダイオキシンまでが特殊な微生物(群)によって分解されることが知られ，その代謝経路や関与酵素について詳細な検討が行われてきた[37),38)]。これらの研究から，環境ホルモンの多くは潜在的には生分解が可能であると考えられているが，実際の自然環境下においては，分解微生物の存在量が少ないこと，土壌への吸着や各種制限因子の存在により利用性が極端に低下すること，毒性によって分解が阻害されることなどにより分解速度はきわめて遅く，実質的には生物非分解性ともいえる挙動を示す。逆に，環境ホルモンの中でその環境内挙動に生分解が大きく影響していると考えられる物質は，PAEs，BPA，NP，OP などの一般化成品，2,4-ジクロロフェノキシ酢酸(2,4-D)，2,4,5-トリクロロフェノキシ酢酸(2,4,5-T)，2,4-ジクロロフェノール(2,4-DCP)など塩素化の程度が低いシンプルな芳香族化合物などに限られている。以下に，環境ホルモンとして特徴的な生分解挙動を示す PAEs，BPA，および NP の前駆体とされる NPEs の分解について述べる。

4. 環境ホルモンによる水環境の汚染

(1) PAEs の生分解

PAEs は，フタル酸（PA）と様々な脂溶性分子（図 4.10 中では R_1 および R_2 と表現している）のエステルであり，日本においては，DEHP, フタル酸イソノニル（DINP），フタル酸ジブチル（DBP），フタル酸ブチルベンジル（BBP）が主に使用されている。PAEs の生分解については，古くから多数の研究が行われ，馴致された活性汚泥や河川水由来の微生物群集を用いれば比較的容易に生分解されるものと結論付けられている[39]。しかし，疎水基であるアルキル鎖長の短いフタル酸ジメチル（DMP），フタル酸ジエチル（DEP），DBP などは，PAEs に馴致された活性汚泥により 1 日で 80 % 以上の分解（一次分解）を受けたのに対し，アルキル鎖長の長い DEHP などは分

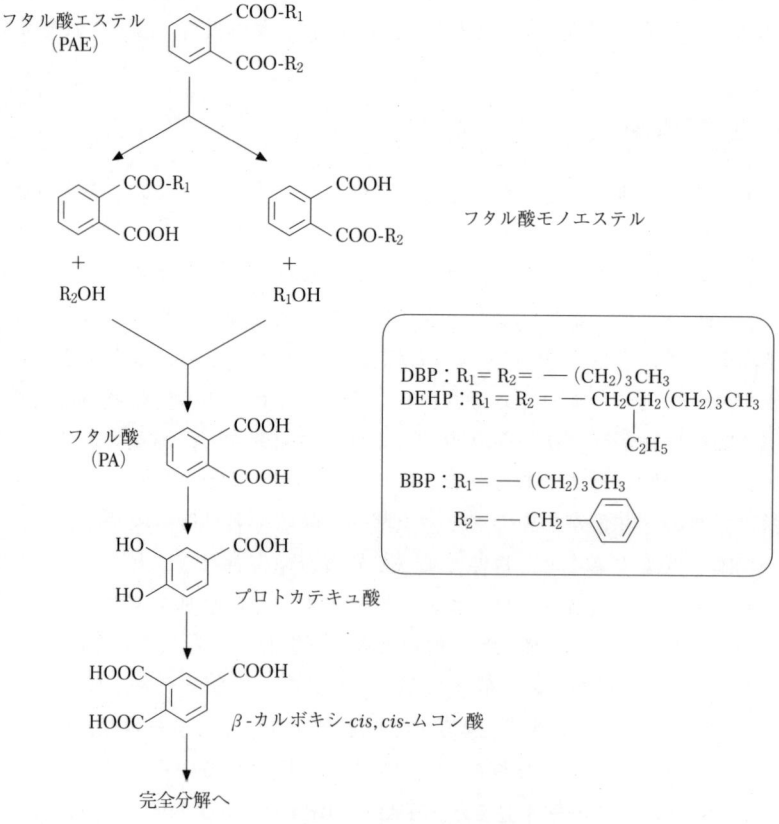

DBP : $R_1 = R_2 = -(CH_2)_3CH_3$
DEHP : $R_1 = R_2 = -CH_2CH(C_2H_5)(CH_2)_3CH_3$
BBP : $R_1 = -(CH_2)_3CH_3$
$R_2 = -CH_2-C_6H_5$

図 4.10　PAEs の生分解経路

解が遅く，PAEsの種類や生物試料により分解速度に差があったとの報告もある[40]。PAEsに馴致されていない微生物による分解については，データが少なく，したがって，自然界での分解ポテンシャルについては不明な部分が多かったが，筆者らが，一般の公共下水処理場の活性汚泥や化学物質で汚染されていない河川水などを用いてDBP，BBP，DEHPの分解試験を行ったところ，試験したすべての系で1週間以内に10 mg/L程度のPAEsがほぼ完全に除去されるという結果を得た[41]。したがって，PAEsの生分解活性は，ある程度のレベルで自然界に普遍的に存在しているものといえ，特別な分解菌の集積は必ずしも必要ないものといえる。

PAEsの生分解経路は図4.10のように提案されており，最初に加水分解酵素（エステラーゼ）によるエステル結合の開裂が起こる。この開裂によりPAEsジエステルは，一方の疎水基が脱落したモノエステル，さらに両者が取れたフタル酸(PA)となり，同時に疎水基に対応したアルコール（図中R_1OH，R_2OH）を生じる。一般的には，これらアルコールは，β酸化によりカルボン酸となり，順次分解されて最終的には無機化される。また，PAも芳香族化合物の中では比較的分解されやすいとされており，プロトカテキュ酸に変換された後，環開裂されて完全分解に至ることが確認されている。したがって，PAEsは，初期分解を受けやすいばかりでなく，完全分解あるいは無機化も容易に行われるものとされている[39),40)]。実際，馴致された活性汚泥による分解試験では，DEHPが完全に無機化されたとの報告もある[42]。しかし，筆者らによる先の研究[41]では，PAEsがすべて除去された時点でも50％程度の有機成分が残存することが観察され，無機化の進行は，初期分解に比べてかなり遅いことが明らかとなっている。

蓄積されやすい中間代謝物は，PAEsのモノエステル，PA，プロトカテキュ酸およびβ-カルボキシ-cis,cis-ムコン酸であるが，これらの代謝物が元のPAEsよりも高い急性毒性を有することから，分解微生物にダメージを与え，無機化が進行しなかったという可能性も考えられる。生分解の途中で生じるPAEsモノエステルには親物質よりも弱いエストロゲン様活性があるものの，PAやプロトカテキュ酸などにはエストロゲン様活性が認められていないことから，生分解が進むことによりPAEsの環境ホルモンとしてのリスクは著しく軽減される，あるいは消失するものといえる。したがって，PAEsの生分解が問題となるのは，比較的高い脂溶性のために底質などに吸着しbioavailabilityが低下しやすい傾向があることであり，知見の少ない底質中での嫌気的分解についての今後の研究の進展が望まれる。

4. 環境ホルモンによる水環境の汚染

(2) BPAの生分解

　BPAは，2つのフェノール分子がプロパンによって結合された構造を有しており，水環境ではごく一般的な汚染物質と認識されてきた。しかし，一般毒性が低く，有意な変異原性もないことから，環境ホルモンとしてクローズアップされるようになったごく最近まで，その生分解挙動についてはあまり研究がなされてこなかった。1980年代に行われた調査では，StoneとWatkinson[43]がOECD法で分解されないとしたのに対し，Dornら[44]はBPAに馴致された微生物を含む環境水により分解されるとし，はっきりとした結論は出されていなかった。最近は多数の研究が行われるようになり，その結果から，BPAは水環境中で容易に分解されるというのが一般的な認識となっている。筆者らは，近畿地方の河川の44箇所から微生物群を採取しBPAの分解を試験したところ，約9割の40検体で初期分解を含む何らかの分解を認めた[45]。また，群馬県内の比較的清澄な河川水29検体を用いた大谷ら[46]の検討でも27検体で分解が観察されており，水環境においてBPA分解菌が広範に分布していることが明らかとなっている。

　以上のようにBPAの初期分解は容易であるといえるのに対し，完全な無機化は必ずしも容易ではないと考えられている。先に述べた近畿圏の河川水を用いたBPA分解試験では，初期分解能を示した40検体のうちBPA由来の有機炭素(TOC)を完全に除去できたものは，1割程度とごく限られており(**図4.11(b)**)，ほとんどの場合は10％以上のTOCが残存し，生分解代謝物の蓄積が認められた(**図4.11(a)**)。TOCが残存した場合の試験後の培養液を高速液体クロマトグラフ(HPLC)で分析したところ，蓄積する代謝物が2つのピークとして検出された(**図4.12(a)**)。一方，TOCがブランクのレベルにまで除去された系では，14日後にはこの2つのピーク(R.T. 1.5分および2.1分)は消失していた(**図4.12(b)**)。さらに，これらの微生物群からBPAを単一炭素源として資化することのできる分解菌を分離し，そのBPA分解特性を調べた結果から，そのすべてが河川水中の微生物群と同様の代謝物を蓄積することが明らかとなった。したがって，大部分のBPA分解菌は，自分自身が分解することのできない代謝物を生成するものと考えられ，BPAの完全分解は，初期分解を担う分解菌と，蓄積された代謝物をさらに無機化することのできる特殊な微生物群が共存している場合にのみ達成されるものと推測されている。

　BPAの生分解に伴って容易に分解されない代謝物が生成されるメカニズムは，**図4.13**に示す特殊な代謝経路から説明される[47],[48]。BPAは，まずプロパン骨格が水酸

4.2 水環境中での挙動

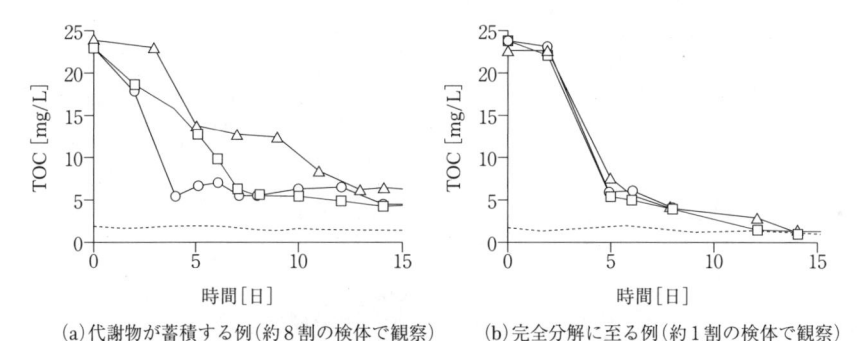

図4.11 河川水マイクロコズムによるBPA分解
点線はBPAを添加しない分解試験系でのブランク値

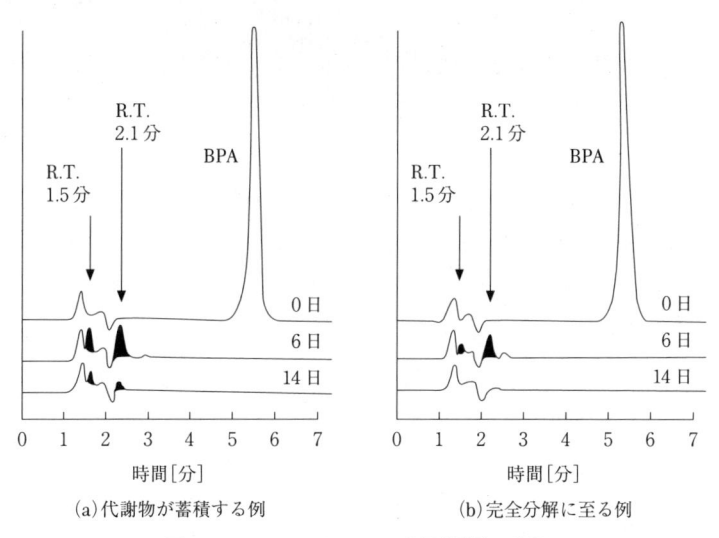

(a) 代謝物が蓄積する例(約8割の検体で観察)　(b) 完全分解に至る例(約1割の検体で観察)

図4.12 HPLCによるBPA分解代謝物の分析

(a) 代謝物が蓄積する例　(b) 完全分解に至る例

化された後(図中には記載していない)に，主経路では炭素骨格の組換え(炭素の転移)が起こり，図中のIIで示される4,4'-ジヒドロキシ-α-メチルスチルベンを生じる。IIは，さらにプロパン骨格でp-ヒドロキシアセトフェノン(HAP)およびp-ヒドロキシベンズアルデヒド(HBAL)に開裂され，それぞれありふれた芳香族化合物であるp-ヒドロキシ安息香酸(HBA)経路を通じて完全に無機化される。他方，一部は別に図中のIII，IVのような多様なジオール，トリオールを生成する副経路により分解さ

153

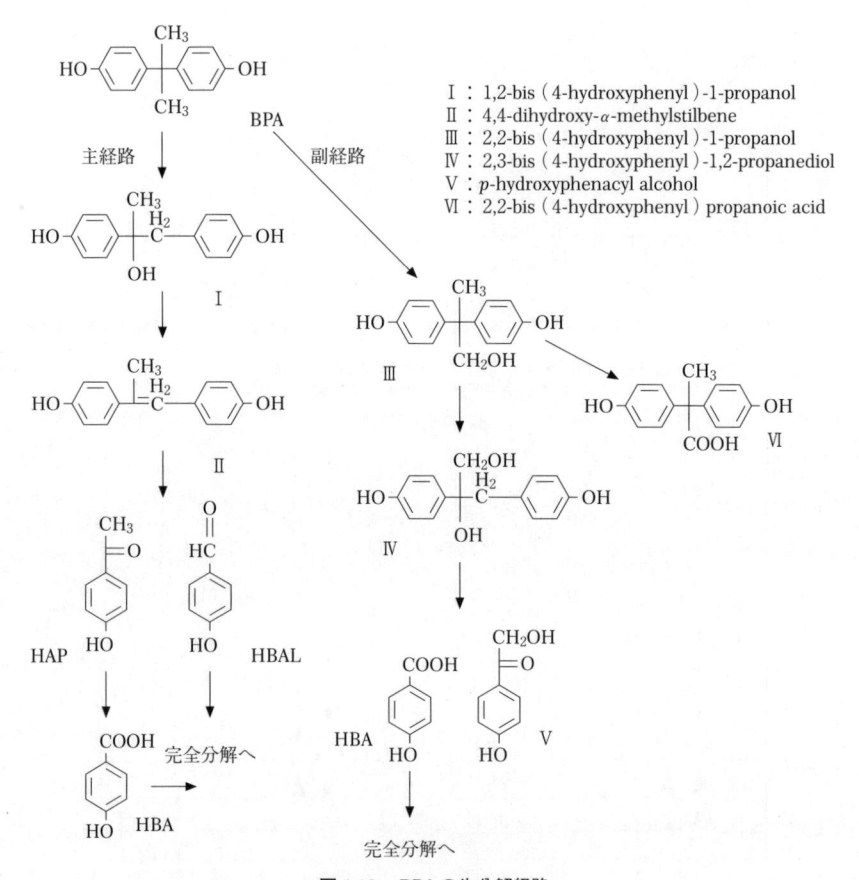

4. 環境ホルモンによる水環境の汚染

Ⅰ：1,2-bis(4-hydroxyphenyl)-1-propanol
Ⅱ：4,4-dihydroxy-α-methylstilbene
Ⅲ：2,2-bis(4-hydroxyphenyl)-1-propanol
Ⅳ：2,3-bis(4-hydroxyphenyl)-1,2-propanediol
Ⅴ：p-hydroxyphenacyl alcohol
Ⅵ：2,2-bis(4-hydroxyphenyl)propanoic acid

図4.13 BPAの生分解経路

れる。通常の分解菌では，主経路を通じた分解が80〜90％を占めるが，必ず同時に副経路での分解も生じる。副経路で生成する代謝物は生分解を受けにくく，これらの物質の蓄積がBPAが完全分解されにくい原因となっている。**図4.12**で最後まで蓄積したBPA代謝物は，2,3-ビス(4-ヒドロキシフェニル)-1,2-プロパンジオール(Ⅳ)，およびp-ヒドロキシフェナシルアルコール(Ⅴ)であることが明らかにされており[45]，これらは特に水環境中で残存しやすいものと考えられる。

主経路を通じてのBPA分解では，HAP，HBALやHBAが一時的に比較的高濃度で蓄積することがあるが，これらの物質には明確なエストロゲン様活性は認められ

ていない(HAP には，ごく微弱なエストロゲンレセプター結合活性がある)[49]。また，副経路で蓄積される代謝物にも有意な活性はないことが明らかとされている[49]。したがって，BPA の生分解では，一部代謝物の蓄積があるものの，最終的には環境ホルモンとしてのリスクが消失するものといえる。しかし，主経路で生じるスチルベン(Ⅱ)は，強いエストロゲン様活性を示す合成女性ホルモン，ジエチルスチルベストロール(DES)と酷似した構造を有していることから，BPA 分解の過程で一時的にエストロゲン様活性が上昇する可能性があることには注意しなければならない[50]。

(3) NPEs の生分解

水環境中から検出される NP の起源は，NP そのものが放出されたものよりも，むしろ界面活性剤として使用されている NPEs が排出された後に，生分解を受けて NP に変換されたことによるものが主であると考えられている。その意味で NP 自体の生分解のみならず，その前駆物質となる NPEs の生分解にも非常に大きな興味が持たれている。NPEs も，特に清澄で従属栄養微生物の存在数が極端に少ないような水環境以外では比較的容易に初期分解を受けるというデータが得られているが，完全分解は生じにくい。また，アルコールアルキルエトキシレート(AE)など他の合成界面活性剤と比べると，初期分解性も高いとはいえない。

NPEs は，主に多分岐型のノニルベンゼンの p 位に親水基としてオキシエチレン(EO)鎖が結合した構造を有しており，通常使用されるものは EO 重合度が $8 \sim 12$ 程度である(NPnEOs；$n = 8 \sim 12$ と表記)。その生分解経路については完全に解明されているとはいえないが，現状では**図 4.14** のように提案することができる。一般的には，好気条件下では EO 部のみが生分解を受けて 1 ユニットごと開裂され，主に EO 鎖が $1 \sim 2$ となった NP1EO(ノニルフェノールモノエトキシレート)や NP2EO(ノニルフェノールジエトキシレート)が蓄積される。また同時に，これらの EO 鎖末端がカルボキシル化された NP1EC(ノニルフェノールカルボキシレート)や NP2EC(ノニルフェノールエトキシカルボキシレート)が生じ，やはり蓄積される。ただし，Potter ら[54]は，汽水域の微生物群集を用いた静置条件下での die-away テストで，NP1-2EC がさらに分解されたと報告している。さらに，ごく最近になって NPnECs(n は，EO 重合度＋1 末端のカルボキシル基を示す)からノニル基の一部がカルボキシル化された CNPnECs(図中に例を記入)が生成することが明らかになってきたが，CNPnECs はやはりそれ以上分解されにくく，残留しやすいと考えられ

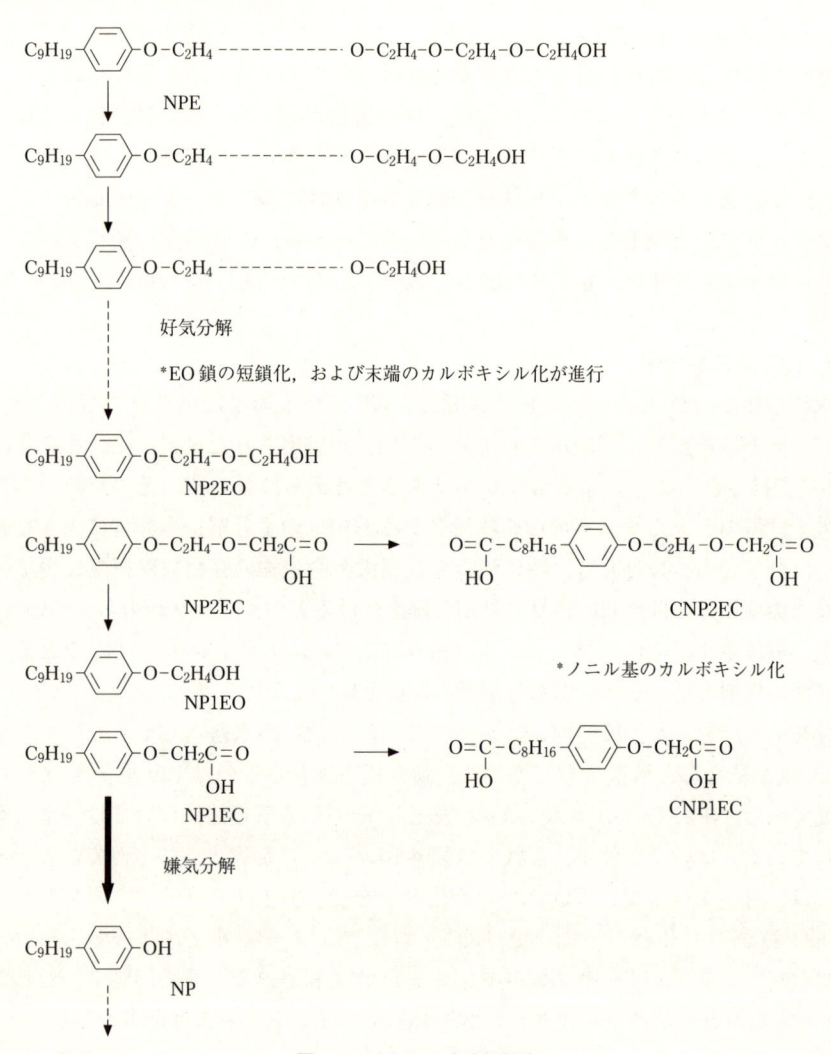

4. 環境ホルモンによる水環境の汚染

図4.14 NPEs の生分解経路

ている[53]。

CNPnECs の嫌気条件下での挙動については，ほとんど知見がないが，NP1-2EO や NP1-2EC などの好気分解最終産物が嫌気条件下に置かれると，EO 鎖もしくはカルボン酸の脱落が起こり NP を生じる。NP は，アルキルベンゼンスルホン酸(ABS)

4.2 水環境中での挙動

同様の多分岐型アルキルベンゼンの構造を有することからきわめて難分解性といえ，自然環境中ではさらなる生分解を受けにくく，残留しやすいものと考えられている。最近になって好気条件下で NP を効率的に分解，資化する微生物が報告され[55),56)]，無機化が起こっている可能性も指摘されるようになってきたが，通常の環境中では，好気，嫌気，好気のサイクルが連続的に繰り返されているとは考えにくく，NPEs が効率的に完全分解されているとは想像しがたいのも事実である。先の分解菌に関する報告の中でも NP の代謝経路については明確にはされていないが，藤井と浦野[56)]の *Sphingomonas cloacae* S-3 株による NP 分解では，代謝物としてアルコール類（主にノナノール）が検出されている。NP と類似構造を有する他のアルキルフェノールやアルキルベンゼンの生分解経路から推測すると，NP の分解は，まずノニル基が分解され，側鎖の短いアルキルフェノールを生じながら，最終的に安息香酸やフェニル酢酸を経て環開裂により完全分解される経路，あるいは，まずフェノール環の酸化によりカテコールを生じ，ノニル基を残したまま環開裂が起こって完全分解へと至る経路のいずれかで行われていると考えられるが，全く新たな経路による分解の可能性もある。

以上から，NPEs の生分解により生じる最終代謝産物は，好気条件下では主に NP1-2EO，NP1-2EC および CNP1-2EC であり，嫌気条件下では NP であるといえる。NP は，低濃度で魚類の異常を誘発する環境ホルモンであり，NP2EO や NP1EC，NP2EC にもエストロゲンレセプターと結合する弱い活性があることが明らかにされている[57)]ことから，NPEs の生分解は，元の物質には認められないエストロゲン様活性を惹起させてしまう厄介なプロセスであるといえ，PAEs や BPA の生分解とは全く正反対の意味を持っている。精力的な研究が続けられているにもかかわらず，NPEs および NP の分解については，いまだ不明な部分も数多く残されている。最近までは分析技術の限界により検出，同定されなかった CNP*n*ECs のように，生分解によってこれとは別な未知の代謝物が生じている可能性も否定できない。未知の代謝物は，いうまでもなく CNP*n*ECs についてもそのエストロゲン様活性については検討すら行われておらず，NPEs の生分解に伴うリスク上昇の総合的評価は，今後の課題として残されている。

4.2.4　有機塩素化合物系環境ホルモン汚染のグローバル化

　環境ホルモンを含めた合成化学物質は，北半球の中緯度にある欧米諸国や日本などの先進工業国で大量生産，消費されてきたことから，かつてはその汚染域も先進国の周辺を中心として広がっていた。このことは，過去に行われてきた多くの汚染実態調査の結果からも明らかであった。しかし，最近の大気や海洋の汚染調査からは，汚染が必ずしも先進各国を中心としたものではなく，南半球や両極域を含めた全地球規模へと急速に拡大しつつあることが示されている(グローバル汚染)。PCBs，HCH，DDTなどの有機塩素系の環境ホルモンは，化学的，生物学的に非常に安定であり，その汚染分布は，発生源と物理化学的挙動によって決まる。これらの化学物質の先進国での生産，使用が禁止されて長期間が経過しているにもかかわらず，グローバル汚染がより急速に進行していることは，主な汚染源がかつてのように先進各国ではなく，低緯度の熱帯・亜熱帯地方に位置する開発途上国に移動していることを示唆している。様々な統計によっても開発途上国における各種化学物質の使用が急増していることが示されており，これを強く裏付けている。

　熱帯・亜熱帯地方は気温が高いため，比較的高い蒸気圧を持つ有機塩素系環境ホルモンは，排出後速やかに大気中へと揮発してしまう。したがって，寒帯や温帯の先進各国に発生源のあった時代に比べ，グローバル汚染の問題をより深刻にしているものといえる。大気中へと移行した化学物質は，気流により容易に長距離輸送され，気温の低い寒帯や温帯地方で海洋に戻るため，汚染域は急速に拡大しグローバル化してしまう。このように熱帯地方で排出された化学物質がどんどん大気中に揮散し，地球規模での広域汚染につながっていく現象について，愛媛大学沿岸環境科学研究センターの田辺は，「熱帯は地球の蒸発皿」と表現し，その重要性を指摘している。熱帯・亜熱帯の開発途上国における環境ホルモンを含めた化学物質の使用，管理を適正化し，広がりつつあるグローバル汚染をくい止める国際的プログラムの早期導入が望まれるところである。

【コラム】 環境ホルモンの処理技術としての生分解

有機塩素化合物や農薬の類では効率的な生分解を期待することはできないが，一般化成品として使用されている環境ホルモンについては，多くの場合，比較的容易に生分解を受けることが知られている．下水中によく検出される環境ホルモンおよび関連物質としては，BPA，NPEs，NPを含むアルキルフェノール類，一部のPAEs，ベンゾフェノンと，天然女性ホルモン17β-エストラジオール(E_2)，その前駆体であるエストロン(E_1)，代謝物であるエストリオール(E_3)などが挙げられるが，活性汚泥処理を中心とする通常の生物学的プロセスによっても高い除去率が得られており，下水処理で水環境への汚染負荷がかなり削減されていると結論付けられる．すなわち，活性汚泥細菌による生分解は，環境ホルモン含有排水の処理にある程度適用できるというのが一般的な見方である．しかし一方で，NPEsの生分解によって生じるNPなどの代謝物は，きわめて難分解性と考えられる構造を有していることから，処理によって完全分解されているのではなく，比較的高い脂溶性のために汚泥に吸着し，水相から除去されているだけではないか，との疑いもある．もしそうであれば，余剰汚泥がコンポスト化されたり，土壌還元された場合には，リスクが水から土壌に移ったということを意味しているにすぎない．下水処理系における環境ホルモンのマスバランスは，いまだ十分に解明されていないのである．このような現状の生物処理の不確実さを補い，環境ホルモンの完全分解を行うプロセスとして，オゾン酸化，光触媒分解，促進酸化法などの化学処理を後処理(仕上げ処理)に適用することが有望視されている．生物／化学のハイブリッド処理は，本来，高コストな化学処理をどこまで低コスト化できるかが実用へ向けての鍵である．また，生分解の限界を打ち破る生分解処理として，リグニンパーオキシダーゼ，マンガンパーオキシダーゼ，ラッカーゼなど基質特異性が甘く，強力な酸化活性を有する酵素(リグニン分解酵素群)を生産するキノコの一種である白色腐朽菌を利用しようとする動きもある．これまでに白色腐朽菌は，ダイオキシンやPCBs，DDT，PCPなど主に有機塩素化合物を分解することが知られていたが，さらにBPA，NP，OP，ベンゾフェノンなどの一般化成品である環境ホルモンや，E_1，E_2，E_3などの天然女性ホルモンなどのステロール様構造を持つ物質を広範囲に分解できることが実証されている．

4.3 天然ホルモンの評価

4.3.1 水環境における魚類の生殖異常

英国や日本の河川において，魚の生殖器の異常が報告されている。英国の河川において，ローチやガジョン（コイ科）の雌雄同体（雌雄両方の生殖管を持つ個体や，精巣卵を持つ個体など）や，これらの雄におけるビテロゲニンの誘導が広く観察されている[58),59)]。また日本においても，一級河川9水系27地点において捕獲された雄コイについて，血清中のビテロゲニン濃度が測定されている。血清中のビテロゲニン濃度が $10\,\mu g/L$ 以上であったコイは，コイ全体（252匹）の3.6％，$1\,\mu g/L$ 以上 $10\,\mu g/L$ 未満のコイは9.9％，$0.1\,\mu g/L$ 以上 $1\,\mu g/L$ 未満のコイは17.1％，$0.1\,\mu g/L$ 未満のコイは69.4％となっている[60)]。これらの異常は，河川のみならず，英国や日本の海でもヒラメ科の魚に同様の現象が観察されている[61),62)]。

このような魚の異常が下水処理場からの放流水によって引き起こされることがわかってきた。英国の下水処理場の下流に棲むローチに精巣卵などの雌雄同体が見られたり[63)]，米国の下水処理場の下流に棲むコイにビテロゲニンの誘導が観察されている[64)]。より直接的な証拠としては，実験室内で雄のローチに下水処理場放流水を曝露すると，濃度依存的なビテロゲニンの誘導や雌雄同体の出現が認められている[65)]。

魚にこのような生殖異常を引き起こしている下水処理場放流水中の物質はいったい何であろうか。様々な研究から，この原因はアルキルフェノール，エチニルエストラジオール（EE_2），天然女性ホルモンの3つに絞られつつある。このうち本命は，エストラジオールなどの天然の女性ホルモンである。

4.3.2 女性ホルモンの排出量

ヒトが排泄する天然女性ホルモンには，17β-エストラジオール（E_2），エストロン（E_1），エストリオール（E_3）などがある（図 4.15）。MCF-7細胞を用いたE-screenによってこれらのエストロゲン活性を比較すると，E_2 が最も活性が強く，E_3 が E_2 の 1/10，E_1 が E_2 の 1/100 となっている[66)]。これらの女性ホルモンは卵巣濾胞，胎盤などから分泌され，性腺付属器官の発育や性的特徴の保持を司る役割を担っており，黄体ホルモンと協力して性周期を調整する。最終的には，肝臓において薬物代謝酵

4.3 天然ホルモンの評価

E₁

E₂

E₃

β-estradiol 3,17-disulfate

17β-estradiol 3-(β-D-glucuronide)

17β-estradiol 3-sulfate

β-estradiol 17-(β-D-glucuronide)

図4.15 天然の女性ホルモンの構造

素によって抱合体化され，活性を失ってから尿より排泄される。女性の1日1人当りのエストロゲン分泌量は，月経周期の時期により異なるが 25 ～ 100 μg/日であり，妊娠中は妊娠の進行とともに増加し，妊娠末期では 30 mg/日まで増加すると報告されている[67]。体内では E_2 が主分泌産物であるが，それは，肝臓で E_1, E_3, 2-ヒドロキシエステロン(2-OH-E_1), 16-ヒドロキシエステロン(16-OH-E_1)

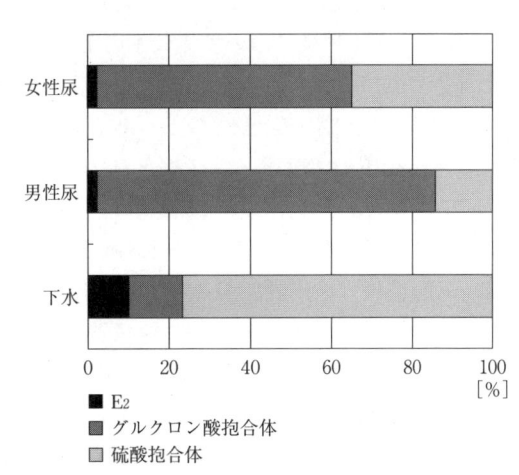

図4.16 尿中および下水中における E_2 の形態

などに代謝される[67),68)]。これらの代謝物は主に硫酸抱合体(17β-エストラジオール 3-サルフェート,17β-エストラジオール 3,17-ジサルフェート),グルクロン酸抱合体[17β-エストラジオール 3-(β-D-グルクロニド),17β-エストラジオール 17-(β-D-グルクロニド)](図 4.15)となり,主に尿中より排泄される。女性の尿中の総エストロゲン量(代謝物を含む)は,1日数〜$60\mu g$程度(卵胞期 4〜$17\mu g$/日,排卵期 21〜$60\mu g$/日,黄体期 16〜$41\mu g$/日)であり,妊娠中の女性からは,200〜$400\mu g$/日程度(妊娠初期)が排泄されると報告されている[69),70)]。なお,男性の尿からも1日数μg程度が排泄される[70)]。人間の尿中のE_2とその抱合体を定量すると,非抱合体の濃度は男女ともに1%程度であり,99%は抱合体である。そのうち65〜85%はグルクロン酸抱合体である(図 4.16)。

4.3.3 水環境における女性ホルモンの濃度

ヒトの尿中に排泄されたエストロゲンは,下水管を経由して下水処理場で処理を受け,河川や海に放出される。家庭系排水(団地汚水処理場流入下水)のE_2濃度については,日本の建設省が2000年4月に発表した報告書において,52 ng/Lであったと報告している[60)]。次に,下水処理場流入水のエストロゲン濃度については,イタリア,ドイツの7箇所の下水処理場でE_2,E_1,EE_2濃度が測定され,E_2濃度は11.5 ng/L,E_1濃度は40.1 ng/L,EE_2濃度は2.4 ng/Lと報告されている[71)]。日本では38箇所の下水処理場において流入水のE_2濃度が測定され,E_2濃度は40 ng/Lであると報告されている。

下水処理場放流水(処理水)のE_2,E_1,EE_2濃度については,イタリア,ドイツの7箇所[71)],英国の7箇所[72)],スウェーデンの1箇所[73)],ドイツの16箇所[74)],カナダの10箇所[75)],オランダの11箇所[76)],日本の38箇所[60)],の下水処理場について報告されている。E_2濃度は1.1〜8.8 ng/Lの範囲に,E_1濃度は3.0〜40.1 ng/Lの範囲に,EE_2濃度は検出限界(0.3〜1.8 ng/L)以下〜4.5 ng/Lの範囲に存在している。

次に環境水中の濃度であるが,環境省による河川,海域,湖沼,地下水における環境ホルモンの全国調査[76)]によると,E_2濃度を ELISA を用いて定量した結果,全国の河川100地点のうち62%,海域17地点のうち59%の地点において,ND〜35 ng/LのE_2が検出されている(検出限界1 ng/L)。

ELISA で測定されたE_2濃度は,LC/MS/MS を使った測定結果と比較すると過大

4.3 天然ホルモンの評価

評価になっているとする知見がある[77),78)]が、そのことを差し引いても、下水処理水や環境水中には数 ng/L 程度の E_2 や EE_2 が存在していることになる。

4.3.4 エストロゲンの魚類に対する影響

それでは、天然女性ホルモンは本当に環境水中に存在する程度の濃度で魚の生殖器官に影響を与えうるのであろうか。E_2 に関しては、実験室レベルのよく制御された研究がいくつか発表されている。雄メダカに 29.3 ng/L (水中濃度実測値)の E_2 を 25 日間曝露すると、8 匹中 5 匹に精巣卵が観察された[79)]。性転換に対する感受性が最も高い産卵後 5〜8 日目から、56 日間 100 ng/L (水中濃度の実測値平均 10 ng/L)を曝露したメダカでは、すべての個体が雌になっていた[80)]。12〜18 箇月齢の fathead minnow 雄、雌 3 匹ずつを水槽に入れ、3 週間 E_2 を曝露した実験では、産卵数の減少が観察され、その EC_{50} は 120 ng/L であった[81)]。10〜15 箇月齢の雄のメダカを 817 ng/L の E_2 に 2 週間曝露すると、曝露後雌とかけあわせたときの産卵数および孵化率が有意に低下した[82)]。E_2 による雄のビテロゲニン誘導における LOEC (lowest observed effect concentration；最小作用濃度)を見ると、ゼブラフィッシュが 21 ng/L[83)]、sheepshead minnow が 65 ng/L[84)]、fathead minnow が 30 ng/L[85)]、ニジマスでは 4.7〜9 ng/L[86),87)]となっている。下水処理水中のエストラジオール濃度は約 10 ng/L であるので、下水処理水で汚染された河川水中で長期的に曝露されることにより、魚に上記のような影響が出現する可能性は高い。

ヒトの排泄する女性ホルモンそのものが最も強力な内分泌撹乱化学物質であるという仮説は、研究者の間で比較的すんなりと受け入れられたが、批判的な見方もあった。最も代表的な批判として、ヒトは昔からし尿中に女性ホルモンを排泄してきたのだから、昔からこのような影響がなければおかしいというものであった。しかし、日本においては最近までし尿は農地に還元されており、水環境へし尿中の女性ホルモンが直接放出されるようになったのは、下水道が普及してからである。さらに、都市に人口が集中して、水環境中に放出される女性ホルモンの量が増えて、生物に影響を与える閾値に達したために、近年になって様々な影響が出てきたのかもしれない。

英国においては、避妊薬の成分であるエチニルエストラジオールが、魚の異常にある程度寄与しているかもしれない。エチニルエストラジオールは、天然のエスト

ラジオールよりも低濃度で魚に影響を与える。数 ng/L のエチニルエストラジオールを 3 週間曝露したゼブラフィッシュの成体では，雌の卵巣，雄の精巣の萎縮が見られ，雌の産卵数も減少した[88]。また，ゼブラフィッシュの雄におけるビテロゲニン誘導の LOEC は 1.7～3 ng/L である[83],[89]。

4.3.5　エストロゲン抱合体の挙動

女性ホルモンのほとんどは抱合体として体外に排泄されるので，抱合体の環境中の挙動は非常に重要であるが，このことに関する情報はほとんどない。筆者らの研究を紹介する。**図 4.16** に，生下水中の E_2 の形態を示したが，生下水では，非抱合体の割合が約 10 % であった。また，尿中で 65～85 % 見られたグルクロン酸抱合体の割合が，約 15 % に減少していた。この結果は，グルクロン酸抱合体が下水中で分解したことを示唆している。試みに，0.45 μm のフィルターでろ過滅菌した生下水に E_2 のグルクロン酸抱合体を添加して室温で静置すると，脱グルクロン酸反応が起きて，E_2 が生成した。生下水をオートクレーブするとこの活性は失われるので，生下水中には，糞便由来のグルクロン酸分解酵素が存在していることが示唆された。硫酸抱合体にも同様の実験を行ったが，硫酸抱合体の分解はほとんど見られなかった。

下水処理場内でのエストロゲンの挙動については，ドイツの研究グループが，実験室内の活性汚泥槽中では，E_2 のグルクロン酸抱合体である 17β-エストラジオール 3-(β-D-グルクロニド)と 17β-エストラジオール 17-(β-D-グルクロニド)の一部が脱抱合され，E_2 が生成し，さらに E_2 は E_1 へと酸化され，E_1 は他の未知物質に変換されると報告している[90]。具体的には，活性汚泥槽に E_2 を添加(1μg/L)すると，0.5 時間後に 20 % 以下になり，3 時間後に 100 % 消失し，E_2 から生成された E_1 も 5 時間後には消失している。また，E_2 のグルクロン酸抱合体である 17β-エストラジオール 17-(β-D-グルクロニド)を添加(1μg/L)すると，5 分後には，添加した抱合体の 30 % に相当する E_2 と 50 % に相当する E_1 が検出され，3 時間後には，E_2 は検出されず，添加した抱合体の 15 % に相当する E_1 のみが検出され，24 時間後には，E_2，E_1 ともに検出されなくなった。一方，合成女性ホルモンである EE_2 を添加(1μg/L)した場合，24 時間後に 80 % 程度残存していた。EE_2 については，硝化細菌を含む活性汚泥を用いて，EE_2 の初期濃度を 50 μg/L と設定した場合，24 時間で 40 % 強，

144 時間(6 日)で 95 %程度分解されるとの報告もある[91]。

　以上の報告を総合すると，ヒトから排泄される天然エストロゲンは，主にグルクロン酸抱合体，硫酸抱合体の形態をとり，遊離状態の E_1, E_2 はわずかしか含まれていない。排泄後，下水道中においては，グルクロン酸抱合体の一部が E_2 に脱抱合される。下水処理場においては，活性汚泥槽中において，グルクロン酸抱合体が E_2 へと脱抱合され，さらに E_2 が E_1 へと酸化され，最終的に，E_1 は低分子へと分解する。硫酸抱合体の挙動についてはまだ未解明である。このように下水処理場は，E_2 の抱合体や E_2, E_1 をある程度低減する役割を果たしているが，完全には除去できないので，下水処理場流出水には E_2, E_1 が ng/L のレベルで含まれる。また，合成女性ホルモンである，EE_2 は既存の下水処理場では分解されにくく，下水処理場流出水には EE_2 が ng/L のレベルで含まれる。環境水中で観察される E_2 や EE_2 の濃度は，魚にビテロゲニンを誘導したり，雌雄同体を引き起こす濃度に近く，これらの化学物質が魚類の生殖毒性に大きく寄与している可能性が高い。

参考文献

1) 環境庁（2000）内分泌撹乱化学物質問題への環境庁の対応方針について―環境ホルモン戦略計画 SPEED'98―，2000 年 11 月版.
2) 環境庁水質保全局（2000）平成 11 年度公共用水域等のダイオキシン類調査結果について.
3) 環境省環境管理局（2001）平成 12 年度ダイオキシン類に係る環境調査結果について.
4) 環境庁水質保全局（1999）水環境中の内分泌化学物質（いわゆる環境ホルモン）実態調査.
5) 環境庁水質保全局（1999）環境ホルモン戦略 SPEED'98 関連の農薬等の環境残留実態調査の結果について.
6) 環境庁自然保護局（1999）内分泌撹乱化学物質による野生生物影響実態調査結果.
7) 環境庁環境保健部（1999）平成 10 年度環境負荷量の結果について.
8) 建設省河川局（1999）平成 10 年度水環境における内分泌撹乱化学物質に関する実態調査結果.
9) 建設省河川局（2000）平成 11 年度水環境における内分泌撹乱物質に関する実態調査結果.
10) 環境庁水質保全局（2000）平成 11 年度水環境中の内分泌撹乱化学物質（いわゆる環境ホルモン）実態調査結果.
11) 国土交通省河川局（2001）平成 12 年度水環境における内分泌撹乱物質に関する実態調査結果.
12) 環境省環境管理局（2001）平成 12 年度水環境中の内分泌撹乱化学物質（いわゆる環境ホルモン）実態調査結果.
13) 環境省環境管理局（2001）平成 12 年度農薬の環境動態調査の結果について.

4. 環境ホルモンによる水環境の汚染

14) 環境省自然環境局（2001）内分泌攪乱化学物質による野生生物影響実態調査結果(11・12年度実施分).
15) 環境省総合環境政策局（2001）平成12年度環境負荷量調査の結果について.
16) 環境省（2001）ノニルフェノールが魚類に与える内分泌攪乱作用の試験結果に関する報告.
17) 環境省（2002）魚類を用いた生態系への内分泌攪乱作用に関する試験結果について.
18) 国土交通省　都市・地域整備局下水道部（2001）平成12年度下水道における内分泌攪乱化学物質(環境ホルモン)に関する調査報告(概要), 1-8.
19) 栗林 栄, 二階堂悦生, 杉本 束（2002）下水処理場における環境ホルモンの全国調査, 用水と廃水, **44**(1), 39-45.
20) 厚生労働省（2001）有害化学物質等一斉測定結果, 水道水源における有害化学物質情報ネットワーク, 1-15.
21) Kunikane, S., Aizawa, T. and Kanagaki, Y. (2001) A nationwide survey of endocrine distrupting chemicals in source and drinking waters in Japan, Asian Waterqual 2001 Proceeding I Oral Presentation, 435-440.
22) 鎌田素之, 真柄泰基（2002）浄水処理における内分泌攪乱化学物質の挙動, 用水と廃水, **44**, 28-33.
23) 相澤貴子（2002）内分泌攪乱化学物質の塩素処理副生成物とそのエストロゲン様活性, 用水と廃水, **44**, 21-27.
24) Zacharewski, T. (1997) *In vitro* bioassays for assessing estrogenic substances, *Environ. Sci. Technol.*, **31**, 613-623.
25) Soto, A. M., Sonnenschein, C., Chung, K. L., Fernandez, M. F., Olea, N. and Serrano, F. O. (1995) The E-screen assay as a tool to identify estrogens：An update on estrogenic environmental pollutants, *Environ. Health Perspect.*, **103**(Suppl.7), 113-122.
26) Holinka, C. F., Hata, H., Kuramoto, H. and Gurpide. E. (1986) Effects of steroid hormones and antisteroids on alkaline phosphatase activity in human endometrial cancer cells (Ishikawa line), *Cancer Res.*, **46**, 2771-2774.
27) Routledge, E. J. and Sumpter, J. P. (1996) Estrogenic activity of surfactants and some of their degradation products assessed using a recombinant yeast screen, *Environ. Toxicol. Chem.*, **15**, 241-248.
28) 金子秀雄, 庄野文章, 松尾昌季（1998）女性ホルモン様物質の検出系, 科学, **68**, 598-605.
29) Skehan, P., Storeng, R., Scudiero, D., Monks, A., McMahon, J., Vistica. D., Warren, J. T., Bokesch, H., Kenney, S. and Boyd, M. R. (1990) New colorimetric cytotoxicity assay for anticancer-drug screening, *J. Natl. Cancer Inst.*, **82**, 1107-1112.
30) 川合真一郎（2000）内分泌攪乱物質の定量法とスクリーニング法 2.*In vitro* のスクリーニング法, 水産環境における内分泌攪乱物質(川合真一郎・小山次朗編), 水産学シリーズ126, 恒星社厚生閣, 19-30.
31) 中室克彦, 上野 仁, 奥野智史, 坂崎文俊, 川井 仁, 亀井孝幸, 鵜川昌弘（2002）環境水のエストロゲン様活性と内分泌攪乱化学物質との関連性, 水環境学会誌, **25**, 355-360.

32) 田辺信介 (1998) よくわかる環境ホルモン学, 第3章 海棲ほ乳類の化学汚染—有機塩素化合物を例に—, 41-63, 環境新聞社.
33) Tanabe, S., Kan-Atireklap, Prudente, M. S. and Subramanian, A. (1998) Mussel watch ; marine pollution monitoring of butyltins and organochlorines in coastal waters of Thailand, Philippines and India, Proceedings of the 4th International Scientific Symposium "Role of Ocean Science for Sustainable Development", UNESCO/IOC/WESTPAC, 331-345.
34) 東京都立衛生研究所 生活科学部乳肉衛生研究科 (1998) 内分泌攪乱化学物質 (67物質) データ集.
35) 横浜国立大学環境安全工学研究室エコケミストリー研究会 (2001) PRTR.MSDS 対象物質の毒性・物性情報.
(http://env.safetyeng.bsk.ynu.ac.jp/ecochemi/PRTRMSDS-db2/ prtrmsds-index2.htm)
36) 立川 涼 (1991) 有機塩素化合物による海洋汚染, ぶんせき, **10**, 789-793.
37) Cookson, Jr. J. T. (1995) Bioremediation Engineering, Design and Application, Chapt.3 Microbial systems of bioremediation, 51-93, McGraw-Hill,Inc..
38) 藤田正憲, 矢木修身, 漆川芳國 編 (2001) バイオレメディエーション実用化への手引き, 3.バイオレメディエーションに関わる微生物反応, 41-114, リアライズ.
39) Staples, C. A., Peterson, D. R., Parkerton, T. R. and Adams, W. J. (1997) The environmental fate of phthalate esters, *Chemosphere*, **35**, 667-749.
40) O'grady, D. P., Howard, P. H. and Werner, F. (1985) Activated sludge biodegradation of 12 commercial phthalate esters, *Appl. Environ. Microbiol.*, **49**, 443-445.
41) 藤田正憲, 池 道彦, 平尾知彦 (2002) 環境ホルモンの生物学的分解, 用水と廃水, **44**, 9-14.
42) Seager, V. W. and Tucker, E. S. (1976) Biodegradation of phthalic acid esters in river and activated sludge, *Appl. Environ. Microbiol.*, **31**, 29-34.
43) Stone, C. M. and Watkinson, R. J. (1983) Diphenyl propane ; an assessment of ready biodegradability, *SBGR*, **83**, 425.
44) Dorn, P. A., Chou, C.-S. and Gentempo, J. J. (1987) Degradation of bisphenol A in natural waters, *Chemosphere*, **16**, 1501-1507.
45) Ike, M., Jin, C.-S. and Fujita, M. (2000) Biodegradation of bisphenol A in the aquatic environment, *Water Sci. Technol.*, **42(7-8)**, 31-38.
46) 大谷仁己, 藤波洋征, 斎藤武夫 (2000) 河川水によるビスフェノールAの分解について, 第34回日本水環境学会年回講演集, 8.
47) Spivack, J., Leib, T. K. and Lobos, J. H. (1994) Novel pathway for bacterial metabolism of bisphenol A, rearrangements and stilbene cleavage in bisphenol A metabolism, *J. Biol. Chem.*, **269**, 7323-7329.
48) 陳 昌淑, 池 道彦, 藤田正憲 (1996) *Pseudomonas paucimobilis* FJ-4 株によるビスフェノールAの代謝経路, 日本水処理生物学会誌, **32**, 199-210.
49) 陳 旻瑜, 藤原 仁, 池 道彦, 藤田正憲 (1999) ビスフェノール類とその生分解代謝産物の生態毒性, 日本水処理生物学会誌, 別巻 **19**, 40.

50) 大谷仁己，藤波洋征，嶋田好孝（2001）河川水から分離した細菌によるビスフェノールAの分解機構—分解過程におけるエストロゲンレセプター結合能の変化—，全国環境研会誌, **26**, 176-184.
51) Maki, H., Tokuhiro, K., Fujiwara, Y., Ike, M., Furukawa, K and Fujita, M. (1996) Biodegradation of surfactants by river water microcosms, *J. Environ. Sci.*, **8**, 275-284.
52) Maki, H., Fujiwara, Y. and Fujita, M. (1996) Identification of final biodegradation product of nonylphenol ethoxylate(NPE)by river water microbial consortia, *Bull. Environ. Contam. Toxicol.*, **57**, 881-887.
53) DiCorcia, A., Constantino, A., Crescenzi, C., Marinoni, E. and Samperi, R. (1998) Characterization of recalcitrant intermediates from biotransformation of the branched alkyl side chain of nonylphenol ethoxylate surfactants, *Environ. Sci. Technol.*, **32**, 2401-2409.
54) Potter, T. L., Simmons, K., Wu J., Sanchez-Olvere, M., Kostecki, P. and Calabrese, E. (1999) Static die-away of a nonylphenol ethoxylate surfactant in estuarine water sample, *Environ. Sci. Technol.*, **33**, 113-118.
55) Tanghe, T., Dhooge, W. and Verstraete, W. (1999) Isolation of a bacterial strain able to degrade brancehed nonylphenol, *Appl. Environ. Microbiol.*, **65**, 746-751.
56) 藤井克彦，浦野直人（2001）内分泌撹乱化学物質ノニルフェノールを分解する細菌，化学と生物, **39**, 63-70.
57) Routledge, E. J. and Sumpter, J. P. (1996) Estrogenic activity of surfactants and some of their degradation products assessed using a recombinant yeast screen, *Environ. Toxicol. Microbiol.*, **65**, 746-751.
58) Jobling, S., Nolan, M., Tyler, C. R., Brighty, G. and Sumpter, J. P. (1998) Widespread sexual disruption in wild fish, *Environ. Sci. Technol.*, **32**, 2498-2506.
59) van Aerle, R., Jobling, S., Nolan, M., Christiansen, L. B., Sumpter, J. P. and Tyler, CR. (2001) Sexual disruption in a second species of wild cyprinid fish(the gudgeon, Gobio gobio)in U.K. fresh waters, *Environ. Toxicol. Chem.*, **20**, 2841-2847.
60) 建設省河川局都市局下水道部 編（2000）平成11年度水環境における内分泌撹乱化学物質に関する実態調査結果.
61) Allen, Y., Scott, A. P., Matthiessen, P., Haworth, S., Thain, J. E. and Feist, S. (1999) Survey of estrogenic activity in United Kingdom estuarine and coastal waters and its effects on gonadal development of the flounder platichthys flesus, *Environ. Toxicol. Chem.*, **18**, 1791-1800.
62) Hashimonto, S., Bessho, H., Hara, A., Nakamura, M., Iguchi, T. and Fujita, K. (2000) Elevated serum vitellogenin levels and gonadal abnormalities in wild male flounder(Pleuronectes yokohamae)from Tokyo Bay, *Japan, Mar. Environ. Res.*, **49**, 37-53.
63) Folmar, L. C., Denslow, N. D., Rao, V., Chow, M., Crain, D. A., Enblom, J., Marcino, J. and Guillette, L. J. (1996) Vitellogenin induction and reduced serum testosterone concentrations in feral male carp(Cyprinus carpio)captured near a major metropolitan sewage treatment plant, *Environ Health Perspect*, **104**, 1096-101.

64) Jobling, S., Beresford, N., Nolan, M., Rodgers-Gray, T., Brighty, G., Sumpter, J. P. and Tyler, C. R. (2002) Altered sexual maturation and gamete production in wild Roach (Rutilus rutilus) living in rivers that receive treated sewage effluents, *Biology of Reproduction*, **66**, 272-281.
65) Rodgers-Gray, T. P., Jobling, S., Kelly, C., Morris, S., Brighty, G., Waldock, M. J., Sumpter, J. P. and Tyler, C. R. (2001) Exposure of juvenile roach (Rutilus rutilus) to treated sewage effluent induces dose-dependent and persistent disruption in gonadal duct development, *Environ Sci Technol*, **35**, 462-70.
66) 化学物質安全情報研究会 編 (1999) 環境ホルモンの問題とその対策, 66-68, オーム社.
67) Turan, A. (1995) "Endocrinically Active Chemicals in the Evironment", Umweltbundesamt TEXTE, 15-20.
68) Fotsis, T. and Adlercreutz, H. (1987) The multicomponent analysis of estrogens in urine by ion exchange chromatography and GC-MS--I. Quantitation of estrogens after initial hydrolysis of conjugates, *J.Steroid Biochem.*, **28**, 203-213.
69) 加藤順三 他 (1975)「図解ホルモンのすべて」ホルモンと臨床, 23 増刊, 196-205.
70) 加藤順三 他 (1980)「新図解ホルモンのすべて」ホルモンと臨床, 28 増刊, 216-221.
71) Johnson, A. C., Belfroid, H. A. and Corcia, A. D. (2000) Estimating steroid oestrogen inputs into activated sludge treatment works and observations on their removal from the effluent, *Sci. Total Environ.*, **256**, 163-173.
72) Desbrow, C., Routledge, E. J., Brighty, G. C., Sumpter, J. P. and Waldock, M. (1998) Identification of estrogenic chemicals in STW effluent：1. Chemical fractionation and *in vitro* biological screening, *Environ. Sci. Technol.*, **32**, 1549-1557.
73) Larsson, D. G. J., Adolfsson-Erici, M., Parkkonen, J., Petterson, M., Berg, A. H., Olsson, P. E. and Förlin, L. (1999) Ethinyloestradiol — an undesired fish contraceptive?, *Aquat. Toxicol.*, **45**, 91-97.
74) Ternes, T. A., Stumpf, M., Mueller, J., Haberer, K., Wilken, R. D. and Servos, M. (1999) Behavior and occurrence of estrogens in municipal sewage treatment plants — I. Investigations in Germany, Canada and Brazil, *Sci. Total Environ.*, **225**, 81-90.
75) Belfroid, A. C., Van der Horst, A., Vethaak, A. D., Schafer, A. J., Rijs, G. B. J., Wegener, J. and Cofino, W. P. (1999) Analysis and occurrence of estrogenic hormones and their glucuronides in surface water and waste water in The Netherlands, *Sci. Total Environ.*, **225**, 101-108.
76) 環境庁 編 (1998) The Interim Report on the Result of EDs Surveillance (summer) at Public Water Areas.
77) 田中宏明, 小森行也, 玉本博之, 斎藤正義, 高橋明宏 (2002) 下水中の環境ホルモンの分析方法とエストロゲン様活性の総括指標化, 用水と廃水, **44**, 15-20.
78) 栗林 栄, 二階堂悦生, 杉本 束 (2002) 下水処理場における環境ホルモンの全国調査, 用水と廃水, **44**, 39-45.
79) Kang, J. *et al.* (2002) Effect of 17β-estradiol on the reproduction of Japanese medaka (*Oryzias latipes*), *Chemosphere*, **47**, 71-80.

80) Nimrod, A. C. and Benson, W. H. (1998) Reproduction and development of Japanese medaka following an early life stage exposure to xenoestrogen, *Aquat. Toxicol.*, **44**, 141-156.

81) Kramer, V. J., Miles-Richardson, S., Pierens, S. L. and Giesy, J. P. (1998) Reproductive impairment and induction of alkaline-labile phosphate, a biomarker of estrogen exposure, in fathead minnows(*Pimephales promelas*)exposed to waterborne 17β-estradiol, *Aquat.Toxicol.*, **40**, 335-360.

82) Shioda, T. and Wakabayashi, M. (2000) Effect of certain chemicals on the reproduction of medaka(*Oryzias latipes*), *Chemosphere*, **40**, 239-243.

83) Rose, J., Holbech, H., Lindholst, C., Norum, U., Povlsen, A., Korsgaard, B. and Bjerregaard, P. (2002) Vitellogenin induction by 17beta-estradiol and 17alpha-ethinylestradiol in male zebrafish (*Danio rerio*), *Comp Biochem Physiol C Toxicol Pharmacol*, **131**, 531-539.

84) Hemmer, M. J. *et al.* (2001) Effects of p-nonylphenol, methoxychlor, and endosulfan on vitellogenin induction and expression in sheepshead minnow(*Cyprinodon variegates*), *Environ. Toxicol. Chem.*, **20**, 336-343.

85) Panter, G. H., Thompson, R. S. and Sumpter, J. P. (2000) Intermittent exposure of fish to estradiol. *Environ. Sci. Technol.*, **34**, 2756-2760.

86) Thorpe, K. L., Hutchinson, T. H., Hetheridge, M. J., Sumpter, J. P. and Tyler, C. R. (2001) Development of an *in vivo* screening assay for estrogenic chemicals using juvenile rainbow trout(*Oncorhynchus mykiss*), *Environ. Toxicol. Chem.*, **19**, 2812-2820.

87) Thorpe, K. L., Hutchinson, T. H., Hetheridge, M. J., Scholze, M., Sumpter, J. P. and Tyler, C. R. (2001) Assessing the biological potency of environmental estrogens using vitellogenin induction in juvenile rainbow trout(*Oncorhynchus mykiss*), *Environ. Sci. Technol.*, **35**, 2476-2481.

88) Van den Belt, K., Verheyen, R. and Witters, H. (2001) Reproductive effects of ethynylestradiol and 4t-octylphenol on the zebrafish(*Danio rerio*), *Arch. Environ. Contam. Toxicol.*, **41**, 458-467.

89) Fenske, M., van Aerle, R. B., Brack, S. C., Tyler, C. R. and Segner, H. (2001) Development and validation of a homologus zebrafish(*Danio rerio Hamilton-Buchanan*)vitellogenin enzyme-linked immunosorbent assay(ELISA)and its application for studies on estrogenic chemicals, *Comp. Biochem. Physiol. C*, **129**, 217-232.

90) Ternes, T. A., Kreckel, P. and Mueller, J. (1999) Behaviour and occurrence of estrogens in municipal sewage treatment plants — II. Aerobic batch experiments with activated sludge, *Sci. Total Environ.*, **225**, 91-99.

91) Vader, J. S., van Ginkel, C. G., Sperling, F. M. G. M., de Jong, J., de Boer, W., de Graaf, J. S., van der Most, M. and Stokman, P. G. W. (2000) Degradation of ethinyl estradiol by nitrifying activated sludge, *Chemosphere*, **41**, 1239-1243.

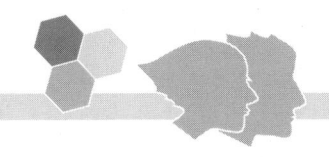

5. 環境ホルモンのヒトへのリスク

5.1 曝露経路と曝露濃度

5.1.1 空気中からの曝露経路

　内分泌撹乱化学物質として疑われている物質のほとんどは有機化合物であり，それぞれある程度の蒸気圧を持っている．つまり，微量ではあるが常温常圧下においても空気中へと蒸発していく．したがって，空気中に存在する内分泌撹乱化学物質を人々は吸入することによってもある程度摂取する．しかし，通常の生活環境においては，ほとんどの物質の空気中濃度は無視できる量であり，空気中からの曝露が問題となることはない．ただいくつかの特殊な条件下では，この空気中からの曝露が問題となる．その一つが，大阪府豊能郡能勢町のダイオキシン労災訴訟で有名となったように，焼却処分場などで働く人々が，空気中に飛散した灰，粉塵，ダストを吸入することによって摂取するダイオキシン類である．この場合の曝露経路としては，吸入のみでなく空気中から皮膚へ付着したものや，直接接触によって皮膚に付着したものの皮膚吸収も考えられるが，かなりの部分が吸入によるものと疑われる．同様の懸念が農薬散布時に飛散する農薬に対しても存在する．焼却処分場で働く人々のダイオキシン類への曝露に比べると，年間の曝露日数ははるかに少ないと考えられるが，完全にオープンな環境で使用することもあり，農薬の使用者のみでなく付近住民に対する曝露も懸念されるところである．

　これらは，ある程度限られた条件下での曝露と考えられるが，日本人のほとんどすべてが空気経由で大量に曝露していると考えられる物質にプラスチック可塑剤のフタル酸エステル類がある．その中でも最大の使用量であるフタル酸ジエチルヘキシルや，比較的使用量の多いフタル酸ジ-*n*-ブチルも SPEED'98 で内分泌撹乱性が疑われる物質としてリストアップされており，空気経由の曝露量評価が必要とされ

5. 環境ホルモンのヒトへのリスク

る。これらの物質の空気経由曝露が大きい原因として，①これらの物質が身の回りに大量に存在すること，②ポリ塩化ビニル樹脂などの高分子化合物の分子間結合力を弱め，樹脂に柔軟性を持たせるという可塑剤の使用目的からそれ自体が樹脂と強い結合はせず，ほぼ自由に揮散できること，③建材などに多く使用され，室内という密閉された空間で使用されるため，特に生活環境において高濃度になりやすいことなどが挙げられる。

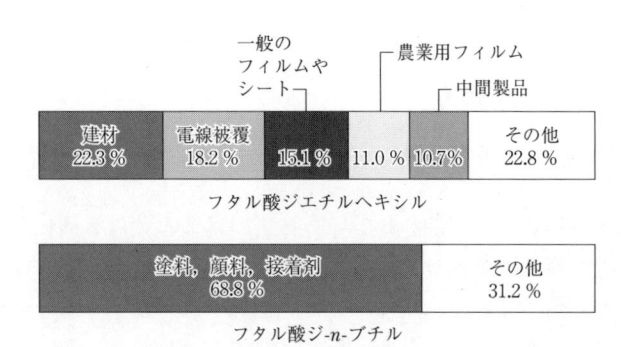

図5.1 フタル酸ジエチルヘキシルとフタル酸ジ-n-ブチルの使用現状
出典：文献1より引用

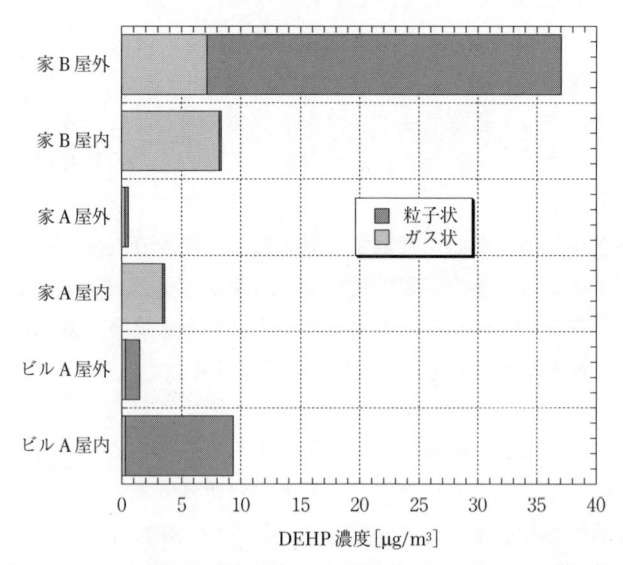

図5.2 室内外でのフタル酸ジエチルヘキシルの濃度

5.1 曝露経路と曝露濃度

図 5.1 に，フタル酸ジエチルヘキシルとフタル酸ジ-n-ブチルの使用現状を示している。フタル酸ジエチルヘキシルで「中間製品」とあるのは，各種プラスチック製品に成型加工する前の製品原料であり，最終的には，建材などと同様に日常一般に存在する様々な製品に含まれることになる。フタル酸ジエチルヘキシルでは，農業用フィルム（いわゆるビニールハウス用フィルム）も約 1 割を占めている。このことから，ビニールハウス内のフタル酸ジエチルヘキシル濃度も懸念されるところである。フタル酸ジ-n-ブチルの方は，製品というよりもほとんどが塗料や接着剤の粘性を調整するために使用されているが，これらは住環境において多く使用されるため，やはり身の回りに高濃度で存在することになる。

図 5.2 は，筆者らが測定したいくつかの環境中でのフタル酸ジエチルヘキシルの空気中濃度である。この図では，粒子径 $0.6\,\mu m$ のろ紙に捕獲されたものを粒子状，ろ紙を通過したものをガス状と呼んでいる。ビル A や家 A に見られるように，一般にこれらは屋外より屋内で高濃度となる。家 B は小さなプラスチック成型工場に隣接しており，この工場から揮散するフタル酸エステルの影響で，屋外のフタル酸ジエチルヘキシルが高濃度となっていると思われる。また，ビル A 屋内や家 B 屋外のフタル酸ジエチルヘキシル濃度では，ガス状よりも粒子状濃度の方が高い。このことは，フタル酸ジエチルヘキシルの吸入摂取量や呼吸器官の吸収部位を考える場合重要である。

図 5.3 は，**図 5.2** とは別の日にビル A で測定したフタル酸ジエチルヘキシルの粒

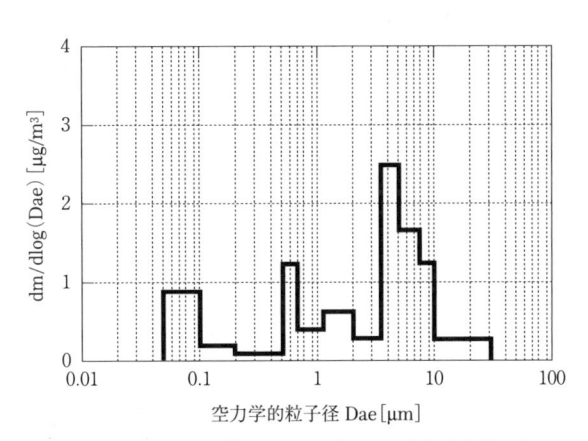

図 5.3 フタル酸ジエチルヘキシルの空気中粒径分布

径分布である。図 5.3 で横軸は空力学的特性による等価粒子径（空力学的粒子径）であり，縦軸は各空力学的粒子径ごとの空気中濃度に対応するものである。粒径が 10μm より大きなものは鼻腔で捕捉されるが，それより小さいものは体内の呼吸器系に入っていく。粒径 1μm 以上のものは気管や気管支で捕捉され，繊毛運動によって口内に押し上げられて，経口摂取と同じ道をたどることとなる。それ以下の粒径のものやガス状のものは肺の奥の肺胞まで入り，直接血液中に取り込まれることとなる。

表 5.1 は，米国の NTP-CERHR（National Toxicology Program-Center for the Evaluation of Risks to Human Reproduction）によって推定された経口摂取と吸入摂取によるフタル酸ジエチルヘキシルの摂取量である[2]。多くは食物から摂取されると考えられるが，一般的なオフィスビルのような塩化ビニル床材の部屋で長時間働く場合には，むしろ吸入摂取量の方が経口摂取よりも多くなる場合もあり得る。経口摂取と吸入摂取の大きな違いは，経口摂取された物質は，消化吸収の過程で小腸や肝臓での代謝を受けてから血液中に取り込まれ，全身に回っていくのに対し，肺から取り込まれたものは，代謝を受けずに血液中に取り込まれ，その物質のまま直接全身に回っていくことである。フタル酸ジエチルヘキシルが消化吸収される場合は，小腸でフタル酸モノエチルヘキシルに代謝されるといわれており[3]，摂取量としては経口摂取の方が多い場合でも，血液や脂肪中のフタル酸ジエチルヘキシル濃度の起源としては，吸入摂取の割合の方が大きい可能性がある。

2001 年に厚生労働省は，シックハウス対策のために，ラットの経口曝露における精巣への病理組織学的影響を毒性指標として，フタル酸ジエチルヘキシルの室内濃

表 5.1　DEHP 摂取量の推定値

(a)　経口摂取

対象食物		DEHP 摂取量 [mg/kg-BW/日]
飲食物	飲料水	0.00002〜0.00038
	食物 1	0.0049〜0.018
	食物 2	0.0038〜0.03

(b)　吸入摂取

曝露源	DEHP 摂取量 [mg/kg-BW/日]
室内空気	0.00085〜0.0012
塩ビ床材の室内空気	0.014〜0.086
都会の空気	0.000006〜0.000225

出典：文献 2 より引用

度ガイドライン値を $120\,\mu g/m^3$ と設定した。経口曝露データをもとにしたという点で，筆者はこのガイドライン値に疑問を感じているが，この値の妥当性はさておき，この濃度は通常ではとても考えられない高い値であるとの意見がある。しかし筆者らは，一般的な居住環境でも条件次第ではこのガイドライン値に近い値になり得ると考えている。

　図 5.4 は，容積 $300\,cm^3$ ほどのガラス容器中に塩化ビニルシートを入れて密閉しておいたときのガラス容器内壁に付着しているフタル酸ジエチルヘキシル量の時間変化である。このとき，ガラス容器内の空気中に存在するフタル酸エステル量は，ガラス容器内壁に付着している量に比べ無視できる程度であった。つまり，この付着量の時間変化は，塩化ビニルシートから揮発したフタル酸ジエチルヘキシル量の時間変化とみなすことができる。この図で最初に付着量が急激に増加している部分は，フタル酸ジエチルヘキシルの空気中濃度が薄く，気流がない場合の塩化ビニルシートからのフタル酸ジエチルヘキシルの放出速度を表すと考えられる。

　この放出速度を，温度を変えて測定した結果が図 5.5 である。図 5.5 で縦軸は放出速度に比例する値の対数値，横軸は絶対温度の逆数である。この図の関係の下では，40 ℃のときの放出速度は 25 ℃のときの約 8 倍，50 ℃のときの放出速度は 25 ℃のときの約 40 倍にもなり，塩化ビニルシートからのフタル酸エステルの放出速度は，

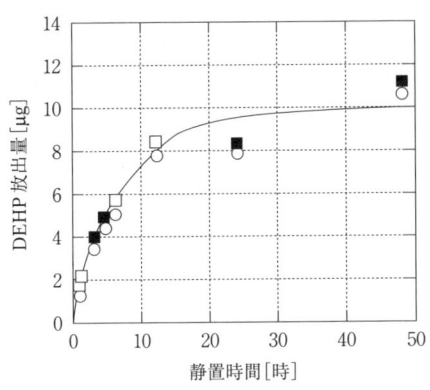

図 5.4　PVC シートの DEHP 放出量時間変化
　　　　○：内壁吸着量，□：全放出量（内壁吸着量＋容器内空気中存在量），■：全放出量（容器内空気中濃度が検出限界以下であったため，容器内空気中濃度を検出限界値で置き換えて算出した全放出量）

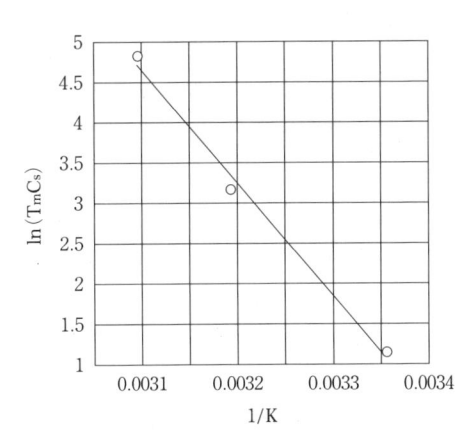

図 5.5　フタル酸ジエチルヘキシルに関する絶対温度の逆数と放出速度の関係
　　　　（T_mC_s は放出速度に比例する値）

温度の上昇とともに急激に増加することがわかる。このことから，例えば夏の暑い日に部屋を閉め切って外出したような場合には，通常の条件下ではあり得ないような高濃度にも十分到達し得ると考えられる。また，塩化ビニルシートから揮発したフタル酸ジエチルヘキシルのほとんどが，空気中ではなくガラス表面に付着していたという**図 5.4** の結果は，空気中にガスとして揮発したフタル酸ジエチルヘキシルが空気中のほこりなどに付着して，ガス体のみではあり得ないような高い空気中濃度となる可能性も示唆している。

なお，揮発したフタル酸ジエチルヘキシルがガラス表面などに付着しやすいという事実は，フタル酸ジエチルヘキシルの曝露経路として，空気中から食物や食器に付着し経口摂取されるという経路の存在も示唆しており，このような経路による曝露量の評価も必要だと考えられる。

5.1.2 水道施設からの溶出

内分泌撹乱化学物質の水道施設からの溶出については，厚生労働省の調査で，浄水場の浄水から給水栓に至り，増加したものはなく，現在のところ，問題のないものと考えられるが，水道は長大な施設からなっており，配給水の過程での資機材からの溶出も考えられる。このため，厚生省(現厚生労働省)では，人に対する内分泌撹乱作用の疑いのある化学物質のうち，水道水に含まれる可能性のあるもののほか，これらの化学物質の分解生成物などを含む 32 物質を選定した。そして，水道用に使用されている管材料 10 種，塗料 7 種，その他 5 種の合計 22 種の資機材について，充填法または浸漬法のいずれかの方法でこれらの物質の溶出試験を実施した(1998年度厚生科学研究)。

その溶出調査結果は**表 5.2** に示すとおりで，水道用資機材からは，食器などからの溶出が報告されている。ビスフェノールAやフタル酸エステルなどの溶出が確認された。厚生労働省の調査では各資機材ごとに 1～3 対象物質について溶出試験を実施しており，その中で溶出されたものは，フタル酸類 3 物質，アルキルフェノール類 13 物質，揮発性炭化水素物質の計 17 物質であった。これら以外の物質についての溶出は認められなかった[4),5)]。また，水中の塩素の存在により，アルキルフェノール類は分解するとの結果が得られたが，さらに実際の浄水処理過程における分解性を含めた実態などについて，今後調査する必要があると考えられる。

表 5.2　資機材の溶出試験結果（溶出が認められた物質）

物　質　名	溶出頻度*	最大単位溶出量 [μg/m²]
フタル酸ジ-2-エチルヘキシル	6/38	26
フタル酸ジ-n-ブチル	17/38	120
フタル酸ジシクロエチルヘキシル	1/38	0.70
ノニルフェノール	5/39	240
4-t-オクチルフェノール	1/39	0.40
ビスフェノールA	7/39	5.6
4-ヒドロキシビフェニル	1/39	20
3-ヒドロキシビフェニル	1/39	20
2-ヒドロキシビフェニル	1/39	62
2-t-ブチルフェノール	2/39	0.90
2-s-ブチルフェノール	1/39	2.4
3-t-ブチルフェノール	1/39	0.70
4-t-ブチルフェノール	5/39	30
4-s-ブチルフェノール	1/39	1.2
4-エチルフェノール	2/39	5.6
フェノール	15/39	20
スチレンモノマー	4/39	7 000

*　溶出頻度は，調査対象品目のうち溶出が認められたれた品目の数
出典：文献4より引用

　厚生省（現厚生労働省）では，厚生科学研究により，2000年度から浄水処理過程における内分泌撹乱化学物質の挙動について調査中であり，また，微生物などによる生分解性の報告[6]もあり，今後その生成物質についての検証を明確することにより，そのリスクについて評価していく必要がある。

5.2　リスク評価の試み

5.2.1　リスク評価手法の概要とビスフェノールAへの適用

(1)　概　　要

(a)　内分泌撹乱化学物質への社会的関心

　外因性の内分泌撹乱化学物質，いわゆる環境ホルモンによる環境汚染とその生物への特異な影響が報道されるにつれ，温暖化などの地球環境問題による間接的な人類生存の脅威に加えて，より直接的に人類生存を脅かすリスク源が出現したのではないかと，広範な社会的関心を引き起こした。発がんや機能障害を誘発する可能性

のある濃度よりはるかに低濃度での化学物質曝露により，生体の恒常性(ホメオスタシス)を司る内分泌系，免疫系や脳神経系，生殖系に大きな影響を及ぼす可能性が指摘された。多くの物質が環境ホルモンリストに掲げられ，経口的な曝露経路に関係するポリカーボネート製食器が学校給食の現場から排除され，同じくポリカーボネート製のほ乳瓶が市場から姿を消した。

その後多くの調査研究が蓄積され，食品中に含まれる天然の環境ホルモンや医薬品として摂取する合成ホルモンの量が把握され，環境ホルモンへの曝露量と比較されるほか，それらの活性が 17β-エストラジオールなどのヒト由来のホルモンに比較して小さいこと，その悪影響は胎児期および乳幼児期の特定の期間での曝露が原因になって現れると考えられることなど，科学的な知見が積み重ねられるにつれ，社会的関心も落ち着きを呈してきた。

しかしながら，環境ホルモンによる曝露とその影響とを定量的に把握する知見はなお，今後の調査研究の成果に期待せざるを得ない。ヒトに対する環境ホルモン曝露による影響の可能性は種々指摘されてはいるものの，科学的に特定されるには至っていない。したがって，放射線やダイオキシン類などの化学物質が，がん誘発リスクなどを指標にして管理されているのと同様に，環境ホルモン対策がそれによってもたらされる健康リスク評価に基づいて設計するためにはなお時間が必要である。

ここでは，化学物質曝露により誘発されるヒトの健康リスクを評価する一般的枠組みを踏まえて，環境ホルモンによるリスクを評価する枠組みを提示するとともに，リスク評価の到達点と残された課題を明らかにする。

(b) 化学物質による健康リスク評価の枠組み

作業環境における高濃度曝露により誘発された人体影響が十分に把握され，曝露と健康影響との因果関係が把握されている物質の場合には，新たな曝露状況を予測することにより，誘発される健康リスクを精度良く評価することが可能である。しかし，リスク管理の本来の目的は，何らかの悪影響がヒトおよびその集団に発現するのに先立って，合理的な対策を講じることにある。

化学物質による予見的健康リスク管理には，多くの場合 US.NRC (National Research Council, United States of America) により提示された**図 5.6** の枠組みが使われる[7]。

リスク評価の出発点は，特定の化学物質が毒性を有する(悪影響をもたらす)か否

5.2 リスク評価の試み

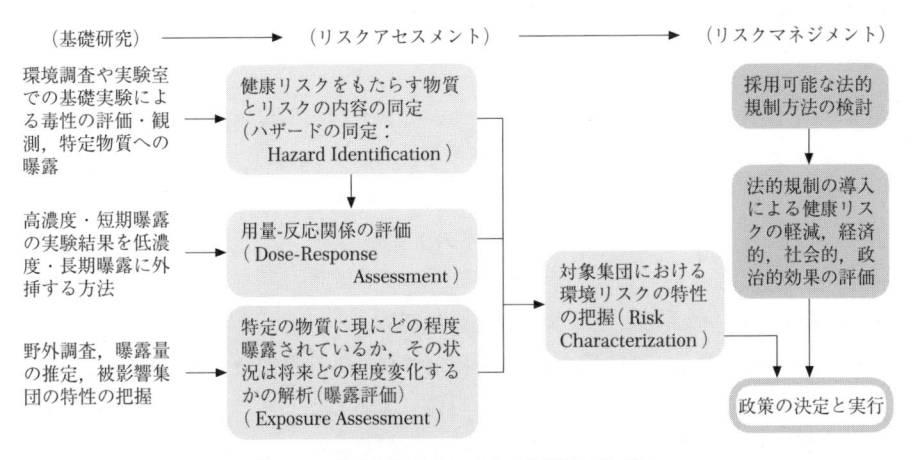

図5.6 化学物質による健康リスク評価の枠組み
出典：文献7より引用

[基礎研究] → [リスクアセスメント] → [リスクマネジメント]

- 環境調査や実験室での基礎実験による毒性の評価・観測，特定物質への曝露 → 健康リスクをもたらす物質とリスクの内容の同定（ハザードの同定：Hazard Identification）
- 高濃度・短期曝露の実験結果を低濃度・長期曝露に外挿する方法 → 用量-反応関係の評価（Dose-Response Assessment）
- 野外調査，曝露量の推定，被影響集団の特性の把握 → 特定の物質に現にどの程度曝露されているか，その状況は将来どの程度変化するかの解析（曝露評価）（Exposure Assessment）

→ 対象集団における環境リスクの特性の把握（Risk Characterization）

- 採用可能な法的規制方法の検討
- 法的規制の導入による健康リスクの軽減，経済的，社会的，政治的効果の評価

→ 政策の決定と実行

かを判定する基礎研究(図中の「基礎実験による毒性の評価・観測」から「ハザードの同定」に至る過程)である。化学物質は市場に供給される前にその毒性の有無が確認されるが，環境中に排出された後の代謝・分解生成物質の毒性や内分泌撹乱性などの新たな評価項目については，その実態が評価されているとは限らない。DNAや培養細胞，実験動物を用いるなど，種々の方法により毒性が評価され，評価結果は化学物質の投与(曝露)量に対する特定の毒性の強さ[用量-反応関係(dose-response relationship)]として整理される。

毒性が確認された物質のうち，現に悪影響が出現している物質，何らかの悪影響の顕在化が懸念される物質などに対しては，用量-反応関係を把握するための疫学調査などが行われる(図中の「用量-反応関係の評価」)。この調査により「閾値」の有無などが判定される。環境ホルモンによる影響を対象に多くの疫学調査が実施されているが，現時点ではなお明確な結論は報告されていない。動物実験によって把握した用量-反応関係を適切な方法により，ヒトに対する用量-反応関係に変換する必要がある。

環境中にある環境ホルモンの調査結果や食習慣などの生活様式を考慮して，環境ホルモンの曝露特性(曝露濃度，頻度，期間など)を評価する(図中の「曝露評価」)。経口，経気道，経皮膚などの摂取経路ごとに曝露量(外部曝露量)を評価することになるが，一般的な生活様式に基づく曝露シナリオが設定されるケースが多い。特殊

な食習慣を有する人々や特定の物質に感応する可能性がある体質を有する人々については，特に慎重な調査が必要になる。

用量-反応関係と曝露評価結果を得ることができれば，環境ホルモン曝露により誘発される健康リスクを把握することができる（図中の「環境リスクの特性の把握」）。ただし環境ホルモンについては，これらの情報がフルセットで準備されることは現時点では望むべくもなく，次に述べる種々の工夫が必要になる。

(c) 環境ホルモンによるヒトリスク評価の枠組み

評価すべき悪影響（エンドポイント）が特定され，外部曝露量との量的関係（用量-反応関係）が把握されれば，環境ホルモン曝露によるヒトリスクは通常の化学物質と同様に，図 5.6 の枠組みに従って評価することができる。しかしながら，環境ホルモン曝露によってヒトに誘発される悪影響は，種々の可能性が指摘されているが，なお特定されているとはいえない。精子数の減少などをエンドポイントとする本格的な疫学調査が世界の各地で実施されてはいるものの，用量-反応関係が把握される段階には至っていない。環境ホルモン曝露がヒトに及ぼす悪影響を図 5.6 の枠組みに基づいて評価する際の最大の隘路は，ヒトに対する用量-反応関係が得られないことである。

ヒトに対する環境ホルモンの悪影響が疫学調査などによって把握される前に，リスクを予見し，合理的なリスク予防策を講じることが求められる。したがって，リスク評価の要点は，評価対象物質の曝露により誘発される悪影響の評価指標（エンドポイント）の選択と，ヒトに対する用量-反応関係の推定にかかっている。

この隘路を回避するために，ここでは図 5.7 に示す枠組みを準備することにする。図中の破線で囲った項目は，現時点での評価が困難であることを意味している。すなわち，培養細胞などを用いる分子・細胞生物学的実験や動物実験を組み合わせてヒトに対する用量-反応関係を推定し，環境ホルモン曝露によりヒトに誘発される悪影響を評価する。このとき，高濃度条件下で行われる動物実験などの結果を実際の曝露で問題になる低濃度条件に外挿し，かつ動物実験で得られた結果をヒトに外挿するほか，分子・細胞レベルの実験で得られた結果を個体レベルに外挿する必要がある。

ヒトに対する用量-反応関係が把握されていないのと同様に，実験動物に対しても環境ホルモン曝露の用量-反応関係は把握途上にある。しかし，最近の研究成果によ

5.2 リスク評価の試み

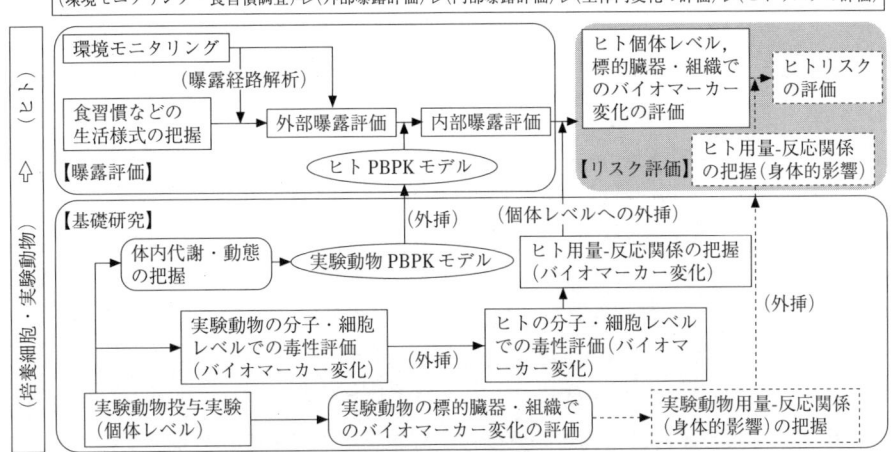

図5.7 環境ホルモンによるヒトリスク評価のための枠組み(試案)

ると，環境ホルモンは胎児期あるいは乳・幼児期の特定の期間，例えば生殖器の発生過程に曝露されると悪影響が出現するなどの知見が集積されつつある．また，神経系への曝露により影響が現れる可能性があるため，脳組織への環境ホルモンの蓄積が注目されている．さらに特定の臓器・組織における変化，例えば生殖器や胎児などの組織の形態変化，特定の酵素やタンパク質量の変化，遺伝子発現の変化などが特定されている．しかも，形態的な変化や病的症状の発現に比較すると，誘発される遺伝子発現量や酵素・タンパク質の変化の検出感度はより大きい．これらの変化がどの身体的症状に対応するかを把握するためにはなお調査研究が必要であるが，これらの変化を指標(バイオマーカー)にすることにより，ひとまず環境ホルモン曝露のリスクを評価することになる．

上記の変化は特定の臓器・組織において生じるため，環境ホルモンの曝露量は経口・経気道・経皮膚などの外部曝露量ではなく，標的臓器・組織中の濃度や蓄積量で評価する必要がある．そこで，ヒトおよび実験動物体内での環境ホルモンの代謝を含めた動態を解析・評価するためにPBPKモデル(physiologically-based pharmacokinetic model：生理学的薬動力学モデル)[8]を構築する．このモデルを用いると，外部曝露量を特定の標的臓器・組織中濃度や蓄積量(内部曝露量)に変換することができる．

5. 環境ホルモンのヒトへのリスク

　まず，マウスなどの実験動物を用いて投与実験を実施し，実験動物に対するPBPKモデルを構築する。この実験動物PBPKモデルの生物学的，生理学的パラメータを，ヒトに対するパラメータに置き換えることにより，ヒトPBPKモデルを得る。このヒトPBPKモデルは，ヒト投与実験や疫学調査の結果を用いて検証する必要がある。しかし，そのまま使用しても，「実験動物に対する外部曝露量が対体重比や対体表面積比で等しければ，実験動物の反応とヒトの反応は同じである」と仮定してヒトに種間外挿する方法に比較すると，はるかに精度はよいと期待される。PBPKモデルを用いることにより，ヒトおよび実験動物ともに，外部曝露量を標的臓器・組織に対する内部曝露量に変換することができる。

　次いで，標的臓器・組織の培養細胞などを用いて，ヒトと実験動物に共通のバイオマーカーの変化を指標にして，ヒトおよび実験動物それぞれの内部曝露による用量-効果関係を把握すれば，両者の感受性を細胞レベルで細胞レベル感受性比として比較することができる。さらに，実験動物に対する投与実験を実施し（実験動物PBPKモデルを適用して外部曝露量を内部曝露量に変換し），バイオマーカー変化をエンドポイントとする外部曝露に関する用量-反応関係を得る。この実験動物（外部）用量-反応関係を，実験動物-ヒト間の細胞レベル感受性比を用いて変換することにより，ヒト（外部）用量-反応関係を推定する。

　このようにして推定されたヒト（外部）用量-反応関係では，ヒトの臓器・組織や生体に備わる修復作用や代償作用などが実験動物と同じであると暗黙のうちに仮定している。また，ヒトPBPKモデルを適用して外部曝露量を内部曝露量に変換することにより，ヒト培養細胞などを用いて得た（内部）用量-効果関係をバイオマーカー変化をエンドポイントとする（外部）用量-反応関係に変換することができる。しかしこの場合には，ヒトの臓器・組織や生体に備わる修復作用や代償作用などを完全に無視することになる。

　このようにして推定した用量-反応関係を用いて評価できるリスクは，環境ホルモンへの曝露によってヒトに誘発されるバイオマーカーの変化であり，精子数の減少や生殖器の異常などの受精能力の減少，身体的変化などの身体的症状ではない。これは発がん物質への曝露によるリスクを，発がんリスクそのものではなく，例えば突然変異誘発率や染色体異常誘発率を指標（バイオマーカー）にして評価することに対応する。通常の意味での「ヒト健康リスク」を評価するためには，突然変異誘発率や染色体異常誘発率とがん誘発率との関係を把握する必要がある。

ヒトを対象にする投与実験は不可能であるから，実験動物を用いた投与実験を行い，標的臓器・組織におけるバイオマーカーの変化と例えば精子数の減少などとの関係を特定するための研究が必要である。この関係を特定することを経て，当該バイオマーカーは環境ホルモンのヒトへの悪影響の評価指標として実際的な意味を持つことになる。

図5.7の枠組みは，種間外挿をより合理的に行うための枠組みである。もう一つの課題である，高濃度曝露条件下で行われる実験の結果を低濃度曝露条件下に外挿する，いわゆる濃度外挿に伴う問題の解決には役立たない。最近では多段階線形外挿法が多用されるが，どの外挿法を用いるかは，基本的に実験データに最もよく適合する方法を選択する問題である。すなわち，濃度外挿に伴う問題は，低濃度曝露条件下での実験が行われなければ解決できない問題である。

(2) ビスフェノールAのリスク評価

特定の環境ホルモンについて(1)で紹介したリスク評価手法を適用してヒトに対するリスクが評価された事例はない。ここでは，ビスフェノールA(BPA)を例にして評価手法の適用手順と現時点での適用例を紹介する[9],[10]。

(a) 外部曝露評価
① BPAの特性

BPAは化学式$C_{15}H_{16}O_2$，分子量228.29の構造式を持ち，融点156℃，沸点360.5℃，蒸気圧は190℃で87 Pa，20℃で5.30×10^{-6} Paである。常温での蒸気圧が小さいことから，大気(経気道)経路でのヒトへの曝露は小さいといえる。

BPAは試験管内での実験や動物実験により，弱エストロゲン様作用を示すことが報告されているが，その強度はヒト由来の女性ホルモンである17β-エストラジオールの1/10 000以下とされる。米国Research Triangle Instituteが生殖影響を確認するため，1998年から2000年にかけてラットを用いて3世代生殖毒性試験を行った。試験の結果，BPAの低用量作用は認められず，生殖毒性に関する無毒性量は50 mg/kg/日，一般毒性に関する無毒性量は5 mg/kg/日であるとされた。ヒトの1日当りのBPA許容摂取量は，安全率を考慮に入れて，50 μg/kg/日とされている。

BPAの日本国内での生産量は年々増加傾向にあり，特に1999～2000年にかけて大幅に生産量が増加した。2000年の生産量は38万5933トンである。

② 飲料水からの経口摂取

　国土交通省などによる河川水モニタリングにより，BPA は多くの河川において確認されていることから，飲料水経路からの定常的な曝露があると想定される。浄水処理による BPA の処理特性についての調査研究によると，処理水中の BPA 濃度はほぼ検出限界濃度以下にまで処理されるが，低濃度では処理効率が減少するとされる。浄水処理によって給水栓水中 BPA が検出限界濃度(0.003 μg/L)以下にまで除去されるとすると，水道水からの BPA 曝露量は，1人当りの飲用量を 2 L/日と仮定すると，最大で 0.006 μg/日となる。

　水道用資機材からの BPA 溶出については，通水1箇月および6箇月経過後に BPA 溶出が認められた機材があるものの，溶出量は経時的に減少しており，通水1年後には溶出が認められなかったという報告があることから，曝露量に対する水道水からの長期にわたる寄与は小さいと考えられる。

③ 食品からの経口摂取

　製造された BPA は，その 70 ％がポリカーボネート樹脂原料，20 ％がエポキシ樹脂などの原料，1.5 ％が樹脂添加剤(塩化ビニル安定剤，難燃剤原料)として使用される。ポリカーボネート樹脂は食器や哺乳瓶など，エポキシ樹脂は主に缶詰，缶飲料の内部コーティング(被覆)材などに使用されている。これらの樹脂に含まれる BPA は食品に移行し，食品経路の外部曝露の原因になる。

　最近では学校給食の現場からポリカーボネート製食器が姿を消し，食品を扱う現場での塩化ビニル製手袋の使用が規制されるなど，食品経路の BPA 曝露の実態は大きく変化しつつある。ここでは，現時点で得られる調査報告に基づき，食品経路での外部曝露量を推定する。

　河村[11]の報告に基づき，缶飲料1缶当りに含まれる BPA 量を推定した結果を**表 5.3** に，また食品缶詰中の BPA 量を**表 5.4** に示す。缶飲料・缶詰の種類によって

表5.3　缶飲料に含まれる BPA 量の推定値

缶飲料の種類	経路	BPA 濃度 [ng/mL]			摂取量 [g]	BPA 摂取量 [μg/缶]	
		最小値	最大値	平均値		最大値	平均値
コーヒー缶	被覆材から溶出	ND	213	41	170〜250	36.2〜53.3	8.7〜10.3
紅茶缶	被覆材から溶出	ND	90	20	280〜340	25.2〜30.6	5.6〜6.8
茶缶	被覆材から溶出	ND	22	7	340	7.48	2.4
アルコール缶	被覆材から溶出	ND	13	1	350〜500	4.55〜6.5	0.35〜0.50
清涼飲料缶	被覆材から溶出	ND	ND	—	190〜350	—	—

ND：2 ng/mL 以下であることを示す。

BPA の検出濃度や検出頻度に明らかな差が認められる。検出頻度が果実缶と比較して高い野菜缶，および肉・魚介缶詰は，製造工程において厳しい加熱処理を必要とし，果実缶と比較して相対的に長

表5.4 食品缶詰中BPA含有量

缶詰の種類	検体数	検出数	BPA量[μg/缶] 最小値	最大値
果実缶	17	1	1.5	1.5
野菜缶	34	28	1.0	14.2
肉・魚介缶詰	21	18	2.4	22.6

時間に及ぶ加熱を行う。この処理工程の際に，缶内面のエポキシ塗装から BPA が溶出すると考えられている。製缶業界ではエポキシ樹脂から溶出する BPA 問題に対処するために，缶内面にエポキシ樹脂の代わりにポリエステルフィルムを蒸着させたタルク缶を開発し，徐々にタルク缶へ移行が進んでいる。ただし，タルク缶であっても蓋の部分に塩化ビニル塗装が用いられている場合は，蓋部分から BPA が溶出することがあり，タルク缶だから BPA は全く溶出しないというわけではない。炭酸飲料については，缶の性質上，タルク缶にはできないため，内面塗料を BPA の溶出が少ない水性塗料に替えることで対処されている。

食品缶詰の特色の一つに，食品の種類ごとに固形分・液相分・油相分の割合が異なることが挙げられる。野菜缶からの BPA の溶出は，そのほとんどが固形分から検出され，肉・魚介缶詰では，油相部分から固形分以上の BPA が検出される。そのため，食品の種類によって BPA の溶出量が異なる。食品缶詰からの BPA の曝露量は缶飲料とほぼ同程度であり，食品缶詰もまた日本国民の主要な BPA 曝露経路であると考えられる。

④ 食器などから溶出する BPA の経口摂取

文部科学省[12]によると，1999 年 10 月～2000 年 12 月の調査で，ポリカーボネート製食器からの BPA 溶出量は，試験条件(溶媒：水，溶出温度：95℃，溶出時間：30 分)下で平均 1.55 ng/mL であった(表 5.5 参照)。渡辺[13]によると，水を用いた試験では温度が高いほど溶出量が多くなる。また，溶出溶媒の種類による溶出量の差は微小である。

児童 1 人 1 回当りの給食で経口摂取する BPA 量は，給食器からの平均 BPA 溶出量を 1.55 ng/mL，給食 1 回で使用される給食器の合計容積量を 1.1 L(深皿 0.7 L，汁椀 0.4 L，小皿

表5.5 ポリカーボネート製給食器からのBPA溶出濃度

溶出溶媒	総検体数	溶出濃度[ng/mL] 平均値	最大値
水	610	1.55	28.69
4％酢酸水	609	1.03	20.37
n-ヘプタン	610	0.84	33.21
20％エタノール	610	1.70	30.68

0.21 L，容積合計 1.31 L のうち 85 ％使用)とすると，1.65 μg/回である。

　一般食器類における BPA の溶出は，渡辺[13]によると，水 95 ℃，30 分間保持の条件で 54 品目中 40 品目から検出され，BPA 溶出量は白色系食器で 0.3 〜 68.1(平均 10.7) ng/mL であり，その他の試料では ND 〜 0.8(平均 0.3) ng/mL であった。白色系の食器にはチタンが含まれているが，酸化亜鉛，酸化チタンおよび酸化鉄(Ⅲ)などの金属酸化物は樹脂を劣化させ，BPA 溶出量を増加させるという報告がある。一般食器類から溶出する BPA の曝露量は，食器の有効容積量を 400 mL と仮定すると，白色系食器(平均溶出量 10.7 ng/mL)で 4.28 μg/回，その他の食器(平均 0.3 ng/mL)で 0.12 μg/回となる。

⑤　ほ乳瓶から溶出する BPA の経口摂取

　ポリカーボネート製ほ乳瓶から溶出する BPA 量は，渡辺[13]によると水温 95 ℃，室温で 30 分放置の条件下では 0.3 〜 0.5 ng/mL の範囲で継続的に BPA の溶出が認められる。乳幼児の一日ほ乳量を 800 g，ほ乳瓶からの BPA 溶出量を 0.3 ng/mL とすると，乳幼児による BPA 摂取量は 0.24 μg/日と推測される。すでにポリカーボネート代替素材によるほ乳瓶が開発されており，ほ乳瓶から BPA を摂取する機会は減少していくと考えられる。

⑥　その他の経路からの曝露

　虫歯予防のために用いられる治療の一つにシーラント(予防填塞)がある。歯の表面には無数に溝があるが，この溝には食べ物の残りや歯垢が溜まりやすく，虫歯が生じやすい。歯ブラシでは溝の内部まで磨くのに困難を伴うことが多いので，虫歯になりそうな溝はあらかじめ埋めてしまい，虫歯を予防しようとするのがシーラントである。コンポジット充填材やシーラント充填材は，基材モノマーに Bis-GMA (bisphenol A diglycidylether methacrylate)が使用される。Bis-GMA は BPA とグリシジルメタクリレートを 1：2 で付加反応させてつくられる。Bis-GMA 中に BPA が未反応の状態で混ざっている場合，充填材表面が磨耗することにより BPA が摂取される。

　歯科用ポリカーボネート中から唾液への BPA 溶出量は，本郷[14]によると 37 ℃において 1 週間に人工唾液へ溶出した BPA 量は 6.8 〜 129.1 ng/g，6 週間の累積 BPA 溶出量は 27.5 〜 529.4 ng/g であった。歯科材料からの BPA 溶出量は時間が経過するにつれて減少することが確認されている。12 週間の総溶出量が 11.6 μg/g と最も多かった歯科ブラケットについて 1 日当りの BPA 摂取量を算定する。すなわち，12 個

5.2 リスク評価の試み

のブラケットを矯正用に装着した場合，ブラケットの合計重量は216 mgであり，12週間でのBPA総溶出量は2.5 μgとなる。したがって，12週間均等に溶出しているとするとBPA摂取量は0.03 μg/日となる。

BPAは塩化ビニルの安定剤として使用されており，塩化ビニルは空気遮断性が高いことから医療用のチューブ，点滴用器材などに使用されている。医療用機器として腎機能障害患者の治療に使用されている血液透析器からのBPA曝露量は，関沢ら[15]によると透析1回当り0.86 μg/回(3回/週)と推定されている。

以上，検討した各経路からのBPA曝露量を**表5.6**に整理する。曝露量の算定に際し，当該食品の摂取量は，缶詰食品生産量(2000年のデータ[16])を人口で除すことにより食品缶詰消費量を推定し，1缶当りの内容量を250gと仮定した。缶からの溶出量が多いコーヒー，紅茶，茶缶については，それぞれの生産量から国民1人当り1

表5.6 各種曝露経路からのBPA経口曝露量評価値の一覧

曝露源		曝露経路	媒体	一日媒体摂取量	BPA濃度	BPA摂取量 [μg/日]
水	水道水	水道水	飲料水	2 L	3 ng/L	0.006
缶飲料	コーヒー缶	被覆材から溶出	缶飲料	59.4 mL	213 ng/mL	12.6
	紅茶缶	被覆材から溶出	缶飲料	20.6 mL	90 ng/mL	1.9
	緑茶	被覆材から溶出	缶飲料	15.1 mL	22 ng/mL	0.33
食品缶詰	スイートコーン	被覆材から溶出	食品	0.666 g	6.3 μg/缶	0.02
	トマト	被覆材から溶出	食品	0.330 g	7.1 μg/缶	0.01
	グリーンピース	被覆材から溶出	食品	0.018 g	6.9 μg/缶	0.001
	パイン	被覆材から溶出	食品	0.082 g	1.8 μg/缶	0.001
	イワシ	被覆材から溶出	食品	0.352 g	22.6 μg/缶	0.03
	サンマ	被覆材から溶出	食品	0.226 g	1.2 μg/缶	0.001
	ツナ	被覆材から溶出	食品	1.586 g	5 μg/缶	0.03
	サーモン	被覆材から溶出	食品	0.139 g	1.7 μg/缶	0.001
	カニ	被覆材から溶出	食品	0.108 g	5.8 μg/缶	0.003
	赤貝	被覆材から溶出	食品	0.078 g	10.6 μg/缶	0.003
	ヤキトリ	被覆材から溶出	食品	0.047 g	6.4 μg/缶	0.001
	ミートソース	被覆材から溶出	食品	0.519 g	10.2 μg/缶	0.02
	コーンビーフ	被覆材から溶出	食品	0.056 g	151 μg/缶	0.03
	アスパラガス	被覆材から溶出	食品	0.007 g	0.85 μg/缶	0.000
	マッシュルーム	被覆材から溶出	食品	0.113 g	0.95 μg/缶	0.000
食器など	PC製給食器	食品へ溶出	食品	1100 mL	1.55 ng/mL	1.65
	PC製食器(白色系)	食品へ溶出	食品	400 mL	10.70 ng/mL	4.28
	PC製食器(その他)	食品へ溶出	食品	400 mL	0.30 ng/mL	0.12
	PC製ほ乳瓶	飲料へ溶出	飲料	800 mL	0.3 ng/mL	0.24
医療	歯科用PC(ブラケット)	唾液へ溶出	唾液	—	—	0.03
	血液透析器	血液へ溶出	血液	—	—	0.86 μg/回

日に消費する缶飲料の量を求め，平均1日当りのBPA曝露量を算定した。アルコール缶は，BPAが検出された検体数の割合がコーヒー，紅茶，茶缶と比較して少なく，検出数も1つのみであるので，算定の対象から除外した。日本国内の人口は1億2500万人とし，茶缶はすべて緑茶缶とみなし，缶飲料の生産量[16]は1999年のものを使用した。

最初に紹介したように，現時点でのヒトに対する1日当りBPA許容摂取量は$50\,\mu g/kg/$日(体重を60 kgとすると，3 mg/日)とされている。**表5.6**は，いずれの曝露経路であっても，単一経路ではBPAの経口摂取量は3 mg/日を超えそうにないことを示唆している。しかし，内分泌撹乱化学物質による生体影響の機構はなお未解明であり，他の動物実験などではより低濃度でも影響が出現することが確認されている。いくつかの曝露経路が重なれば，ヒトにおいてもBPA曝露量が累積することを想定すると，現時点でのBPA曝露量評価結果は，無条件に安心できる程度に曝露レベルは低くはないと解釈するべきである。BPAの環境内動態や下水処理施設における処理特性の解明を含め，より幅広い検討が必要であろう。

(b) BPAのマウス体内動態

経口摂取されたBPAが体内のどの臓器・組織に移行・蓄積するか，また母体に摂取されたBPAがどのように胎児に移行するかなど，PBPKモデルを構築するために必要な基礎データを収集することを目的に，マウスへの投与実験[10]を実施した。

実験動物として妊娠日数15.5 dpc(day past coitus)のICR系マウスを用い，^{14}Cで標識した化合物[ring-^{14}C]-BPA(以下^{14}C-BPAと記す)をオリーブオイルに分散させ，^{14}C-BPA 10 mg/kgで強制経口投与した。所定の時間にマウスを解剖して臓器・組織を採取し，試料中^{14}Cの放射能を測定した。得られた放射能値は「BPA当量値(mg-BPAeq.)」として表した。ここにBPA当量値とは，得られた放射能値とBPA比放射能から算出したBPA当量質量値である。この値は，未変化体BPAのみでなく，そのグルクロン酸抱合体(BPA-gluc.)や代謝物をすべてBPAに換算して表現している。

^{14}C-BPA投与後の母体血液および血清中BPA当量値の経時変化を**図5.8**に示す。BPAは，経口投与5分後にはすでに血液中に存在し，投与15分後に最高濃度(3.36 mg-BPAeq./L)に達した後，急激に減少し，投与1時間後には最高濃度の4%の濃度(0.15 mg-BPAeq./L)となった。その後，濃度は再び増加し，投与6時間後には2度目のピーク値(0.48 mg-BPAeq./L)を示した。この濃度増加はBPAの腸肝循環

5.2 リスク評価の試み

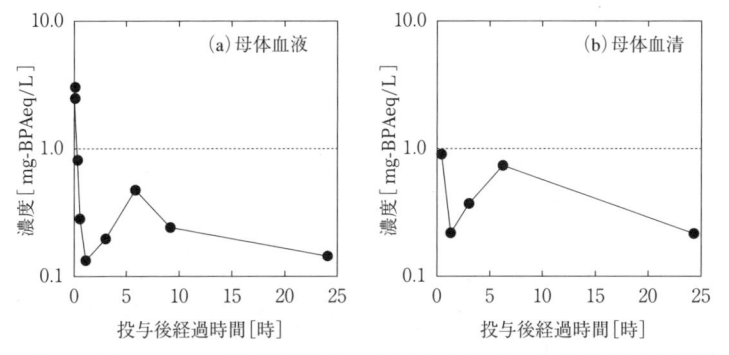

図 5.8 BPA 10 mg/kg 単回強制経口投与時の母体血液(a)および血清(b)中放射能濃度

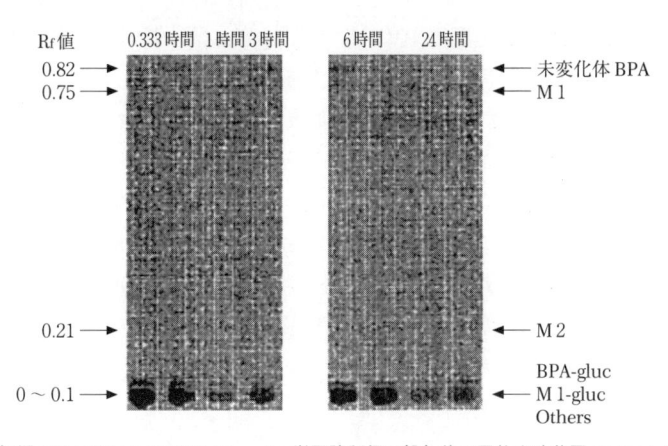

図 5.9 妊娠期 ICR マウスへの BPA 10 mg/kg 単回強制経口投与後の母体血清薄層クロマトグラフ

に起因すると考えられる。

　血清中放射能濃度推移の経時変化パターンは，血液中濃度の推移と同様であった。BPA は血液により輸送され，輸送される BPA の形態は血液中に存在する未変化体 BPA であると考えられる。そこで本研究では血清中の ^{14}C-BPA 成分を薄層クロマトグラフ(TLC)分析により分画した。図 5.9 に血清の薄層クロマトグラフを示す。図 5.9 において，$R_f = 0.82$ は未変化体 BPA，$R_f = 0.75$ は未同定の代謝物(M1 とする。同じく $R_f = 0.21$ は M2 とする)である。原点付近に存在する代謝物は複数であり，BPA-gluc.と M1-gluc.はここに存在するが，ほかにも代謝物は存在し，仮に Others としている。

5. 環境ホルモンのヒトへのリスク

母体の各臓器・組織中放射能濃度を図5.10(a)に示す。母体の各臓器中濃度は，血液中濃度と同様の推移を示し，投与20分後と，6時間後とにピークを示した。肝臓，腎臓，胃，小腸，膵臓，皮膚，脂肪中濃度は，投与20分後に最大となり，その他の臓器，組織については6時間後に最大値を示した。2度目のピーク以降，濃度は緩やかに減少した。全体的に消化管，肝臓，腎臓で濃度が大きく，続いて脂肪，膵臓および子宮で大きかった。胎盤，羊水に関しては，血中濃度より小さい値ではあるが，移行が見られた。投与20分後と投与6時間後におけるBPAの成分は違いがあると考えられるが，血清中の^{14}C-BPAの成分分画の結果，投与6時間後に未変化体BPAの存在量が最大値を示したため，各臓器に関しても，投与6時間後において未変化体BPA存在量は増加していると考えられる。

胎仔組織中放射能濃度を図5.10(b)に示す。BPAは，投与20分後にはすでに胎仔体内に存在していた。胎仔全身濃度は，投与後徐々に増加し，投与24時間後には最大濃度(66μg-BPAeq./L)に達した。母体血液中濃度と比較すると，0.45倍であった。さらに母体臓器・組織中放射能濃度の推移と比べると，胎仔全身濃度，胎仔臓器中濃度のピークは母体よりも遅れて現れ，投与24時間後においてもなお増加傾向にある臓器も見られた。このことから，胎仔におけるBPAの排泄(クリアランス)速度は母体よりも遅いと考えられる。24時間後の胎児各臓器中濃度を同時点での母体各臓器中濃度と比較すると，肝臓，消化器，腎臓では1オーダー程度小さかったが，生殖器，脳では母体と同程度であった。このことから，胎仔では母体に比べて，生殖器系と脳への移行割合が大きいといえる。

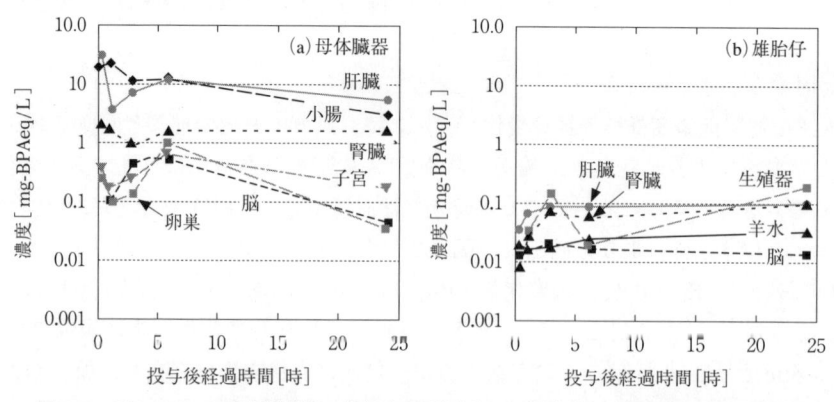

図5.10 BPA 10 mg/kg 単回強制経口投与時の母体(a)および胎仔(b)の臓器・組織中放射能濃度

^{14}C-BPA 10 mg/kg を妊娠日数 15.5 dpc の ICR マウスに 1 日 1 回連続 3 日間にわたり強制経口投与し，母体血液中放射能濃度を測定した結果を図 5.11 に示す．血液中濃度は，初日および 2 日目の投与 20 分後の濃度とはあまり変わらないが，3 日目の投与 20 分後は前者と比較すると 1.5 倍高い濃度を示した．

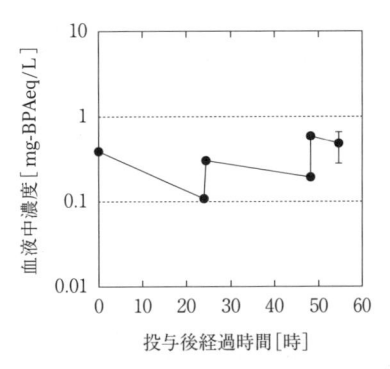

図 5.11 妊娠期 ICR マウスへの BPA 10 mg/kg 3 日間（1 日 1 回）強制経口投与後の母体血液中 BPA 当量濃度の変化

(c) PBPK モデル

PBPK モデルは，対象動物の生理学的パラメータ（肺胞換気量，心拍出量，組織潅流血液量，体重，臓器・組織重量など）および対象物質の物理化学的パラメータ（血液／空気分配比，組織／血液分配比など）を用いて，対象物質の生体内動態を解析するコンパートメントモデルであるといえる．すなわち，生体がいくつかの臓器・組織区画（コンパートメント）群から成り立ち，これらが血流によって連結されているものと考える．それぞれのコンパートメントにおける対象物質の物質収支に注目して支配方程式を得，これらを連立して解くことによって，標的臓器・組織中の対象物質量（濃度）を推定する．PBPK モデルの利点は，実験動物の種により全く異なるように見える有害物質の体内動態を，生理学的パラメータと対象物質の物理化学的パラメータを変えることにより一つの構造モデルで解析することができることである．

現在構築中の BPA に対するマウス PBPK モデルの構造図を図 5.12 に示す．図は経口摂取された BPA が消化管で吸収されて血液に移行し，種々の臓器・組織に運ばれて蓄積する機構を示している．胎盤を介して胎児に移行した BPA およびその代謝生成物質は，図示は省略しているが，母体内と同様に胎児内においても血液を介して種々の臓器・組織に運ばれて蓄積することになる．

PBPK モデルにより算定したマウス体内での BPA 濃度とその実測値を図 5.13 に示す．モデルについては詳細部分についてなお改良途上であるが，胎児中（図 5.13(a)参照）および母体血液中（図 5.13(b)，(c)参照）において，計算値（実線）は実測値（●印）を良好に説明している．母体の胎盤を経由して，BPA が胎仔に移行する様子

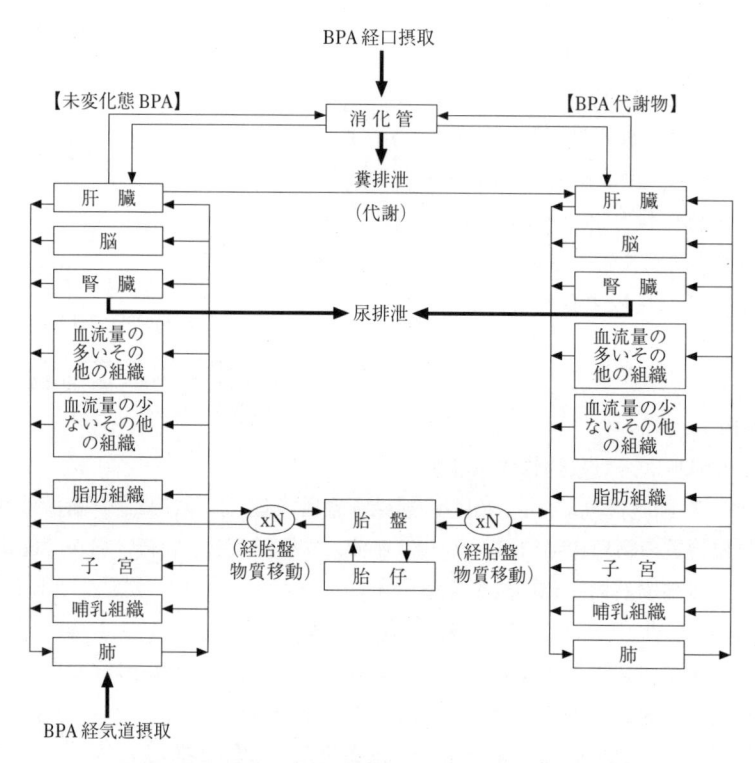

5. 環境ホルモンのヒトへのリスク

図5.12 BPA の体内動態を評価するためのマウス PBPK モデル

がよく再現されているといえる。

　マウス PBPK モデルで使用した生理学的パラメータをヒトのパラメータに置換することによりヒト PBPK モデルを得ることができる。ヒト体内での BPA 動態を精度良く解析するためには，血液／空気分配比や組織／血液分配比などの物理化学的パラメータをヒトのデータに置き換えるほか，ヒトについての実測値と比較・検証する必要がある。BPA のヒト PBPK モデルを得るためには，なお研究が必要である。

　PBPK モデルを用いれば，経口摂取される環境ホルモン量(外部曝露量)を悪影響が懸念される特定の臓器・組織に対する曝露量(内部曝露量)に変換することが可能になる。

(a) 胎児全身中 BPA 当量濃度

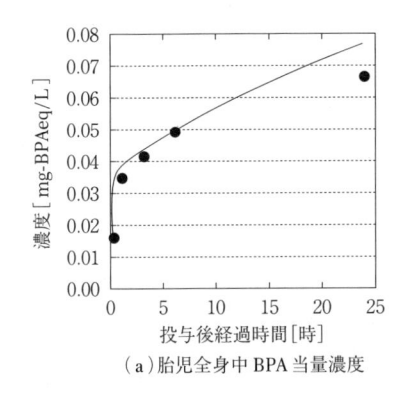

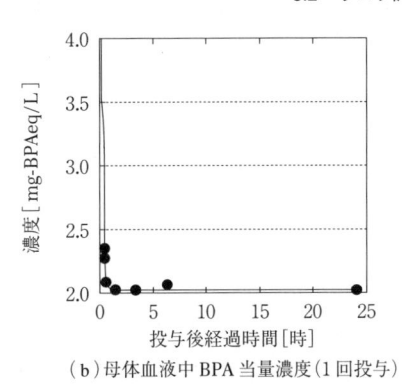

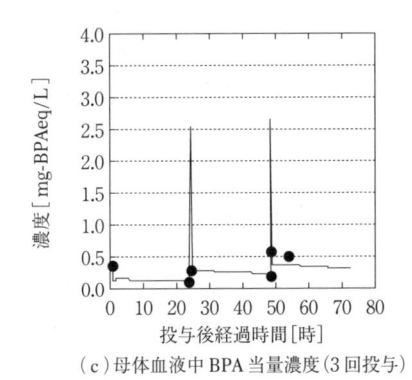

(b) 母体血液中 BPA 当量濃度（1 回投与）

(c) 母体血液中 BPA 当量濃度（3 回投与）

図 5.13 マウス PBPK モデルによる体内動態評価値（実線）と実測値（● 印）の比較例

(d) 用量-反応関係

環境ホルモンがヒトに及ぼす影響として，しばしば「精子数の減少」が注目される。世界各国で環境ホルモン曝露量（用量）と精子数の減少（反応）との関係（用量-反応関係）を把握するための疫学調査が実施されているが，明確な関係が得られるにはなお時間が必要であろう。特定の環境ホルモン，例えば BPA と精子数減少との関係を，ヒトについて直接確認するのはより困難度が大きいと思われる。

Sakaue ら[17]は，ラットに BPA を 20 μg/kg/日の割合で 6 日間投与した結果，1 箇月後に精子生産量が 30 ％減少したことを報告している。実験動物を用いると，このように特定の環境ホルモンについての用量-反応関係を把握することができるが，数多くの環境ホルモンについて系統的に用量-反応関係を把握するには，なお多くの調

査研究が必要である。

　実験動物といえども個体レベルで環境ホルモンによる影響を特定することは容易ではない。これに対して，細胞レベルや遺伝子・DNAレベルでの環境ホルモン曝露による「変化」を検出することははるかに容易である。最近では，DNAチップやマイクロアレイなどの技法を用いて，遺伝子レベルで環境ホルモンに対する用量-反応関係が把握されようとしている。環境ホルモンに曝露されることにより発現が亢進・抑制される遺伝子が特定され，①特定の遺伝子について環境ホルモンの曝露量と発現の亢進・抑制量との関係（用量-反応関係）を把握し，②特定の遺伝子発現の亢進・抑制と臓器・組織や生体レベルでの悪影響（反応）との関係が把握されれば，遺伝子を媒介にして生体レベルでの用量-反応関係が把握されることになる。DNAチップやマイクロアレイなどの技法を用いれば，数多くの環境ホルモンによる遺伝子レベルでの用量-反応関係を，短期間に系統的に把握することも夢ではない。ヒト，マウスなどをはじめ，主要な野生動物のDNAチップやマイクロアレイが作成されつつある。

　例えば藤田ら[18]は，BPAを投与した生後7日目の雄ラットの小脳では，ホルモン受容体（hormonal receptor）など約50～120種類の遺伝子の発現量が変化すること，森ら[19]は，精巣において形成された精子の成熟や運動能の獲得が行われるマウス精巣上体において，遺伝子MFG-E8（GeneBank No.M38337）などが他の臓器・組織よりも強く発現することを，また井口ら[20]は，マウス子宮におけるエストロゲン作用発現の高感度なバイオマーカーとして約1万個の遺伝子を吟味した結果，例えばproline-rich protein 2Fを使える可能性が大きいことなどを報告している。

　遺伝子以外のバイオマーカーとして，例えば特定の酵素やタンパク質などの発現量を用いることができる可能性がある。どの指標をバイオマーカーにするかは，環境ホルモンの曝露により遺伝子や酵素などに誘発される変化の大きさや，その測定の容易さなど，種々の要因を考慮して決定されることになる。

(e)　ヒト個体レベルでのリスク評価への道筋

　評価対象の遺伝子を特定することができれば，特定の臓器・組織の細胞を用いるなどの方法により，細胞や遺伝子レベルでの用量-反応関係や，実験動物とヒトとの感受性の相違を評価することも可能になる。

　繰り返し述べたように，ヒトの個体レベルでの用量-反応関係を把握することはき

わめて困難であり，またヒトの用量-反応関係が確認される状況は予見的リスク評価の目的とは相容れない状況である．現時点では，とりあえず，バイオマーカーの変化をエンドポイントに設定して，環境ホルモン曝露がヒトにもたらす悪影響を評価するのが現実的である．

当該バイオマーカーの変化がヒトにどのような「悪影響」をもたらすかを把握することが，今後に残された課題である．

5.2.2 リスク評価の考え方と実際

(1) リスク評価の前提

環境ホルモン物質のリスクについて考えるには，まず科学的なリスク評価の基本について知ること，およびこの問題についてこれまでの経緯から生じた特殊な要因を考慮する必要がある．リスク評価の基本を知ることは最も大切だが，紙数が限られているため，化学物質による健康リスク評価をわかりやすく解説した筆者らの訳による別書を参照されたい[21]．

さて，『環境ホルモン』という用語と考え方が提示されたことにより，専門家の間でもそれほど注目してこなかった種類の有害影響について，非常に広範囲の人々の関心を集め，このことには大きく2つの意味があった．一つには，重要度は大きいにもかかわらず発がん性などに比べ毒性学的にも注目度が低かった分野の研究が大きく進むきっかけをあたえたことであり，もう一つは，次世代への影響という性質ときわめて低用量での影響の可能性が指摘されたため，多くの人々にとって未知の有害影響への不安と関心を誘起したことである．

環境ホルモンは環境科学や毒性の研究に携わる人々に加えて研究者以外の広範な人々の関心を呼んだうえ，環境ホルモンという用語の科学的な定義が必ずしも明確でなかったため，生物学にあまり詳しくない多くの人が自分なりの解釈で用いた結果，様々な混乱を招きその余波はまだ続いているといえる．

筆者がこの20年間その仕事に関わっており，科学的な化学物質のリスク評価を国際的に推進する中核である IPCS（International Programme on Chemical Safety：国際化学物質安全性計画）は，内分泌撹乱化学物質に関する科学的な評価の到達点について，国際的な最新の状況を，専門家の協力を得て "*Global Assessment of the State-of-the-Science of Endocrine Disruptors*"（この訳は国立医薬品食品衛生研究所のサイ

5. 環境ホルモンのヒトへのリスク

表 5.7　IPCS 専門家グループによる内分泌撹乱化学物質 などの定義

- ・「内分泌撹乱物質」とは，外因性の物質あるいはその混合物であり，内分泌系の機能に変化を及ぼし，その結果，生体またはその子孫あるいはそれらの部分集団に有害な健康影響を引き起こす物質である。
- ・「内分泌系を撹乱する可能性のある物質」とは，生体またはその子孫あるいはそれらの部分集団に内分泌撹乱を起こすと思われる性質を有する物質である。

出典：文献 22 より引用

ト，http://www.nihs.go.jp/index-j.html に掲載される予定）として 2002 年にまとめた[22]。本書は，内分泌撹乱化学物質に関しこれまで知られている科学的な知見をわかりやすく手短に整理しており，一読に値する。この中ではまず内分泌撹乱化学物質について，1996 年のウェイブリッジ会議の合意を一歩進めて，**表 5.7** のように定義した。

この定義は，「内分泌撹乱化学物質」と，「内分泌系を撹乱する可能性のある物質」をはっきり区別し，かつ「内分泌撹乱とは生体レベルでの事象である」ことを明確にしたが，このことは議論に混乱を持ち込まないために非常に重要なことであった。さらに IPCS 専門家グループは，内分泌撹乱自体は有害影響とはみなされない（"endocrine disruption is not considered a toxicological end point per se"）が，有害な影響につながるかも知れない機能上の変化とした。また化学物質による生体機能撹乱の可能性について考察するうえで，以下の点を重要なポイントとして挙げている（**表 5.8**）。

表 5.8　内分泌撹乱化学物質による生体機能撹乱の可能性を考察するうえで重要な諸点

- ・成体における曝露では，生体恒常性（ホメオスタシス）メカニズムにより補償されるため，何らの有意な影響は認められないであろう。
- ・内分泌系が形成途上にある時期の曝露では，機能や刺激または抑制シグナルへの感受性における不可逆的な変化を引き起こす可能性がある。
- ・生体は，異なる発達段階あるいは異なる季節における同レベルの内分泌系シグナルへに対して，異なる反応を示す可能性がある。
- ・種々の内分泌系間のクロス・トークにより，影響が予測されていなかった内分泌系に予想外の影響が起きる可能性がある。
- ・以上の考察をもとにすれば，試験管内（*in vitro*）で得られた実験結果を，生体レベルでのホルモン活性に当てはめるには慎重でなければならない。

出典：文献 22 より引用

5.2 リスク評価の試み

(2) 環境ホルモン問題におけるリスクの考え方

「環境ホルモン物質」のリスク評価に関係して科学的に新たに提起された課題を**表5.9**に，そのうち毒性学的に十分な検討を要するいくつかの問題点を**表5.10**に整理した[23]。**表5.9**に記した課題のうち，**表5.10**に記した以外の課題については別にやや詳しく記したので，関心ある方は参照されたい[24]。

リスク評価においては，影響や曝露について幅があることから生じる「変動と分布による不確実性」と，背景メカニズムが未解明なことによる「真の不確実性」の両者が関係する[25]。前者については筆者も関わった国際共同研究において，トキシコキネティクスとトキシコダイナミクスの両面から，健康リスク評価における種差と個体差に対する不確実性係数（安全性係数）の適用をより科学的に行う手法の開発について検討した成果を公表した[26]。トキシコキネティクスに関しては，本書においても森澤による記載がある。ただし「環境ホルモン」問題については，後者の「真の不確実性」の具体的な検討が，より重要と考えられる。

さて，ある物質による人の健康や野生生物への影響リスクを検討するときには，その物質の有害性の持つ内容の確認，用量と反応の間の関係，その物質に人や野生生物がさらされる程度についての定量的な分析，そして生物学的なメカニズムも踏まえその有害影響が対象である生物に起こりうる可能性の総合的な評価というステップが必要である[21]（**図5.14**）。これらステップの中で，「環境ホルモン」問題を考えるうえで重要と思われる事柄について解説し，関連する具体例について記す。

表5.9 環境ホルモン物質問題により提起された課題

・毒性学的に十分な検討を要する問題の提起。
・生体機能の基本に関する統合的な理解の重要性。
・野生生物と健康への影響の関連についての考察。
・次世代への影響の可能性の解明。
・リスクにおける「真の不確実性」の具体的な検討。

出典：文献23より引用

表5.10 毒性学的に検討を要する問題点

・発生段階の非常に限られた特定の時期（クリティカル・ウィンドウ）における，ある種の薬物の曝露によりスペシフィックな影響を受ける可能性。
・曝露を受けた結果が後の特定の時期になって初めて検出される可能性。
・影響の非可逆性と有害性に関する判断，すなわち，単なる補償反応や変動の範囲の反応か，非可逆的で有害な影響かの違いの検討。
・影響を検出する新たなエンドポイントと観察時期の選択，例えば，停留睾丸・肛門・生殖器間距離の変化など。
・低量曝露による影響と閾値の考え方，標準的な毒性試験で考慮していなかった低濃度での影響についての解釈。

出典：文献23より引用

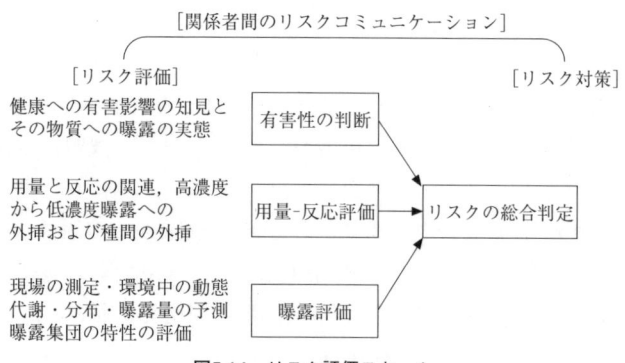

5. 環境ホルモンのヒトへのリスク

```
            [関係者間のリスクコミュニケーション]
   [リスク評価]                          [リスク対策]

健康への有害影響の知見と      ┌──────────┐
その物質への曝露の実態        │ 有害性の判断 │
                            └──────────┘
                                      ╲
用量と反応の関連，高濃度     ┌──────────┐   ┌────────────┐
から低濃度曝露への          │ 用量-反応評価 │──│ リスクの総合判定 │
外挿および種間の外挿         └──────────┘   └────────────┘
                                      ╱
現場の測定・環境中の動態     ┌──────────┐
代謝・分布・曝露量の予測      │  曝露評価  │
曝露集団の特性の評価         └──────────┘
```

図5.14　リスク評価スキーム

(a) 定量的な見方と試験条件および結果の限界の理解

「物質が検出されたか，されなかったか」，「影響が見られたか，見られなかったか」ではなく，物質のどの程度の量がどのような状況で検出され，どのような有害影響がどのような条件で見られたかが大切である．影響についていえば，試験管内での試験結果だけでは，有害影響の可能性やメカニズムの示唆は得られてもリスクの大きさはわからないのである．

発がん物質に関しては常に高い関心が払われ，まったく同じ状況ではないが，ほぼ30年近く前に変異原性試験という手法が開発され，化学物質の発がん性のスクリーニングに使えるとして話題になった．当時，食品中に含まれる焼けこげ物質（アミノ酸の加熱生成物）が強い変異原性を示すことが見出されたため，人の発がんへの寄与が疑われ多くの研究がなされた．しかしその後の研究により，毎日数キログラムの焼けこげ物質を食べ続けない限り発がんはあり得ないことがわかり，リスクの観点からいえば大きな問題ではなさそうだとわかった．他方，変異原性関連の研究は発がんメカニズムの理解に貢献してきた[27]．

(b) メカニズムの考察をもとに総合的に検討し，単なる影響と有害な影響とを区別

生体は外界の変化や敵から自らを防御するため，外界や生体内からの刺激や影響に反応し微妙に自身を調節し，恒常性を保つ能力を備えている．生体内の様々な組織が関係しあって働くこの機能について理解を深めることが，低濃度曝露で見られたいわゆる逆U字型反応といわれる現象の解明に必要である．

厚生労働省の「内分泌撹乱化学物質問題の健康影響に関する検討会」では1998年の

報告書への追補を 2001 年に作成したが，そのうち筆者も協力してとりまとめた「低用量問題」に関する部分では，「受容体結合性など内分泌系に何らかの影響を及ぼす可能性」と，「生体に有害な影響を及ぼす可能性」を区別して論ずべきであると提案した[28]。この提言は，前記 IPCS 専門家グループの報告と同じ考え方に基づいている。

(c) ヒトにおけるリスクの可能性をデータに基づき検証

野生生物に起きている現象は，ヒトへの健康影響について様々なヒントを与えるが，影響のあり方は同じとは限らない。トリブチルスズやトリフェニルスズがある種の巻き貝に雄化現象(インポセックス)を誘起することはよく知られているが，ヒトあるいは野生生物の間でもほ乳類ではこのようなことは認められていない。他方 PCB や有機スズを高濃度蓄積していたオットセイに起きた大量斃死については，これら物質による免疫抑制がもたらした生体の抵抗力低下が，通常は重大な危険性をもたらさない弱毒ウイルスなどの日和見感染を死につなげたのではないかと推測されている。げっ歯類を使った毒性試験で低濃度のトリブチルスズやトリフェニルスズ摂取による免疫抑制が観察されているが，PCB やこれらの有機スズに汚染された魚介類を比較的多量摂取するエスキモーや日本人におけるリスクをきちんと評価する必要があり，筆者らによるリスク評価の結果[29]-[31]を後に紹介する。

また，前記 IPCS 専門家報告では一般的な結論として，「普通に人が曝露されるごく低濃度の環境ホルモン物質によって生体では有意な影響が見られないであろう」と指摘しているが，まれな例外の一つとして日本人が食品として摂取している植物エストロゲンを挙げることができる。筆者は，日本人が普段から多く摂取している大豆中のエストロゲン様物質について，活性の強さと曝露レベルから考えて人体に影響を及ぼしている可能性が高いことを推定し，メカニズムを踏まえリスクとベネフィットの定量的な解析を試みた[32]。

(d) リスク評価は予測の科学と方法であり，リスクの不確実性を評価

的確なリスクの予測なしには，適切なリスク対応はおぼつかない。事故対応に危機管理が叫ばれるが，むしろ問題が起こる前にきちんと事態を科学的に的確に予測し，備えなければならない。予測を行う場合，平均的な条件のもとで起こりうる結果と，最悪条件(ワーストケース)における結果の両方を考えておく必要があり，またリスク評価における不確実性要因の存在と，その幅を考慮した評価と対応が要求

される。

　ビスフェノール A(BPA)のきわめて低濃度(2 μg/kg 体重/日)を妊娠マウスに経口投与したときに，雄仔の体重，精嚢，精巣上体重量の減少と前立腺重量の増加を誘起し内分泌撹乱影響を及ぼす可能性があると報告され，大きな問題となった[33]。筆者らは，現時点で入手可能な BPA による内分泌系への影響を報告した 60 以上の報文について，リスク評価の観点から，①生物学的妥当性，②証拠の確からしさ，③用量-反応関係，④有害性の有無の判断，という 4 つの視点を設定し検討した[34]。

(3) リスク評価の実際例

(a) トリブチルスズやトリフェニルスズ摂取による免疫抑制などの影響

　日本人は海棲ほ乳類と同様に魚介類を多食し，体内に PCB と有機スズを比較的多く蓄積しているので，免疫系だけでなく薬物代謝酵素などにも影響を及ぼす可能性を持つこれら物質の体内蓄積による影響の可能性について検討をしておく必要がある。トリブチルスズなどの免疫系への影響メカニズムの一つとして，胸腺細胞などでの細胞内外のカルシウムバランスを撹乱したり，1 μM 以下の濃度でリンパ球や胸腺細胞の自殺死(アポトーシス)の誘起，2～20 ng/L のトリブチルスズあるいはトリフェニルスズによるヒト卵巣顆粒膜細胞におけるアロマターゼ活性の阻害やエストラジオール合成阻害も報告されている[31]。他方 1997 年における日本人のトリブチルスズあるいはトリフェニルスズの平均一日摂取量は 2.3 μg または 2.7 μg(塩化物として)と推定され，これらはそれぞれ IPCS によるトリブチルスズオキシドの経口曝露指針値[35]の 33％，また WHO によるトリフェニルスズの許容一日摂取量[29]の約 11％に相当する[36]。トリブチルスズとトリフェニルスズの作用機作はほぼ共通と考えられ，もし共通のエンドポイントについての相加性の推定が適切であり，国内の地域間の平均摂取量に最大 2.4 倍の違いが推定されることを考慮すれば，より詳細なリスクの検討が必要ということになる[36]。

(b) 大豆中のエストロゲン様物質による影響の可能性

　日本人は大豆製品を 1 日平均 60 g 前後摂取しており，その中に含まれるエストロゲン様物質のゲニステイン(genistein)，ダイゼイン(daidzein)の量は約 20～40 mg である。ゲニステイン，ダイゼインのエストロゲン様活性は，ヒトの健康への影響が心配されているビスフェノール A やノニルフェノールと同等あるいは数倍から数

5.2 リスク評価の試み

十倍であり，他方，曝露量においてはほぼ1000倍以上であり，日本人の体内レベルは，様々な良い生理的な影響を与えていると説明できるレベルであった[32]。すなわち，臨床疫学データ（症例・対照研究）からは乳がんのリスクを低減させる可能性，この背景メカニズムの一つとして豆乳投与試験における女性の生理周期の延長，また，ハワイに移住した70歳以上の男女日本人97人の尿中ゲニステイン，ダイゼイン量と骨密度の正の相関（エストロゲンは骨密度維持に関与するが，日本人は米国人に比べてカルシウム摂取量は少ないにもかかわらず骨粗鬆症による骨折が少ないことも知られている）などの関係が見られている。エストロゲン様活性，あるいはこれら物質がポリフェノールであることや，他の様々の生理活性をも有していることとの関連が推定できた[32]。このことは，汚染物質として体内に入ってくる他の弱いエストロゲン様物質よりもはるかに多量に曝露しており，体内で比較的容易に代謝されるとはいえ，性ホルモン結合グロブリンで抑制されずほぼ毎日摂取しているであろう大豆エストロゲン様物質の意義をきちんとおさえておくことの重要性を示している。

他方，最近食品中に含まれる物質の特定の機能を強調し，サプリメントとして販売し摂取することが行われている。しかし構造的に類似したゲニステイン，ダイゼインの間でもエストロゲン様活性の強度が異なるだけでなく，両者間でも異なる様々の生理活性の存在が知られており，特定の一部の活性のみに着目し，普通に食品として摂取可能な以上にこれら成分のみを多量に摂取することには，大きな危険性が潜んでいることを指摘しておきたい。

また，最近は臍帯血などにおける植物エストロゲン様物質検出の報告もあるが，日本人はこれまで数百年間にわたり妊娠期間中を含めて大豆製品を摂取してきたことを考えると，大豆中のエストロゲン様物質に胎児がある程度曝露したからといって不都合な結果を引き起こすとは考えにくい。

(c) ビスフェノールA(BPA)から成型される血液透析器使用のリスクとベネフィット

米国環境保護庁(USEPA)は，BPAについてラット長期毒性試験において体重減少が認められた用量を最小影響量(lowest observed effect level：LOEL)と認め，これをもとに一日許容摂取量(RfD)として$50\,\mu g/kg$体重を設定した。前記のBPAによる低用量影響については，生物学的な可能性から見て否定できないデータである。再現性について多世代の繁殖試験の試みがおおむね不成功に終わったが，むしろ一時的な曝露による影響とは区別して考える必要があり，また用量-反応関係に関する十

分なデータは得られていないと考えられた[28]。さらにある研究者は，BPAの低用量試験に用いた飼料中に投与に用いたのと同レベルのBPAが混入していたと報告し，別の研究者は市販飼料中のBPA混入は検出限界以下であったと記し，低用量影響の評価では飼料中のエストロゲン物質混入についての検討，もしくはこれら物質の混入排除が必須と考えられた[34]。

成熟雄ラット(13週齢)に低用量から高用量まで種々の濃度でBPAを6日間経口投与した際に，20 μg/kg体重/日で精巣の一日精子生産量の低下が見られたという報告[37]が出てきた。この報告の生物学的な妥当性は否定できないが，精巣の組織像に変化は見られなかった。用量-反応関係については用量を10～100倍に増やしても大きく変化せず精巣における精子生産量の減少率は25％程度の範囲にとどまり，有害な影響とみなすべきか否かを見極める裏付けとなるデータが必要である。

リスク対策の根拠には，第一に「有害性の影響」か否かという判定が必要であるが，同じ米国人でもニューヨークに住む人とカリフォルニアに住む人の間で射精精子数の平均値において約2倍程度の開きが見られることから，ラットの精巣精子数(射精精子数とは直接関係しない)の変化の証拠は，「有害性」というより「影響」の有無の判定の参考にとどまると考えられた。

他方，BPAに恒常的かつ高濃度で曝露される可能性がある人の集団として，BPAを重合させたポリカーボネート樹脂製の血液透析器を使用する患者がいる。4種の血液透析器についてBPAの溶出を検討した結果，血液透析器の使用による人の平均曝露レベルとして6 ng/kg体重/日が試算された[38]。この曝露レベルは，前記ラットにおけるLOEL20 μg/kg体重/日に対して1000分の1以下になり，USEPAのRfDとはさらに大きな開きがある。一方，ベネフィット要因としては，血液透析器は国内で腎機能障害患者(14万5000人)の治療に使われ救命的な役割を果たしている。

ごく最近，BPAがエストロゲン受容体を介さない影響(甲状腺ホルモン受容体[39]やソマトスタチン受容体が関与[40]など)や，精巣精子生産だけでなくマウス雄の生殖能力を低用量で低下させたという報告[41]や周産期曝露による神経発達と行動への影響の報告[42]もあり，作用メカニズムの面と，用量-反応の面について，さらに詳細な検討が必要と考えられる。生理的なホメオスタシスによる逆U字現象発現の関係についていえば，BPA投与により脳下垂体前葉におけるエストロゲンレセプター α と β の発現の増加などの報告もあり，用量に関連したレセプター発現の制御について実証的な研究が待たれる。

5.2 リスク評価の試み

血液透析は，腎機能障害を抱える患者らにとり欠かすことができない医療処置であり，医療器具を用いることにより意図せぬ有害影響が生じる可能性を的確に予測し，未然にその発生を防ぐ手だてがとられなければならない。安全性について十分確認された代替品が開発される必要性があると同時に，現時点までの入手可能なデータの示しているところを総合的に再評価する時期に来ていると考えられる。

(4) 今後の課題

「環境ホルモン」問題に関しては，これまで環境分析と，毒性試験法の標準化に大きな努力が払われてきた。毒性試験の標準化に関しては，主にエストロゲン，アンドロゲンおよび甲状腺受容体経由の影響をとらえる手法の開発に精力が傾注されてきた。

しかし，ここまで記してきたように，「生体レベルで内分泌系を撹乱するという問題」として「環境ホルモン問題」をとらえると，これら受容体経由のみの影響を見る試験だけではカバーできない重要な内分泌関連の影響が多くあり，分子レベルのメカニズムから見ても，レセプターのダウンレギュレーション，種々の核内レセプター間における遺伝子発現制御におけるクロストーク，様々なシグナル伝達系のネットワークによる制御など，いくつもの分子間相互作用を含む生物学的に複雑な問題がある。さらに高次のレベルでは最近，内分泌系と免疫系，神経系の間の相互作用にもメスが入れられつつあり，この問題の背景メカニズム解明にはいっそうの研究が必要と思われる。

これまで環境分析に捧げられた多くの努力を多とするものの，実際には環境ホルモンによるリスクの大きさの解析や，問題とされる物質の曝露経路の解明とは無関係に，全国一律の調査に膨大な費用とマンパワーが費やされてきた。筆者は環境調査法の検討会で，より有効な調査のあり方について提言してきたが，今後の調査研究は限られた資源とマンパワーのリソースを真にリスクの解明と，リスクの対策に結び付ける形で進められなければならない。

さらにこの問題を契機に，リスクのみならず日本人の伝統的に摂取してきた食品中に内分泌系の有害な障害から身体を守る成分もありうること，しかし，このようなベネフィシャルな効果を，これらを成分に含有するサプリメントに期待するのではなく，普段の食事に心を砕くことで健康な生活を保持，増進できることにも思い至るべきであろうと考えている。

5. 環境ホルモンのヒトへのリスク

　最後にリスクとベネフィットの検討には，様々な分野の専門家の分野横断的な協力と，知識の総合による判断が必要とされる。また単に知識の寄せ集めではなく，リスク評価それ自身の方法論の検討や理論の確立が前提として必要とされている。さらに環境ホルモン問題でクローズアップされた重要な事柄の一つとして，適切なリスクコミュニケーションが要求された[23),43)]。筆者は，この3年間，次世代影響リスク評価について分野横断的な研究班を組織し，生体機能の統合的な理解や，野生生物と健康へのこれらの主題について研究を進め，また併行して環境ホルモンのリスクをどう考えるべきだろうかというような話し合いを多くの方と行ってきた。今後さらに広範な人々と協力し，リスクをめぐる理解の推進とより良いリスクマネジメントにつなげていけることを期待している。

参考文献

1) 可塑剤工業会資料 (1999) http://www.kasozai.gr.jp/main/index2.htm
2) NTP-CERHR (2000) NTP-CERHR Expert Panel Report on Di(2-Ethylhexyl) Phthalate.
3) Schmid, Schlatter (1985) Excretion and metabolism of di(2-ethylhexyl) phthalate in man, *Xenobiotica*, **15**, 251-256.
4) 厚生省水道整備課 (1999) 内分泌かく乱化学物質の水道水からの暴露等に関する調査研究，平成11年8月2日, 1-5.
5) 国包章一 (1999) 内分泌かく乱化学物質の水道水からの暴露等に関する調査研究とりまとめについて，平成11年8月2日, 1-24.
6) 藤田正憲，池道彦，平尾知彦 (2002) 環境ホルモンの生物学的分解, **44**, 9-14.
7) National Research Council (1983) Assessment in the Federal Government, Managing the Process, National Academy Press.
8) 例えば，高田寛治 (2000) 改訂薬物動態学，基礎と応用，㈱じほう．
9) 佐竹星爾，川本裕子，森澤眞輔 (2002) 食品経路によるビスフェノールAの曝露量について，環境技術研究協会年次研究発表会要旨集, **2**, 243-248.
10) 森澤眞輔，中山亜紀 (2002) ビスフェノールAの懐胎期ICRマウス体内動態，平成13年度科学研究費補助金(特定領域(A)(1) 研究代表者，松井三郎)研究成果報告書「内分泌撹乱物質の環境リスク」, 115-124.
11) 河村葉子 (1999) 缶コーティングからのビスフェノールA及び関連化合物の溶出に関する研究，平成11年度厚生科学研究費報告書, 79-89.
12) 文部科学省報道発表資料 (www.mext.go.jp/b menu/houdou/13/09/010905.htm)
13) 渡辺悠二 (1998) ポリカーボネート食器，食品缶詰等からの溶出に関する調査研究(ビスフェノ

ール A 等フェノール化合物の曝露に関する調査研究），平成 10 年度厚生科学研究費報告書，409-413, 420-423.
14) 本郷敏雄，中沢裕之（1999）歯科用ポリカーボネート中の BPA の分析，平成 11 年度厚生科学研究費報告書，147-152.
15) 関沢 純，配島由二，土野利江（2001）ビスフェノール A 重合樹脂成型血液透析器仕様のリスク・ベネフィット分析，日本リスク研究学会第 14 回研究発表会講演論文集，**14**, 73-76.
16) 日本缶詰統計協会資料（www.jca-can.or.jp）
17) Sakaue, M. *et al.* (2001) Bisphenol-A Affects Spermatogenesis in the Adult Rat Even at a Low Dose, *J. Occup. Health*, **43**, 185-190.
18) 藤田正一，数坂昭夫，石塚真由美（2002）ほ乳類の生殖および行動異常に関するマイクロアレイ解析結果，平成 13 年度科学研究費補助金（特定領域（A）（1）研究代表者，松井三郎）研究成果報告書「内分泌撹乱物質の環境リスク」，99-106.
19) 森 千里，小宮山政敏（2002）マイクロアレイ解析結果，同上，67-77.
20) 井口泰泉，渡邊 肇（2002）メス生殖器官におけるマイクロアレイ解析結果，同上，77-92.
21) IPCS (1999) Principles for the Assessment of Risks to Human Health from Exposure to Chemicals, Environmental Health Criteria, 210（関澤 純，花井荘輔，毛利哲夫監訳（2001）化学物質の健康リスクアセスメント，丸善，東京）．
22) IPCS (2002) Global Assessment of the State-of-the-Science of Endocrine Disruptors, World Health Organization, WHO/PCS/EDC/02.2.
23) 関澤 純（2002）内分泌撹乱化学物質のリスクアセスメントとリスクコミュニケーション，最新医学，**57**, 273-278.
24) 関澤 純（2001）「環境ホルモン物質」についてあらためて考えてみよう—最近の知見から—，施設と園芸，**114**, 64-67.
25) 関澤 純（2000）化学物質のリスク評価における不確実性，日本リスク研究学会誌，**12**(2), 4-9.
26) IPCS (2001) Guidance Document for the Use of Data in Development of Chemical-Specific Adjustment Factors (CSAFs) for Interspecies Differences and Human Variability in Dose/Concentration-Response Assessment, WHO/PCS/01.4. (http://www.ipcsharmonize.org/csaf-intro.html)
27) 関澤 純（1998）ダイオキシンと環境ホルモン—問題の広がりと対応のあり方，「ダイオキシンと環境ホルモン」（日本化学会編），1-30, 東京化学同人，東京．
28) 内分泌かく乱化学物質の健康影響に関する検討会中間報告書追補（2002）内分泌かく乱化学物質問題の現状と今後の取組，化学工業日報社．
29) IPCS (1999) Concise International Chemical Assessment Document No.13, Triphenyltin Compounds, pp.40, World Health Organization, Geneva.
30) Sekizawa, J., Suter, G., Vermeire, T. and Munns, W. (2000) An example of integrated approach for health and environmental risk assessment：case of organotin compounds, *Water Sci. & Technol.*, **41**(7/8), 305-313.
31) Sekizawa, J., Suter, G., Birnbaum, L. (2003) Integrated human and ecological risk

assessment : a case study of tributyltin and triphenyltin compounds, *J. Human and Ecological Risk Assessment*, **9(1)** (in press).
32) 関澤 純, 大屋幸江 (1999) 植物エストロゲン物質の日本人の健康への定量的リスク・ベネフィット解析, 日本リスク研究学会誌, **11(1)**, 75-82.
33) vom Saal, F. S., Cook, P. S., Buchanan, D. L., Palanza, P., Thayer, K. A., Nagel, S. C., Parmigiani, S., and Welshons, W. V. (1998) A physiologically based approach to the study of bisphenol A and other estrogenic chemicals on the size of reproductive organs, daily sperm production, and behavior, *Toxicol. Ind. Health*, **14(1/2)**, 239-260.
34) 関澤 純, 配島由二, 土屋利江 (2001) ビスフェノールA重合樹脂成型血液透析器使用のリスク・ベネフィット分析, 日本リスク研究学会2001年度研究発表会要旨集, **14**, 73-76.
35) IPCS (1999) Concise International Chemical Assessment Document No.14, Trbutyltin oxide p.29, World Health Organization, Geneva.
36) 関澤 純 (1998) わが国の有機スズ汚染による健康および環境影響リスクの評価, 国医薬品食品衛生研究所報告, **116**, 126-131.
37) Sakaue, M., Ohsako, S., Ishimura, R., Kurosawa, M., Hayashi, Y., Aoki, Y., Yonemoto, J. and Tohyama, C. (2001) Bisphenol-A affects spermatogenesis in the adult rat even at a low dose, *J. Occup. Health*, **43**, 185-190.
38) Haishima, Y., Hayashi, Y., Yagami, T. and Nakamura, A. (2001) Elution of bisphenol-A from haemo-dyalyzers consisting of polycarbonate and poly-sulfone resins, *Appl. Biomater.*, **58**, 209-215.
39) Morikawa, K., Tagami, T., Akamatsu, T., Usui, T., Saijo, M., Kanamoto, N., Hataya, Kanamoto, N., Hataya, Shimatsu, A., Kuzuya, H. and Nakao, K. (2002) Thyroid hormone action is disrupted by bisphenol A as an antagonist, *J. Clinical Endocrinol. & Metabol.*, **87(11)**, 5185-5190.
40) Facciolo, R. M., Alo, R., Madeo, M., Canonaco, M. and Dessi-Fulgheri, F. (2002) Early cerebral activities of the environmental estrogen bisphenol A appear to act via the Somatostatin receptor subtype sst2, *Environm. Health Persp.*, **110 supl.3**, 397-402.
41) Al-Hiyasat, A. S., Darmani, H. and Elbetieha, A. M. (2002) Effects of bisphenol A on adult male mouse fertility, *Eur. J. Oral Sci.*, **110**, 163-167.
42) Kubo, K., Arai, O., Ogata, R., Omura, M., Hori, T., Aou, S. (2001) Exposure to bisphenol A during the fetal and suckling periods disrupts sexual differentiation of the locus coeruleus and of behavior in the rat, *Neurosci. Lett.*, **304(1-2)**, 73-76.
43) 関澤 純 (2000) 環境管理におけるリスク・コミュニケーション, 水環境学会誌, **23**, 406-411.

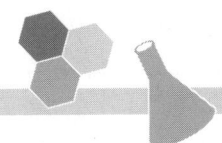

6. 環境ホルモンの検知・分析とその原理

6.1 機器分析

6.1.1 化学物質分析の概要

外因性内分泌攪乱化学物質，いわゆる環境ホルモンについては，1998年の「外因性内分泌攪乱化学物質問題への環境庁の対応方針について—環境ホルモン戦略計画 SPPED'98」（環境庁）において約70種の化学物質名が公表され，環境庁（現環境省）や建設省（現国土交通省）をはじめ各省庁において緊急に調査が実施されたことは周知のことである。

調査に先がけ，分析法マニュアルの作成が急遽行われ，「外因性内分泌攪乱化学物質調査暫定マニュアル」(1998年10月環境庁水質保全局水質管理課)が作成された。さらに翌年には，環境ホルモンの中でも重要な位置を占める 17β-エストラジオール，すなわち女性ホルモンの分析法が新しく開発され，2000年度のマニュアルに追加する形で「要調査項目等調査マニュアル（水質，底質，水生生物）」(1999年12月環境庁水質保全局水質管理課)が刊行された。ここでは，筆者も両マニュアル作成に参画したことから，両マニュアルを中心に環境ホルモンの機器分析について解説する。

環境ホルモンの分析といっても，環境ホルモンに特異的な分析法があるわけではない。SPEED'98で指摘された約70物質は，有機スズ化合物のように金属を含有するものもあるが，すべて有機化合物である。そこで，環境試料中の微量有機化合物の分析に関する一般論を記述した後，環境ホルモン分析の各論について述べる。

現在の機器分析では，きわめて高価な分析機器が使用され，特にダイオキシン類分析においてはほとんどがそうである。きわめて高感度で，しかも分析目的物質に対して信じ難いほどの選択性を持つ機器であるが，分析試料をそのまま分析機器に入れれば済むというものではなく，事前に試料から目的物質を取り出し（抽出とい

う），機器分析において妨害となる目的物質以外の共雑物質を除去（クリーンアップという）しなければならない。また，そのままで機器分析できないものは，別の分析可能な構造に変換（誘導体化という）しなければならない場合もある。分析機器に導入するまでのこれら一連の操作を前処理といい，特にダイオキシン類のような超微量分析ともなれば，きわめて複雑な処理が要求され，しかも，この前処理は自動化がほとんど困難なもの（部分的には自動化されているものもあるが）であり，多大の労力と高度な技術が必要となる。例えば，ダイオキシン類の分析費が高価な分析機器の原価償却をも合わせてきわめて高額になるのは，このことが理由となっている。

ここで，前処理と機器分析について述べる。

(1) 抽　　出

水質，底質や生物試料から分析しようとする目的物質を取り出すことである。水質試料からの抽出は，従来からヘキサンやジクロロメタンなどの非親水性の溶媒による抽出（液–液抽出）が汎用されてきたが，近年，有機溶媒の使用量を減らす目的（分析者の健康や環境への配慮から）で，吸着剤に通水して目的物質を吸着剤に捕集する（固相抽出）が多く行われるようになり，種々の吸着剤を内蔵したカートリッジタイプのものやディスク型のものが市販されている。固形物質（底質，土壌，生物など）からの抽出では，アセトンやアセトニトリルのような親水性溶媒による振とう抽出や超音波抽出が簡単であり，汎用されている。ほかにダイオキシン類の抽出のようにソックスレー抽出法もよく使用される。最近では，高温高圧溶媒を使用した高速溶媒抽出装置や超臨界溶媒抽出装置も市販されているが，ほかと比較して高価なのが難点といえよう。

(2) クリーンアップ

抽出したものから可能な限り目的物質以外の共雑物質を除去する操作，すなわちクリーンアップが必要になる。これには，分子の極性の差を利用して分離するアルミナ，フロリジルやシリカゲルなどの順相系の吸着剤が汎用され，さらにダイオキシン類（コプラナーPCBも含む）のクリーンアップには，平面構造を持つ分子に対して強い吸着力がある活性炭が併用される場合が多い。また最近では，分子の大きさの差を利用して分離するゲルパーミエーション（浸透）クロマトグラフィー（GPC）も利用されるようになってきた。

（3） 誘導体化

　この操作は，常に必要なものではなく，使用する分析機器により，そのままの形では分析困難な場合に行われる。

　例えば，ガスクロマトグラフィー(GC)で分析する場合，気化しない物質や熱分解するような物質を化学反応によって気化しやすい物質に変換(誘導)したり，熱的に安定な物質に変換する操作のことである。その他，ある検出器(後述)に対して感度を持たない物質を高感度な物質に変換することも行われる。また，液体クロマトグラフィー(LC)では，紫外線吸収(感度も悪く，選択性もないので，環境分析には向かない)しか持たない物質を蛍光物質に誘導体化するなど種々の方法が開発され，そのための反応試薬も種々市販されている。

（4） 分析機器

　前処理において可能な限り共雑物質をクリーンアップで除去したとしても，まだまだ多くの目的物質以外のものが共存しているので，機器による分離ということがきわめて重要となる。分離にはクロマトグラフィーが使用される。クロマトグラフィーには種々の方法があるが，GCとLCが一般的であり，汎用されている。GCでは，分離に使用するカラムが重要であるが，現在ではほとんどが高分離のキャピラリーカラムが使用されている。

　高度に分離された各物質は，検出器により検出されるわけであるが，種々の原理に基づいた多くの検出器が開発され，歴史的な経緯を持ちながら目的に応じて使用されてきた。GCでは，あらゆる物質に応答する熱伝導度型検出器(TCD)，ほとんどの有機化合物に適用できる水素炎イオン化検出器(FID)，ハロゲンやニトロ基のような親電子置換基に高感度な電子捕獲型検出器(ECD)，窒素やリンを含有する物質に対して選択的で高感度な熱イオン化検出器(TID)，硫黄やリンを含有する物質を還元性水素炎中で燃やしたときに発光する特異的波長の光を検出する，選択的で高感度な炎光光度検出器(FPD)などが開発，使用されてきた。例えば，PCBやDDT，クロルデンなどの有機塩素系農薬に対しては，ECDが威力を発揮してきた(歴史的にはこのECDに頼らざるを得ない時代もあった)。また，農薬では，リン，硫黄や窒素を含有するものが多いことから，TIDやFPDが重要な検出器であった。しかし現在では，物質をイオン化(分子の開裂を含む)し，そのイオンを質量別に分離検出する質量分析計(MS)が主流になり，完全にMSの時代になっている。環境

分析の検出器として要求されるのは，高感度，高選択性および高信頼性であるが，この3要素を最も満足させるのがMSであろう。最近のダイオキシンや環境ホルモンのような超微量分析では，MS，しかも高分解能のMSの需要がますます重要になっている。

LCの検出器としては，従来，紫外線吸光光度計や蛍光検出器が使用されてきたが，環境分析においては選択性に難点があり，これはLCの分離能力がGCに比較して劣ることからも致命的であった。分離手段としてのLCと検出手段としてのMSの結合は有力な分析機器となることは誰の目にも明らかであり，その開発が行われてきたが，MSに試料を導入する前に溶離溶媒を除去するインターフェースの開発に困難があり，環境分析に使用されるには至らなかった。しかし，近年，この開発が進み，LC/MSが環境分析に適用されつつある。今後，GCによる分析が困難な物質に対しての適用が大いに期待されているところである。

環境ホルモンの分析に関しては，SPEED'98で指摘された約70種の化学物質についてできるだけ分析の労力を省くということから，グループごとの分析法が記述されているので，次にその概要について述べる。

6.1.2　環境ホルモンの機器分析

(1)　ポリ塩化ビフェニル(PCB)

① 水質試料

サロゲート*¹を添加後，ヘキサンで液-液抽出するか，カートリッジやディスクで固相抽出を行い，脱水・濃縮後シリカゲルカートリッジでクリーンアップして，GC/MS-SIM*²で定量する。

---

*¹ サロゲート(surrogate)：代理人や代用物という意味であるが，水素Hの代わりに重水素D，あるいは¹²Cの代わりに¹³Cで標識した化合物を分析資料に添加して分析する。同位体希釈法の一種である。目的物質とサロゲート物質はほとんど同一の物理化学的性質を持ち，クロマトグラフィーでは分離できないが，質量分析では分離できるために，GC/MSやLC/MS分析では分析精度を高めるため，汎用される。ただ，これらの標識化合物はきわめて高価なのが難点であるが，ダイオキシン分析などにおいてはこの方法がとられている。

*² SIM：selected ion monitoringの略で，あらかじめ設定されたイオンのみをモニターして定量する方法である。これに対して，経時的にすべてのイオンをスキャン測定によりモニターしておき，測定後コンピュータ処理により目的イオンのクロマトグラムを作成し定量する方法をマスクロマトグラフ法(通称マスクロ法)といい，イオントラップ型の質量分析計はこの方法による。

② 底質および生物試料

サロゲート物質添加後，1 M-水酸化カリウム／エタノール溶液でアルカリ分解（生体成分には，特にエステルタイプのものが多い。この操作により中極性の生体成分を強極性の成分に分解することにより，クリーンアップがきわめて効果的となる）を行い，ヘキサン抽出する。次にヘキサン溶液を濃硫酸処理し，シリカゲルカラム（特に，生物試料ではアルカリ分解を行っても共雑成分が多く，カートリッジタイプの吸着剤では吸着剤の量が不足し，クリーンアップができない場合があるので，オープンカラムによるクリーンアップを行う）でクリーンアップを行い，GC/MS-SIM で定量する。

なお，定量は，サロゲート物質を内標準とした同位体希釈法を用いて塩素数ごとに行う（使用するキャピラリーカラムにより各同族体，異性体のアサインメントが行われている）。

この方法では，コプラナー PCB とノンコプラナー PCB の分離定量はできない。これらの分離定量には，ダイオキシン類分析法を参考にすべきである。

(2) 有機塩素系農薬，ポリ臭化ビフェニルおよびベンゾ[a]ピレン

α-,β-,γ-,δ-HCH／p,p'-DDT／p,p'-DDE／p,p'-DDD／メトキシクロル／ケルセン（ディコホル）／アルドリン／ディルドリン／エンドリン／エンドスルファン／ヘプタクロル／ヘプタクロルエポキシド／$trans$-クロルデン／cis-クロルデン／オキシクロルデン／$trans$-ノナクロル／cis-ノナクロル／ヘキサクロロベンゼン（HCB）／オクタクロロスチレン／ポリ臭化ビフェニル（PBB）／ベンゾ[a]ピレン（BaP）

① 水質試料

ヘキサンで液-液抽出，または固相カートリッジで抽出後，脱水・濃縮して GC/MS-SIM で定量する。

② 底質試料

アセトンで抽出後，食塩水を加えてヘキサンで抽出する。ヘキサン相を脱水・濃縮後，フロリジルカラムクロマトグラフィーでクリーンアップして GC/MS-SIM で定量する。

③ 生物試料

アセトン-ヘキサン混合溶媒で抽出後，水洗して有機塩素系農薬・BaP 用とポリ

臭化ビフェニル用試料に二分する。次に，有機塩素系農薬用試料は，アセトニトリル／ヘキサン分配[*3]で脂質を除き，フロリジルカラムクロマトグラフィーで分画してGC/MS-SIMで定量する。ポリ臭化ビフェニル用試料は，硫酸洗浄後，フロリジルカラムクロマトグラフィーで分画してGC/MS-SIMで定量する。

(3) フェノール類の分析法
(a) アルキルフェノール類の分析法

$$\left[\begin{array}{l}\text{4-}t\text{-ブチルフェノール／4-}n\text{-ペンチルフェノール／4-}n\text{-ヘキシルフェノール／4-}\\ n\text{-ヘプチルフェノール／4-}t\text{-オクチルフェノール／4-}n\text{-オクチルフェノール／}\\ \text{ノニルフェノール}\end{array}\right\}$$

① 水質試料

塩酸酸性下(pH3程度)ジクロロメタンで抽出する(懸濁物質SS分が多い試料では，グラスファイバーフィルターでろ過し，SSはアセトン抽出してろ液に合わせる)。脱水・濃縮してGC/MS-SIMで定量する。

固相抽出法によってもよい(カートリッジまたはディスク)。酢酸メチルで溶出後，ヘキサンを加えて脱水し，濃縮後GC/MS-SIMで定量する。妨害物質が存在する場合は，シリカゲルカラムクロマトグラフィーでクリーンアップを行う。

② 底質試料

塩酸酸性下アセトンで抽出した後，塩化ナトリウム水溶液を加えてジクロロメタンで抽出する。脱水・濃縮後シリカゲルカラムクロマトグラフィーでクリーンアップを行い，GC/MS-SIMで定量する。

③ 生物試料

メタノールで抽出後，メタノール／ヘキサン分配[*4]でジクロロメタンに転溶後，脱水・濃縮しシリカゲルカラムクロマトグラフィーでクリーンアップを行い，

[*3] アセトニトリル／ヘキサン分配：アセトニトリルとヘキサンで分配すると，目的成分がアセトニトリル層に，脂質や底質中に大量に存在する鉱油成分がヘキサン層に分配されることを利用して精製するクリーンアップの一種である。ただし，HCBやアルドリンなどのオクタノール／水分配係数の大きな物質は，かなりヘキサン層に分配され回収率の低下の原因になるので，注意を要するが，サロゲート物質を使用すれば補正されるので問題はない。

[*4] アセトニトリル／ヘキサン分配を行うと，この後，メタノール層に水を加えてジクロロメタン抽出した場合，ジクロロメタン層にアセトニトリルが混入し濃縮が困難になる。DDTやクロルデンなどヘキサン抽出可能なものは，アセトニトリル／ヘキサン分配でもよいが，ヘキサン抽出が困難でやむを得ずジクロロメタンを使用する場合は，メタノール／ヘキサン分配の方がよい。

GC/MS-SIM で定量する.

(b) ビスフェノール A およびクロロフェノール類(トリメチルシリル誘導体化法)
[ビスフェノール A／2,4-ジクロロフェノール／ペンタクロロフェノール]
① 水質試料

塩酸酸性下(pH 3 程度)ジクロロメタンで抽出する(懸濁物質 SS 分が多い試料では,グラスファイバーフィルターでろ過し,SS はアセトン抽出してろ液に合わせる).脱水・濃縮してトリメチルシリル化(TMS 化)を行い,GC/MS-SIM で定量する.

固相抽出法によってもよい(カートリッジまたはディスク).酢酸メチルで溶出後,ヘキサンを加えて脱水し,濃縮後 TMS 化を行い,GC/MS-SIM で定量する.クリーンアップが必要なときは,ジクロロメタン抽出液をシリカゲルカラムクロマトグラフィーにかける.

② 底質試料

塩酸酸性下アセトンで抽出した後,塩化ナトリウム水溶液を加えてジクロロメタンで抽出する.脱水・濃縮後,シリカゲルカラムクロマトグラフィーでクリーンアップしてから TMS 化を行い,GC/MS-SIM で定量する.

③ 生物試料

メタノールで抽出後,メタノール／ヘキサン分配で脂質を除去する.メタノール層を塩化ナトリウム水溶液に加えた後,ジクロロメタンで抽出する.抽出液を脱水・濃縮後,シリカゲルカラムクロマトグラフィーでクリーンアップしてから TMS 化を行い,GC/MS-SIM で定量する.

(c) フェノール類(エチル誘導体化法)

[4-*t*-ブチルフェノール／4-*n*-ペンチルフェノール／4-*n*-ヘキシルフェノール／4-*n*-ヘプチルフェノール／4-*t*-オクチルフェノール／4-*n*-オクチルフェノール／ノニルフェノール／ビスフェノール A／2,4-ジクロロフェノール／ペンタクロロフェノール]

① 水質試料

固相カートリッジに通水捕集後,酢酸メチルで溶出・濃縮し,ヘキサンに転溶し,脱水・濃縮後,乾固する.水酸化カリウム存在下,ジエチル硫酸でエチル化を行い,

内標準含有のヘキサンで抽出し，脱水後，GC/MS-SIM で定量する。
② 底質試料および生物試料

メタノールで抽出し，メタノール／ヘキサン分配で底質中の鉱油成分や生物試料中の脂質を除去する。塩化ナトリウム水溶液を加えた後，ジクロロメタンで抽出する。ジクロロメタン層を水洗後，脱水・濃縮し，乾固する。以下，水質試料と同様にエチル化を行い，アルカリ分解を行った後，フロリジルカートリッジカラムによりクリーンアップをし，GC/MS-SIM により定量する。

フェノール類の TMS 化誘導体は，アルカリ分解を行うと分解するが，エチル化誘導体は，全く分解しない。このことによりアルカリ分解後，クリーンアップを行うときわめて効果的であり，特に生物試料での効果が大きい。

（4） フタル酸エステル類

アトラジン／シマジン／メトリブジン／カルバリル／アラクロール／エチルパラチオン／マラチオン／ニトロフェン／トリフルラリン／シペルメトリン／エスフェンバレレート／フェンバレレート／ペルメトリン／ビンクロゾリン

本分析の成否は，ひとえにブランク値をいかに小さくするかということにかかっている（特にフタル酸ジ-n-ブチルとフタル酸ジ-2-エチルヘキシル）。
① 水質試料

サロゲート物質および塩析剤として塩化ナトリウムを加え，ヘキサンで抽出し，GC/MS-SIM で定量する。可能な限りブランク値を小さくするため，抽出容器として 100 mL メスフラスコを使用し，試料水 95 mL に対して少量のヘキサン（2.5 mL）で抽出を行う。
② 底質試料

アセトニトリルで抽出し，ゲルパーミエーションクロマトグラフィー（GPC）でクリーンアップ後，GC/MS-SIM で定量する。または，アセトニトリル抽出後，ヘキサンに転溶し，フロリジルカラムクリーンアップを行い，GC/MS-SIM で定量する。
③ 生物試料

ホモジナイザーを用いてアセトニトリルで抽出する。このアセトニトリル抽出液を GPC でクリーンアップ後，GC/MS-SIM で定量する。または，アセトニトリル／ヘキサン分配により脂質を除去後，ヘキサンに転溶し，フロリジルカラムクリーン

アップを行い，GC/MS-SIM で定量する．

(5) アジピン酸ジ-2-エチルヘキシル
① 水質試料
　サロゲート物質および塩化ナトリウムを添加し，ヘキサンで抽出する．脱水・濃縮後，GC/MS-SIM で定量する．
② 底質試料
　振とうと超音波洗浄器を用いてアセトニトリルで抽出し，塩化ナトリウム水溶液を加えヘキサンに転溶する．ヘキサン溶液を脱水・濃縮後，フロリジルカラムクロマトグラフィーでクリーンアップし，GC/MS-SIM で定量する．
③ 生物試料
　ホモジナイザーを用いてアセトニトリルで抽出する．アセトニトリル／ヘキサン分配により脂質を除去後，ヘキサンに転溶し，フロリジルカラムクリーンアップを行い，GC/MS-SIM で定量する．

(6) ベンゾ[a]ピレン，ベンゾフェノン，4-ニトロトルエン，スチレンダイマー（2量体）およびトリマー（3量体）
① 水質試料
　ヘキサンで液-液抽出を行い，必要に応じてシリカゲルカラムクロマトグラフィーによりクリーンアップし，GC/MS-SIM により定量する．
② 底質および生物試料
　ベンゾ[a]ピレンは，アルカリ分解後，ヘキサンに転溶する．ヘキサン溶液を脱水・濃縮し，シリカゲルカラムクロマトグラフィーでクリーンアップを行い，GC/MS-SIM で定量する．
　ベンゾフェノンおよび4-ニトロトルエンは，底質試料については水蒸気蒸留を行い，ヘキサンで抽出後，シリカゲルカラムクロマトグラフィーでクリーンアップを行い，GC/MS-SIM で定量する．生物試料については，アセトンで抽出後，水蒸気蒸留を行い，以下，底質試料と同様に行う．
　スチレンダイマーおよびトリマーは，アルカリ分解後，ヘキサンに転溶する．ヘキサン溶液を脱水・濃縮し，シリカゲルカラムクロマトグラフィーでクリーンアップを行い，GC/MS-SIM で定量する．

(7) 1,2-ジブロモ-3-クロロプロパン，スチレンおよび n-ブチルベンゼン

(a) ヘッドスペース法
① 水質試料

試料をバイアル瓶にとり，内標準および塩化ナトリウムを加え，密栓して混和し，一定温度で保持し，気相の一部を GC/MS-SIM により定量する。

② 底質試料

メタノールで抽出し，メタノール溶液の一部を水で希釈し，以下，水質試料と同様に行う。

(b) パージ&トラップ法
① 水質試料

試料をパージ瓶にとり，内標準を添加し，不活性ガスを通気して対象物質を気相中に移動させ，トラップ管に捕集する。次にトラップ管を加熱し対象物質を脱着して，冷却凝集装置でクライオフォーカス(冷却凝縮)させ，GC/MS-SIM に導入して定量する。

② 底質および生物試料

メタノールで抽出し，メタノール溶液の一部を水で希釈後，水質試料と同様に行う。

(8) 農　　薬

(a) 多成分農薬分析法

{ アトラジン／シマジン／メトリブジン／カルバリル／アラクロール／エチルパラチオン／マラチオン／ニトロフェン／トリフルラリン／シペルメトリン／エスフェンバレレート／フェンバレレート／ペルメトリン／ビンクロゾリン }

① 水質試料

ジクロロメタンによる液-液抽出または固相抽出を行い，脱水・濃縮後，内標準物質を添加し，GC/MS-SIM で定量する。

② 底質試料

アセトンで抽出し，水を加えてジクロロメタンに転溶する。または，アセトン抽出液を濃縮し，水で希釈した後，固相抽出を行ってもよい。フロリジルとグラファ

イトカーボンカートリッジでクリーンアップを行い，内標準物質を添加後，GC/MS-SIM で定量する．
③　生物試料
　アセトニトリルで抽出し，アセトニトリル／ヘキサン分配により脂質を除去する．次いで水を加えてジクロロメタンに転溶し，脱水・濃縮後，フロルジルカラムでクリーンアップを行い，濃縮後，内標準物質を添加し，GC/MS-SIM で定量する．

(b)　その他の農薬分析法
■フェノキシ酢酸系農薬
〔2,4,5-トリクロロフェノキシ酢酸(2,4,5-T)／2,4-ジクロロフェノキシ酢酸(2,4-D)〕
①　水質試料
　塩酸酸性下(pH 2)でエーテル抽出し，乾固後，アルカリ分解を行う（フェノキシ酢酸系のエステルタイプの農薬も加水分解により定量値に含まれる）．アルカリ性下でジクロロメタンで洗浄する．再度塩酸により酸性とした後，ジクロロメタンで抽出し，脱水・濃縮・乾固する．ジアゾメタンでメチル化した後，内標準物質を添加し，GC/MS-SIM で定量する．
②　底質および生物試料
　1 N 水酸化ナトリウム／アセトン溶液で抽出し，ロータリーエバポレーターで抽出液のアセトンを留去する．次いでアルカリ分解を行い，以下，水質試料と同様に行う．

■ベノミル
　本分析法は，ベノミルを加水分解し，メチルベンズイミダゾール-2-カーバメート(MBC)に変換し分析するもので，ベンズイミダゾール系のチオファネートメチルやチアベンダゾールが共存すれば，これらも定量値に含まれる．
①　水質試料
　塩化ナトリウムを添加しジクロロメタンで抽出する．抽出液をロータリーエバポレーターで濃縮し，酢酸エチルに溶解させる．0.1 N 塩酸で抽出し，塩酸層は酢酸エチルで洗浄する．塩酸層は，水酸化ナトリウム水溶液で pH 6.4 に調整し，ジクロロメタンで抽出する．抽出液にヘキサンを加え，脱水・濃縮・乾固する．これをジアゾメタンでメチル化し，内標準物質を添加し，GC/MS-SIM で定量する．

② 底質試料

メタノールで抽出し，ロータリーエバポレーターで乾固する。0.1N塩酸および酢酸エチルを加え，振とうし，酢酸エチル層を採取する。塩酸層は，再度酢酸エチルで抽出し合わせ，ロータリーエバポレーターで乾固する。酢酸エチルに溶解させ，0.1N塩酸で抽出する(2回)。塩酸層は，水酸化ナトリウムでpH6.4に調製し，以下，水質試料と同様に行う。

③ 生物試料

アセトニトリルで抽出し，アセトニトリル／ヘキサン分配により脂質を除去する。アセトニトリル層をロータリーエバポレーターで乾固する。残液に0.1N塩酸および酢酸エチルを加えて溶解し，以下，底質試料と同様に行う。

■アミトロール

① 水質試料

pH4.0に調整後，フルオレスカミンと反応させ，オクタデシルシラン(ODS)系の固相カラムを用いて濃縮し，HPLC-蛍光検出法で定量する。

② 底質試料

2％アンモニア水で抽出し，煮沸によりアンモニアを除去し，o-フタルアルデヒド(OPA)溶液を加え，ジクロロメタンで妨害物質を洗浄除去した後，フルオレスカミンによる誘導体化反応を行う。以下，水質試料と同様に行う。

③ 生物試料

エタノール，次いで40％含水エタノールで抽出する。抽出液に水を加えてヘキサン洗浄を行う。その一部をとり，過酸化水素により酸化処理を行う。処理液をまず強酸性陽イオン交換カラム，次いで弱酸性陽イオン交換カラムでクリーンアップを行い，以下，誘導体化反応を行い，HPLC-蛍光検出法で定量する。

■メソミル

本分析法は，アルディカーブやカルバリルなどのN-メチルカルバメート系農薬の測定にも適用できる。すなわち，これらの農薬をアルカリ分解して生成するメチルアミンを蛍光誘導体化してHPLC-蛍光検出法で定量するため，農薬をHPLCで分離した後，アルカリ分解および誘導体化を行うポストカラム誘導体化法である。

① 水質試料

　塩化ナトリウムを添加し，ジクロロメタンで抽出後濃縮し，内部標準（アルディカーブスルホキシド）を添加し，o-フタルアルデヒドによるHPLC-ポストカラム蛍光検出法で定量する。

② 底質試料

　アセトンで抽出し，10％塩化ナトリウム水溶液を加えヘキサンで洗浄した後，ジクロロメタンで抽出する。抽出液は脱水・濃縮し，シリカゲルカラムクロマトグラフィーにより精製し，濃縮後内標準物質を添加し，HPLC-ポストカラム蛍光検出法で定量する。

③ 生物試料

　メタノールで抽出した後，底質試料と同様に行う。

(9) トリブチルスズ化合物，トリフェニルスズ化合物

　例えば，トリブチルスズ化合物には，トリブチルスズクロライドやトリブチルスズオキサイドがあるように，有機スズ化合物には多くの化学形態のものが使用されている。しかし，現在の分析技術では，それぞれの形態別分析法は開発されていないので，表記のような表現にならざるを得ない。

① 水質試料

　サロゲート物質を添加後，塩酸酸性下でヘキサン抽出を行う。脱水濃縮後，臭化プロピルマグネシウムでグリニャール反応を行い，プロピル化を行う。希硫酸で過剰の臭化プロピルマグネシウムを分解した後，5％エーテル含有ヘキサンで抽出後，フロリジルミニカラムでクリーンアップし，GC/FPDまたはGC/MS-SIMで定量する。

② 底質および生物試料

　サロゲート物質添加後，塩酸酸性メタノール／酢酸エチル混合溶媒で抽出し，さらに酢酸エチル／ヘキサンで再抽出後，陽イオンおよび陰イオン交換樹脂によりクリーンアップを行う。以下，水質試料と同様にプロピル化を行い，GC/FPDまたはGC/MS-SIMで定量する。

　ここでは，グリニャール試薬によるプロピル化法を紹介したが，グリニャール反応は，試料中に水が混入した場合に反応がうまく進行しないという欠陥がある。そこで最近では，テトラエチルホウ酸ナトリウムでエチル化を行う方法がよく使われ

るようになってきた。この反応は，水溶液中でも進行するというメリットを持っている。

(10) エストラジオール

エスオラジオール類の分析法を2例紹介するが，いずれも通常の場合と比較してクリーンアップに重点が置かれている。これは，検出限界として非常に低濃度である 0.1 ng/L(ppt)を目標としたことによる。事前の検討から，環境中のエストラジオールの濃度が ppt レベル以下であろうと予測されたためであり，この程度に検出限界を設定すると，クリーンアップの重要性が大きくなる。

(a)　メチル誘導体化(GC/MS-SIM 法)
[17α-エストラジオール／17β-エストラジオール／エチニルエストラジオール]
① 水質試料

サロゲート物質，塩酸およびアスコルビン酸を添加し，ODS 系の固相カートリッジに通水捕集する。酢酸メチルで溶出し，ヘキサンに転溶後，脱水・濃縮・乾固する。フロリジルカートリッジカラムによりクリーンアップを行う。溶出液を乾固し，ジメチル硫酸でメチル誘導体化を行い，水酸化カリウム／エタノールを加えて過剰のジメチル硫酸を分解後，内標準(クリセン-d_{12})含有ヘキサンで抽出し，脱水・濃縮後，GC/MS-SIM で定量する。

② 底質および生物試料

サロゲート物質添加後，メタノールで抽出を行う。メタノール／ヘキサン分配により底質中の鉱油成分，生物中の脂質を除去し，水を加えてジクロロメタンに転溶し，脱水・濃縮・乾固する。フロリジルカートリッジカラムで誘導体化前のクリーンアップを行う。溶出液を乾固し，ジメチル硫酸によりメチル化を行い，1 N 水酸化カリウム／エタノール溶液を加え，過剰のジメチル硫酸を分解するとともに，共存物質のアルカリ分解を行う。内標準含有ヘキサンで抽出後，フロリジルカートリッジカラムで誘導体化後のクリーンアップを行い，濃縮し，GC/MS-SIM で定量する。

(b) ペンタフルオロベンジル&トリメチルシリル誘導体化法(GC/NCI-MS法)
[17α-エストラジオール／17β-エストラジオール／エチニルエストラジオール]
① 水質試料

　サロゲート物質を添加し，固相抽出を行う。メタノールで溶出し，濃縮・乾固後，フェノール性の水酸基をペンタフルオロベンジル化，次いでアルコール性の水酸基をトリメチルシリル(TMS)化し，シリカゲルミニカラムでクリーンアップ後，GC/NCI-MS(ガスクロマトグラフィー／負イオン化学イオン化質量分析法)で定量する。

② 底質試料および生物試料

　サロゲート物質を添加し，メタノール／酢酸緩衝液(pH 5)(9:1)で抽出した後，メタノール／ヘキサン分配により底質中の鉱油成分や生物中の脂質を除去し，精製水に溶解し，底質は固相抽出，生物試料はジクロロメタンで抽出し，濃縮する。フロリジルカラム，C18カートリッジまたはGPCなどで誘導体化前のクリーンアップを行った後，ペンタフルオロベンジル化を行う。生成した誘導体をヘキサンで抽出し，フロリジルカラムで精製後，TMS化を行う。これをシリカゲルカラムでクリーンアップし，GC/NCI-MSで定量する。

　以上，前記両マニュアルに記載された環境ホルモンの分析法の概要について記述したが，これ以外にも多くの方法がある。特に最近のLC/MSの普及に伴い，エストラジオール関係やノニルフェノールの前駆体である非イオン系界面活性剤であるノニルフェノールエトキシレートやその分解生成物にLC/MSの適用が見られるようになってきたが，紙面の関係でここでは割愛した。また，個々のオリジナル文献については，膨大な量になりマニュアルに記載されていることから割愛した。

【コラム】

Q：環境中の微量化学物質の分析には多大の労力と費用がかかるといわれていますが，どうしてですか？

A：環境試料中には，いろいろな物質が存在します。工業的に製造され使用されているものから，自然界に存在するものまで，実に多種多様のものが存在します。その中である特定のものを分析しようとし，しかも微量のものですので，なおさらです。

微量ということで，ここで重さ(重量)と濃度のことに触れておきましょう。g(グラム)という単位は誰でも知っているでしょう。以下，順に 1/1000 の重さになりますから記憶しておいてください。mg(ミリグラム；10^{-3} g)，μg(マイクログラム；10^{-6} g)，ng(ナノグラム；10^{-9} g)，pg(ピコグラム；10^{-12} g)，fg(フェントグラム；10^{-15} g)となります。濃度では，水 1 L(リットル)中に 1 mg 溶けている場合を 1 ppm といいます。以下，1 μg/L(1 ppb)，1 ng/L(1 ppt)，1 pg/L(1 ppq)という濃度単位が使用されます。通常，河川水や海水中の化学物質の濃度は，大量に使用され水によく溶けるものを除いては ppb という濃度レベル以下です。ダイオキシン類のように環境中での存在量が少なく，水にほとんど溶解せず，しかも毒性が強いものとなれば，ppq という濃度レベルまで分析することが要求されます。このように様々な共雑物が存在する試料から特定の物質を分析しようとするために，分析機器が高感度および高選択性であること，前処理において十分なクリーンアップが行われていることが重要になります。

　機器の検出感度については，いかに高価な機器を使用しても限界があります。これを克服するには，分析に供する試料量を増やすこと，または機器に導入する前に可能な限り濃縮しておくことで，たいていの場合，この両者が必要となります。例えば，ダイオキシン類の場合，数十 L という試料からの抽出が行われます。さらに，このようなきわめて高濃縮を行うと，通常の分析のようなクリーンアップでは不十分で，数倍の労力を要します。使用する分析機器もきわめて高価なもので，土地付き一戸建て住宅が買える値段で，億単位のものとなります。さらに，分析に必要な安定同位体標識化合物(サロゲート)は，数 ppm レベルの濃度で数 mL が数十万円という想像を絶するような値段です。まだあります。一口にダイオキシン類といっても，ジベンゾダイオキシン，ジベンゾフランやコプラナー PCB があり，それぞれの同族体や異性体がもう気の遠くなるほどあり，分析はたいへんな作業となるわけです。おわかりいただけましたでしょうか。

Q：先日の新聞(2001 年 11 月 26 日。朝日新聞朝刊)の一面に「環境ホルモン狙って吸着」，「新剤，従来より感度 1000 倍」という記事で，「分析機器も 1 台数十万円で済み，複雑な前処理も不要で 2，3 日かかっていた検査を数時間に短

縮でき，コストも 1/10 に抑えられる」ということが載っていました。もしそうならすばらしいと思うのですが，どの程度期待できるのでしょうか？

A：一部の関係者に概略を聞いただけで詳細はわかりませんが，ハッキリいって完全な選択性を持った吸着剤をつくることは困難でしょう。ここでは，まず環境ホルモンの一つであるビスフェノール A のための吸着剤を開発しているとのことでした。

　原理は，吸着剤(高分子)の表面にビスフェノール A がうまくはまり込むような鋳型構造をつくっておき，そこにビスフェノール A を捕まえるというものです。この鋳型をあまりビスフェノール A にピッタリにつくっておくと，完全に捕らえることが困難(定量的に吸着されない)になり，また吸着されたものを完全に取り出しにくく(定量的に脱着されない)なるという問題が生じます。したがって，この鋳型にある程度緩みというものを持たせなければならないということになります。そうすると，どうしても目的物質以外の物質がそこに入り込むということが起こります。そもそも外因性内分泌撹乱というものが同じ原理によって起こっているものなのです。しかし従来の固相抽出に比較して明らかに選択性は向上しますから，前処理の簡略化が期待でき，コストも下げられることでしょう。将来，種々の原理を応用した吸着剤の開発により，前処理を簡略化していくことは重要なことです。一方，機器の選択性については，十分満足できる現状にあると思います。

6.2　バイオアッセイ

6.2.1　バイオアッセイの位置付け

本節で取り上げるバイオアッセイとは，生物学的評価法のことである。これには内分泌撹乱作用を検出するスクリーニング法としての位置付けと，環境中の内分泌撹乱化学物質の包括的なバイオモニタリングとしての二面性がある。前者は主として多くの化学物質の中からエストロゲンやアンドロゲン様作用などを有する可能性があるか否かをふるいにかけ，さらに内分泌撹乱作用の程度を確認するために行われている。一方，後者は環境中における個々の内分泌撹乱化学物質の存在量を明ら

かにすることはできないが，環境試料中に含有する未知の化学物質を含め，それらの総合的な生態毒性評価やヒトの健康影響評価を指向した簡易毒性試験の目的で行われている。その実例については **4.1.2** を参照されたい。

多くの化学物質の中から内分泌撹乱作用を判定する具体的な方法としては，経済協力開発機構(OECD)や米国環境保護庁(USEPA)が，段階的にスクリーニング・ガイドライン試験を行うプログラムを提案している。これらの方法として，既存の文献情報の収集・分析後，まずヒト・動物由来の培養細胞や組織・受容体などを用いる試験管内試験(*in vitro* 試験)を実施し，さらに卵巣や精巣を除去するなどの処置を加えたげっ歯類や，魚類・両生類を用いる生体内試験(*in vivo* 試験)を行い，最終的には動物を用いた一生涯にわたる影響や次世代への影響を毒性判定指標(エンドポイント)とするといった一連のプロセスが考えられている。

そこで本節では，内分泌撹乱作用のスクリーニング・ガイドライン試験系としてのこれらの代表的なバイオアッセイを紹介するとともに，OECD/EDTA(Endocrine Disruptor Testing and Assessment)や EPA/EDSTAC(Endocrine Disruptor Screening and Testing Advisory Committee)による内分泌撹乱化学物質の安全性評価に対する取組みの現状について取り上げる。

6.2.2 *In vitro* 試験

被検物質が8万7000種ともいわれる化学物質の中から内分泌撹乱作用を検出するためのスクリーニング試験は，迅速かつ簡便であり，高感度であるが再現性も高く，かつその後の「ガイドライン確認試験」の結果を予測するものであることが要求される。以下に，現在 *in vitro* 試験で汎用されているものの中から試験法の原理別に受容体結合試験，細胞増殖試験，レポーター遺伝子アッセイおよびビテロゲニンアッセイに分類した。

(1) 受容体結合試験

生体内におけるステロイドホルモンの作用機序としては，核内に存在する受容体に結合することから始まり，この核内受容体が転写因子として機能するとともに，標的遺伝子の転写を制御することにある。受容体結合試験は，エストロゲン受容体(ER)やアンドロゲン受容体(AR)に対する化学物質の結合親和性および結合様式を

調べる方法であり，内分泌撹乱化学物質のスクリーニングとしてきわめて重要である。原理的には，^3H などの放射性標識や蛍光標識した 17β-エストラジオールなどの標準リガンドを用い，受容体への特異的結合を被検物質がどのくらい強く阻害するか（競合結合）によって判定する。

受容体の調製には子宮や前立腺などの組織から分離・調製する方法，MCF-7 などの培養細胞に発現した受容体タンパク質を用いる方法，大腸菌，昆虫細胞発現系などを用いた組換え受容体タンパク質を用いる方法がある。操作としては，①標識した標準リガンド，被検物質および受容体の混合液を一定時間インキュベーションしてそれらの親和性に応じて受容体に結合したリガンド（bound；B）を作製し，②デキストラン被膜活性炭を添加して受容体に結合していないリガンド（free；F）を吸着・除去した後（B/F 分離），③受容体に結合した標識リガンド（B）の量を放射活性や蛍光強度から測定する（**図 6.1**）。1つの化学物質についていくつか濃度を変えて検討し，結合曲線から 50％阻害濃度（IC_{50}）を算出する。

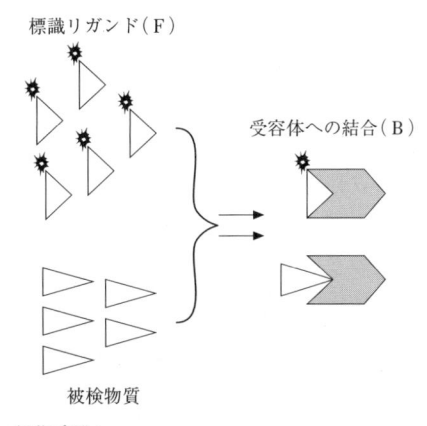

一方，分子間相互作用の解析に用いられる蛍光偏光法では，化学物質が蛍光標識リガンドを受容体から追い出すことによって，遊離したリガンドの分子運動が大きくなるために蛍光偏向が減少することを利用しており，本法を受容体結合試験に用いると B/F 分離の操作が不要になるので簡便である[1]。

受容体結合試験は簡便で自動化を図ることも可能であるが，問題点としてホルモン様物質（アゴニスト）と抗ホルモン様物質（アンタゴニスト）の区別ができないことが挙げられる。

図 6.1 受容体結合試験の原理と操作手順

操作手順：
① 標識リガンド，被検物質，受容体の混合液のインキュベーション
② B/F 分離
③ 標識体（B）の測定

(2) 細胞増殖試験

このスクリーニング法は，ヒト血清に由来するある種の分子がエストロゲン感受性ヒト細胞の増殖を特異的に抑制することに基づいている。エストロゲンはこの抑制効果を解除することによって細胞増殖を誘導するが，エストロゲン以外のステロイドや成長因子は哺乳類の血清による増殖抑制を解除しない。MCF-7細胞は乳がん患者のがん性胸水由来の樹立細胞株であり，エストロゲン受容体を有し，培地中のエストロゲン濃度に依存して細胞増殖が促進される。E-screen[2]は，本細胞系を用い，被検物質を添加して通常6日間培養後の細胞増殖率を算出することによって評価する方法である。細胞増殖率は放射性チミジンの取込みやコールター・カウンターを用いた細胞数の計測などによって算出する。内分泌撹乱化学物質のエストロゲン様活性の評価には，細胞増殖率が最大になるのに要する17β-エストラジオールの最小用量に対する被検物質の最小用量の比である相対増殖能(relative proliferative potency：RPP)を用いるか，あるいは17β-エストラジオールによる最大増殖率に対する内分泌撹乱化学物質による最大増殖率の%で表す相対増殖効果(relative proliferative effect：RPE)を用いる。RPEが100であれば被検物質は定量的に17β-エストラジオールと同等の増殖反応を示す完全アゴニストであることを示すが，RPEが低ければ被検物質は部分アゴニストであることを示す。

E-screenは鋭敏なアッセイ系であり，0.2 pmol/L 17β-エストラジオール(0.05 pg/mL)が検出可能といわれている。しかし，現在入手可能なMCF-7細胞の感受性に差があることや，血清の影響を排除できないなど問題点も指摘されている。

(3) レポーター遺伝子アッセイ

本法は，核内ホルモン受容体の特徴であるリガンド依存的な標的遺伝子の転写活性化機構を利用した代表的な *in vitro* 試験法の一つである。例えば，エストロゲン受容体の場合，まずエストロゲン応答配列下流に標的遺伝子としてエストロゲン受容体活性化能の指標となるレポーター遺伝子を結合させたプラスミド(レポータープラスミド)を作製する。図6.2に示すように，これをエストロゲン受容体発現細胞に導入し，発現させると，リガンド・受容体が核内標的遺伝子のプロモーター領域にあるホルモン応答配列に2量体となって結合し，下流のレポーター遺伝子の転写を活性化して，レポータータンパク質の合成を導く。この発現量を指標にすることによって，被検物質によるエストロゲン受容体活性化能を測定する。また，目的とす

6.2 バイオアッセイ

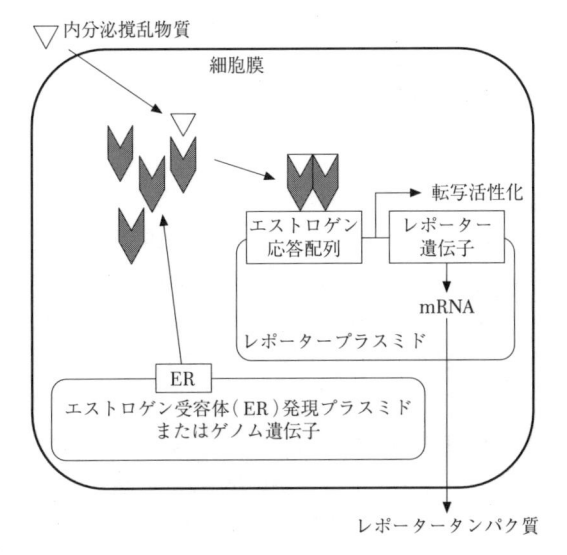

図6.2 レポーター遺伝子アッセイ

(図中ラベル: 内分泌撹乱物質／細胞膜／エストロゲン応答配列／レポーター遺伝子／転写活性化／mRNA／レポータープラスミド／ER／エストロゲン受容体(ER)発現プラスミドまたはゲノム遺伝子／レポータータンパク質)

る受容体を安定的に発現する細胞系を用いない場合には，受容体発現プラスミドをレポータープラスミドと同様に細胞に導入することによってレポーター遺伝子アッセイが可能となる。

MCF-7細胞はエストロゲン受容体を持つため，これにエストロゲン反応性領域遺伝子を結合させたクロラムフェニコールアセチルトランスフェラーゼ(CAT)レポーター遺伝子を導入して，エストロゲン様活性を検出する系が開発されている[3]。この方法は細胞増殖法よりもアッセイにかかる時間を短縮することができ，偽陽性，偽陰性も少なく，信頼性が高い。このほか，レポーター遺伝子にルシフェラーゼを組み込んだヒト子宮がん由来のHeLa細胞系なども報告されている[4]。

単細胞の真核生物である酵母にステロイドホルモン受容体を導入した系も作製されている。酵母を用いる理由は，操作の簡便性や細胞の形質安定性のためであり，ステロイドホルモン受容体発現プラスミドとともに，ステロイドホルモン応答部位とその下流にレポーター遺伝子を組み込んだプラスミドを導入することによってエストロゲン様物質を検出可能にしている。実際に，ヒトのエストロゲンが導入された系はYES(yeast estrogen screen)，アンドロゲン受容体が導入された系はYAS(yeast androgen screen)と呼ばれ，これらの受容体と化学物質の相互作用が検討さ

れている[5]。これらの酵母を用いた方法では，動物細胞では可能であったアゴニストとアンタゴニストの区別ができない欠点がある。また，酵母は植物細胞と同じように細胞壁を有し，化学物質の透過性が悪いためにこのようなスクリーニングに用いた場合に擬陰性を示すことがある。

一方，酵母ツーハイブリッド法[6]は，最近分子生物学の分野で汎用されている方法であり，酵母の転写調節因子であるGAL4遺伝子を利用している。これは，GAL4遺伝子をDNA結合領域と転写活性化領域の2つに分離し，それぞれエストロゲン受容体リガンド結合領域と共役転写活性化因子のT1F2遺伝子を組み込んだプラスミドを作製し，酵母内で発現させるものである。これは，エストロゲン受容体にリガンドが結合すると，これにT1F2が会合できるようになるためGAL4が構成され，あらかじめ酵母Y190の染色体に組み込まれているレポーター遺伝子のβ-ガラクトシダーゼが発現してエストロゲン様活性が検出される（図6.3）。本法は，被検物質とエストロゲン受容体との親和性によってはT1F2が会合できなくなる場合が想定

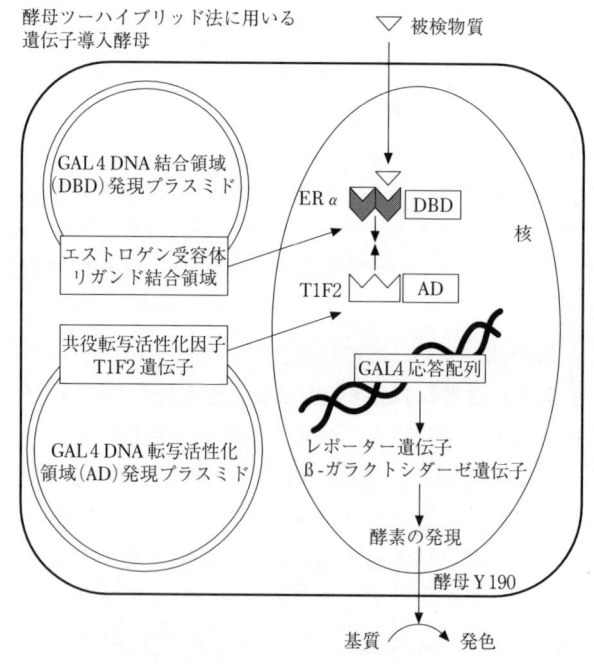

図6.3 酵母ツーハイブリッド法の原理と概略

されるため，メカニズムの検討にも応用できることや YES 法よりも特異性が高まることが期待できる。

(4) ビテロゲニンアッセイ

　魚の雌性ホルモン作用による内分泌攪乱を評価する方法として，ビテロゲニン産生の測定が有用である。ビテロゲニンとは，卵生動物の雌の肝臓で合成される卵黄タンパク質の前駆体であり，雌において本来エストロゲンによって肝臓で合成された後，血中に分泌されて卵巣に運ばれ，リポビテリン，ホスビチンなどの卵黄タンパク質に変換されて卵内の胚の成長に関与している。そのため，雄の血中からビテロゲニンが検出されると性ホルモンの攪乱が生じていることの証拠となり，雄性魚の血中ビテロゲニン測定が魚の内分泌攪乱の状況を評価するうえで有用なバイオマーカーとなる。ビテロゲニンの測定法としては免疫拡散法，免疫電気泳動法，酵素免疫測定法 (ELISA 法)，ラジオイノムアッセイなどがあるが，ELISA 法が簡便で検出感度に優れることからキット化され汎用されている。このアッセイは in vitro および in vivo の両試験系に適用することができるが，前者にはニジマスの肝細胞の単層培養法によるビテロゲニン mRNA 発現およびエストロゲンレセプター mRNA 発現量を測定することにより，内分泌攪乱作用を検出する方法が報告されている[7]。

6.2.3　In vivo 試験

　In vivo 試験は，簡便な in vitro 試験とは異なり一般に時間がかかり，経費や労力を要するものが多い。しかし，in vitro 試験のみでは代謝に関連して擬陰性を示す場合があるため，スクリーニング法としても in vivo 試験の位置付けは重要である。特に，生体内における化学物質の蓄積性や代謝分解性，ステロイドホルモンの生合成に関連する酵素の誘導や阻害など，内分泌系や自律神経系の持つ複雑なネットワーク下で総合的に評価する場合に有効である。以下に代表的な in vivo 試験を列挙した。

(1) 子宮肥大試験およびハッシュバーガー試験

　本法の原理は，性ホルモンに支配される精巣や卵巣に付随する副生殖腺がホルモン様物質の影響を受けて重量増加などを引き起こすことに基づいている。しかし，

通常の成熟した個体にホルモン自体を投与しても視床下部-下垂体-性腺フィードバック系の恒常性維持機能が強力に働くため,副生殖腺の肥大・萎縮などの顕著な変化は期待できない。そこで,フィードバック機構が働かないか,あるいはそれを除去した状態の個体に性ホルモンを投与すると標的臓器である副生殖腺にその影響が顕著に出現する。子宮肥大試験やハッシュバーガー試験(Hershberger試験)は,この原理を利用して試験法が構築されている。

子宮肥大試験では,未成熟動物を用いる方法と卵巣摘出動物を用いる方法がある[8]。前者は未成熟動物子宮肥大試験(immature rodent uterotrophic assay)と呼ばれている。これは,生後約20〜27日における雌性ラットにおいて血中エストラジオール値が低値を示し,卵巣は卵胞が形成されているが性周期が始まる前の状態にあり,また子宮は未発達であるがエストロゲン受容体が発現しているため,外来性のエストロゲン様物質に高感度に反応して重量増加を引き起こすことに基づく試験法である。OECDのバリデーションプロトコルでは,ラットの生後18〜20日目から被検物質を3日間経口または皮下投与して子宮重量を測定する。一方,後者の方法として,卵巣摘出子宮肥大試験(ovariectomized rodent uterotrophic assay)がある。これは,6週齢以上のラットの卵巣を摘出し,2〜4週間の馴化期間の後に3日あるいは7日間被検物質を皮下投与し,子宮重量を測定するものである。両試験法ともアンタゴニストの検出には17β-エストラジオールを被検物質と同時投与することで検出が可能となる。また,抗エストロゲン陽性物質としてはICI 182780やZM 189154が用いられる。

ハッシュバーガー試験は,アンドロゲンに支配される前立腺,精嚢腺,凝固腺,球海綿体筋,精巣上体,クーパー腺,陰茎などの雄性副生殖腺が外来性のアンドロゲンに対して感受性を有することを利用した試験系であり,雌性動物を用いる子宮肥大試験とバッテリーとして用いる方法である[9]。これには未成熟動物ハッシュバーガー試験(immature rodent Hershberger assay)と成熟動物ハッシュバーガー試験(mature rodent Hershberger assay)とに大別されるが,いずれも精巣摘出(去勢)によってフィードバック系を破壊することで副生殖腺が影響を受けやすく,感度の向上を図っている。前者は,ラットの急激な副生殖腺の発達期である生後5〜7週目頃に精巣を摘出し,アンドロゲンとしてテストステロンプロピオネートを皮下投与するとともに,被検物質投与による副生殖腺の重量変化を測定する。また,後者は10週齢前後のラットから精巣を摘出することで副生殖腺が通常萎縮するのに対し,

一定量のアンドロゲン投与による副生殖腺の維持または再肥大に対する被検物質投与の影響，すなわち，抗アンドロゲン作用を検出する．また，抗アンドロゲン陽性物質にはアンドロゲン受容体阻害剤のフルタミドが用いられる．

(2) 28日反復投与試験

　本試験法は，哺乳動物に被検物質を比較的長期間反復投与することで，内分泌系だけでなく従来の一般毒性パラメータを含めた総合的な評価を行うことを目的としている．そのため，子宮肥大試験やハッシュバーガー試験と比べると感度は悪いが，正常の成人に対する影響を予測するためには本試験法が優れており，OECDのテストガイドライン(TG)に採用されている[10]．このプロトコールでは7週齢の雌雄ラットを用い，1群各5匹で体重，摂餌量および摂水量を測定しながら3段階以上の用量の被検物質を28日間連続経口投与した後，剖検して肉眼的観察を行うとともに血液学的検査，臨床学的検査および病理組織学的検査を実施する．さらに，精巣と精巣上体中の精子数を観察するとともに，採取した精子の形態観察による異常精子を判別する．本試験法では，病理組織学的観察が最も鋭敏な指標とされているが，雌ラットにおける性周期の観察とともに黄体，子宮内膜，膣上皮の病理学的検索などによって，内分泌攪乱作用の検出感度を高めることができると期待されている[11]．

(3) 子宮内曝露試験

　母動物に被検物質を投与し，子宮内で胎仔が曝露されることによって，胎仔または出生後の仔動物に対する影響を調べる試験であり，従来の毒性評価法においては催奇形性試験に該当するものである．内分泌攪乱化学物質との関連性では，特にステロイドホルモンによって生殖器の発生が影響を受けるため，その作用機序に関心が高まっている．通常は，げっ歯類1種以上(ラット)と非げっ歯類(ウサギ)の合計2種以上が用いられる．すなわち，交配または人工授精させた雌動物を用い，着床から分娩予定日の前々日までの期間，被検物質を段階的に連日投与した後，通常は分娩予定日の前日に麻酔下安楽死させ，子宮を摘出するとともに器官・組織の肉眼的観察を行う．卵巣重量や妊娠黄体数のほか，生存胎仔や死亡した胚・胎仔の数ならびに子宮内の位置を調べるとともに，胎仔の外表，内臓，生殖器および骨格の奇形学的検査を行い，異常があれば統計的な発生頻度を算出する．例えば，被検物質が性ホルモン様作用を示す場合，雄性生殖器の雌化が起こり，外表の観察時に肛門

生殖突起間距離の短縮が観察される。また，陰茎の短縮や外部生殖器の低形成，ミュラー管の残骸などが観察される場合もある[12]。さらに，出生後の仔動物の行動異常などを調べることもある。この場合，分娩直前の胎仔では検出できないような生殖器のがん，性周期異常，生殖行動の異常など，性成熟過程以降で発現する異常が検出されることもある。

子宮内曝露試験では，上述のように主として器官形成期の胎仔への影響が検出できるが，受精する前の卵子や精子には化学物質による曝露を受けていないことや，着床前の胚への曝露の影響が把握し難いなどの問題がある。

（4） 繁殖試験

繁殖試験は，親の世代における化学物質の曝露による影響が出産，哺乳，育成を通じて仔や孫あるいは後世代に影響を及ぼすか否か，及ぼすとすればどのような影響が反映されるか，またその影響はいつ出現するのかを調べる試験法である[13]。すなわち，子宮内曝露試験では検出不可能な配偶子形成の全期間をも網羅し，試験期間に応じて一世代，二世代および多世代繁殖試験がある。このうち，精子形成には，精原細胞，第一次精母細胞，第二次精母細胞，前期精細胞，後期精細胞，精管および精巣上体の精子に至る生殖細胞の分化に要する時間が必要であり，ラットでは全期間で約9週間かかる。一方，卵細胞は出生時点ですでに減数分裂が終わっているが，ラットにおいては膣開口に約5週間，また4日の正常性周期が回帰する性成熟になるには約10週間必要である。

そこで，**図 6.4** に示すように，二世代繁殖試験を例にとると，通常，雌雄 F_0 ラットを5日以上馴化飼育した後，雌動物には8～10週齢から被検物質を2週間以上投与した後交配させる。交配期間，妊娠期間および哺育期間を通じて，出産仔（F_1）が

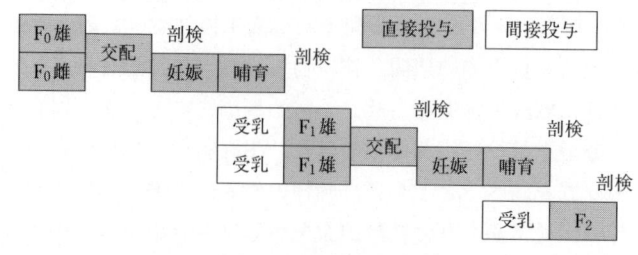

図 6.4　二世代繁殖試験の概要

離乳するまで被検物質を連日投与する。雄動物には5～7週齢から被検物質を8週間以上投与した後交配させ，交配期間中も連日投与する。F_1へは離乳時から，雌動物については次の出産仔(F_2)が離乳するまで，雄動物については交配が終了するまで投与を続ける。なお，一世代繁殖試験は，上記のうちのF_1動物までが試験期間であり，多世代繁殖試験は，F_2以降への投与が繰り返される。交配は，通常F_0で雌雄1対1の割合であるが，F_1以降は各同腹仔の雌雄各4匹を哺育した後，F_0と同様に行う。

　繁殖試験においても通常の生殖毒性試験や子宮内曝露試験と同様に，親動物や仔動物の観察，発情周期，異常分娩などの所見，交尾・妊娠動物数，出産母体数や離乳仔数，肛門生殖突起間距離やホルモン濃度などの測定のほか，精子検査や病理組織学的検査を行うが，例えば，内分泌撹乱化学物質のリスクアセスメントに直結するようなエンドポイントを定めることは現時点で不可能である。これについては，繁殖試験成績の蓄積が必要であり，この分野の学問領域の進展が必須である。

(5) 環境生物への影響を指標とする試験

(a) 魚類を用いる試験

　魚類を用いる試験は，孵化，成熟，産卵を通じた全生活史にわたりエストロゲン受容体を介した一連の変化を調べる方法であり，最終的には雄の雌化が生じる。そのため，魚類に対する内分泌撹乱作用をスクリーニングするためには，孵化，性比，産卵数，受精率などに対する影響を明らかにする必要がある。試験に用いる魚類の条件としては，入手，飼育，成熟産卵などの容易さ，稚魚の餌付けや成魚までの飼育日数が短いことなどが求められる。実際に，メダカ，コイ，ファットヘッドミノー，ゼブラフィッシュなどが用いられている。例えば，メダカの場合，孵化後約3箇月間飼育し，精巣と卵巣の両者を有する雌雄同体の発生率を求める方法がしばしば用いられている[14]。また，ファットヘッドミノーの幼魚に被検物質を3週間まで曝露した後，ビテロゲニン産生量(**6.2.2(4)**参照)を測定することで，内分泌撹乱作用を検出する方法も報告されている[15]。

(b) 両生類・爬虫類を用いる試験

　雄のアカミミガメおよびアフリカツメガエルに被検物質を7日間腹腔内投与したときの血漿中のビテロゲニン誘導を測定する方法が報告されている[16]。ビテロゲニ

ンは沈殿処理，電気泳動，ウエスタンブロットおよび ELISA 法によって同定しており，両動物とも 17β-エストラジオールや DES が強いビテロゲニン誘導を，また DDT は弱い誘導を示すことが認められている．

6.2.4　内分泌撹乱化学物質の安全性評価に対する海外の取組みの現状

(1)　OECD/EDTA

　OECD は，1998 年 8 月に「内分泌撹乱化学物質の試験法と評価のための専門家会議」(EDTA) を設立し，試験法の開発とガイドライン化に取り組んでいる．OECD 加盟国は，ガイドラインが成立すればこれを遵守する立場にあるため，ただちにその試験法を用いることになるが，内分泌撹乱化学物質の作用機序がいまだはっきりしていない現状では，ガイドライン成立までに試験技術上の紆余曲折が予想される．そこで，OECD/EDTA では現時点で標準化／バリデーションのためのスクリーニング試験法として，子宮肥大試験，ハッシュバーガー試験および 28 日間反復投与試験 (TG407) の *in vivo* 試験系を取り上げ，それらの改良や内分泌撹乱化学物質の検出効果などを中心に現在実験的検討がなされている．また，TG407 補強版の検討や二世代繁殖試験 (TG416) の補強が検討中である．一方，野生生物に対する内分泌撹乱化学物質の評価については，魚類を用いたスクリーニングおよび確認試験法のバリデーションについて検討中である．これは，第 1 段階のスクリーニング (tier 1 screening：Tier 1 S) において幼若ファットヘッドミノーに対するビテロゲニン産生試験 (TG204)，幼若スーパーオスコイ生殖腺の組織変化試験 (TG215) やメダカ性転換試験などから内分泌撹乱作用をスクリーニングし，ついで第 2 段階の確認試験 (tier 2 testing：Tier 2 T) において性の分化時期や初期配偶子形成時期に限定した検討による内分泌撹乱作用の評価を行い，さらに第 3 段階 (tier 3 testing：Tier 3 T) において試験魚の胚から成魚に至る過程と産卵，孵化，稚魚 (F_1) の成育に至る一生涯の試験による内分泌撹乱作用の確認を行うものである．

(2)　EPA/EDSTAC

　USEPA は，1996 年 8 月に「内分泌撹乱化学物質のスクリーニングと試験法に関するアドバイザリー委員会」(EDSTAC) を発足させ，その後審議を重ねた結果，1998 年 8 月に最終報告書を提出し，**図 6.5** および**表 6.1** に示すような内分泌撹乱化学物

6.2 バイオアッセイ

```
                    初期分類（87000物質）
                            │
        ┌───────────────────┼───────────────────┐
  分子量>1000                │                   │
    ポリマー/対象外物質   製造量1万ポンド/年未満の物質   その他の物質
                            │                   │
                            │              ハイスループット・プレ
                            │              スクリーニング（HTPS）
                            │                   │
                      曝露・影響情報に基づいて
                      Tier 1 S プライオリティを設定
                            │
        ┌───────────────────┼───────────────────┐
   カテゴリー1：評価延期  カテゴリー2          カテゴリー3
                        Tier 1 S プライオリティ   Tier 2 S 必要
                            │              カテゴリー4：十分
                       第1段階のスクリーニング（Tier 1 S）   なデータ
                            │
                        十分なデータ
                            │
                       第2段階の確認試験（Tier 2 T）
                            │
                        十分なデータ
                            │
                       ハザードアセスメント
```

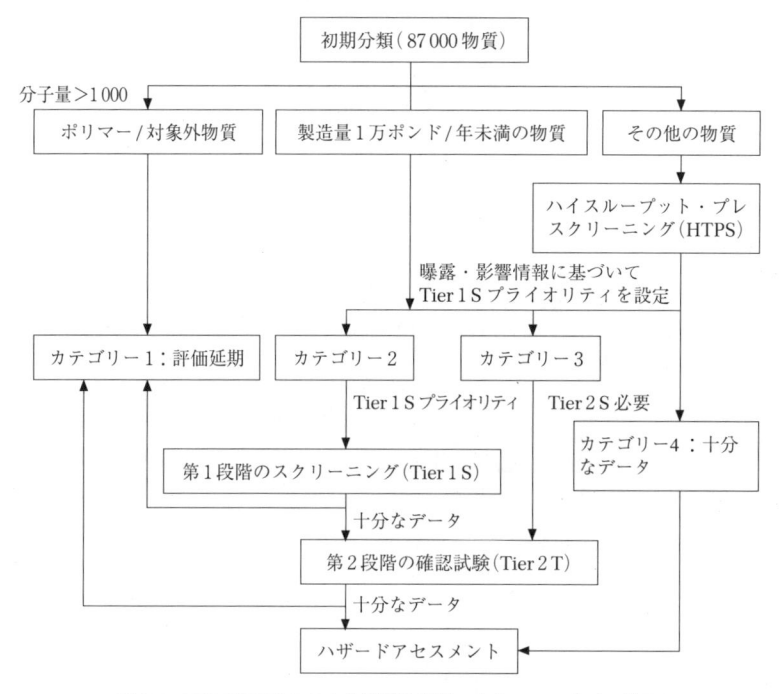

図6.5 EPA/EDSTACの内分泌撹乱物質スクリーニングプログラム

質スクリーニングプログラムを提案した．これは，①ハイスループット（自動分析装置）を用いるプレスクリーニング（high throughput prescreening：HTPS），②第1段階スクリーニング（Tier 1 S），③第2段階の確認試験（Tier 2 T），④ハザードアセスメント（危害分析）で構成される．すなわち，農薬を含め米国の毒性物質規制法などで規制されている8万7000物質を対象として年間製造／輸入量が1万ポンド（約4.5トン）以上と未満の化学物質および分子量1000以上のポリマーに分類し，製造量が多い物質については高速スクリーニングで評価して優先順位を付ける．この目的は比較的短期間に多くの化学物質について予備的な生物活性情報を得ることであり，潜在的な内分泌撹乱化学物質の検出，Tier 1 S の対象物質の優先順位付けに有用である．具体的にはエストロゲン，アンドロゲンおよび甲状腺ホルモン受容体に対する作用を検出するため，受容体結合試験とレポーター遺伝子アッセイを自動分析装置によって素早く行うものである．そのうえで，曝露と影響の情報を活用して優先順位付けを行い，優先順位の高い物質から Tier 1 S，Tier 2 T およびハザード

235

6. 環境ホルモンの検知・分析とその原理

表6.1　EPA/EDSTACの内分泌撹乱物質スクリーニング試験

ハイスループット・プレスクリーニング（HTPS）
エストロゲン受容体α結合試験／レポーター遺伝子アッセイ
アンドロゲン受容体結合試験／レポーター遺伝子アッセイ
甲状腺ホルモン受容体結合試験／レポーター遺伝子アッセイ
第1段階のスクリーニング（Tier 1 S）
In vitro スクリーニング
エストロゲン受容体結合試験／レポーター遺伝子アッセイ
アンドロゲン受容体結合試験／レポーター遺伝子アッセイ
精巣ミンチステロイド合成試験
In vivo スクリーニング
げっ歯類の3日間投与による子宮肥大試験
雌性成熟直前のげっ歯類の20日間投与による甲状腺試験
げっ歯類の5～7日間投与によるハッシュバーガー試験
カエルの変態試験
魚類の生殖復帰試験
第2段階の確認試験（Tier 2 T）
哺乳動物に対する試験
二世代繁殖試験
一世代繁殖試験または発生毒性試験
環境生物に対する繁殖試験
鳥類繁殖試験
魚類ライフサイクル試験
アミ類ライフサイクル試験
両生類発生生殖試験

出典：文献17より引用

アセスメントを順次行っていくというものである。なお，分子量1000を超えるポリマーについては当面評価を行わない。

　ここで，Tier 1 Sを行う目的は，内分泌撹乱作用を有する可能性のある物質であるか否かを分類するために必要な最少かつ十分なデータを得ることである。

　これには *in vitro* 試験と *in vivo* 試験とがある。前者は，性ホルモン受容体結合性とその転写活性を検討するとともに，精巣ミンチステロイド試験において精巣中のステロイド合成酵素活性測定をバッテリーで行う。また，後者はげっ歯類に対するエストロゲン，アンドロゲンおよび甲状腺ホルモン様作用のほか，オタマジャクシに対する甲状腺ホルモン様作用や，魚類の性腺に対する影響をバッテリーで検討するものである。一方，Tier 2 Sの目的は，人と野生動物に対する化学物質の内分泌撹乱作用の性質，可能性，用量-反応関係を性格付けることである。すなわち，化学物質が内分泌撹乱化学物質であるかどうかを決定するとともに，その作用が直接か間接かについて検討する。この試験には，げっ歯類（ラット），鳥類（コンゴウズラあ

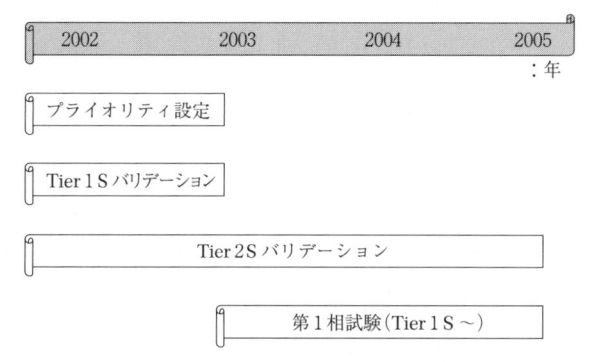

図 6.6 内分泌撹乱物質スクリーニングのタイムスケジュール

るいはマガモ)，魚類(ハヤ)，甲殻類(アミ類)および両生類(アフリカツメガエル)を用い，これらの生殖毒性の検討を行うことで，人および野生動物に対するハザードアセスメントを行ううえで有用な情報を得るものである。ハザードアセスメントでは，内分泌撹乱化学物質である化学物質や混合物の同定および用量と反応の関係を確立する。

目下，EDSTAC の提案に基づいて，EPA によるスクリーニングプログラムが進められている。現在のタイムスケジュールを**図 6.6** に示す[18]が，HTPS や曝露・影響情報に基づいて，プライオリティ設定の作業が進行中である。同時に，Tier 1 S と Tier 2 T のバリデーション化およびその検証作業も行われているところである。これらの作業が終了次第，特にバリデーション化が早く終わる Tier 1 S から第 1 相試験が開始される予定である。

参考文献

1) Bolger, R., Wiese, T. E., Ervin, K., Nestich, and S., Checovich, W. (1998) Rapid screening of environmental chemicals for estrogen receptor binding capacity, *Environ. Health Perspect.*, **106**, 551-557.
2) Soto, A. M. R. (1995) The E-SCREEN assay as a tool to identify estrogen：An update on estrogenic environmental pollutants, *Environ. Health Perspect.*, **103**, 113-122.
3) White, E., Jobling, S., Hoare, S. A., Sumpter, J. P. and Parker, M. G. (1994) Environmentally

persistent alkylphenolic compounds are estrogenic, *Endocrinology*, **135**, 172-182.
4) Balaguer, P., Joyeux, A., Denison, M. S., Vincent, R., Gillesby, B. E. and Zacharewski, T. (1996) Assessing the estrogenic and dioxin-like activities of chemicals and complex mixtures using *in vitro* recombinant receptor-reporter gene assays, *Can. J. Physiol. Pharmacol.*, **74(2)**, 216-222.
5) Gaido, K. W., Leonard, L. S., Lovell, S., Gould, J. C., Babai, D., Portier, C. J. and McDonnell, D. P. (1997) Evaluation of chemicals with endocrine modulating activity in a yeast-based steroid hormone receptor gene transcription assay, *Toxicol. Appl. Pharmacol.*, **143**, 205-212.
6) Nishikawa, J., Saito, K., Goto, J., Dakeyama, F., Matsuo, M. and Nishihara, T. (1999) New screening methods for chemicals with hormonal activities using interaction of nuclear hormone receptor with coactivators, *Toxicol. Appl. Pharmacol.*, **154**, 76-83.
7) Flouriot, G., Vaillant, C., Salbert, G., Pelissero, C., Guiraud, J. M. and Valotaire, Y. (1993) Monolayer and aggregate cultures of rainbow trout hepatocytes : long-term and stable liver-specific expression in aggregates, *J. Cell Sci.*, **105**, 407-416.
8) Reel, J. R., Lamb, I. V. J. C. and Neal, B. H. (1996) Survey and assessment of mammalian estrogen biological assays for hazard characterization, *Fundam. Appl. Toxicol.*, **34**, 288-305.
9) Dorfman, R. I. (ed.) (1962) Methods in Hormone Research, Vol.II, Bioassay, Academic Press, New York, 275-324.
10) OECD (2000) OECD protocol for investigating the efficacy of the enhanced TG407 test guideline (Phase 2), Rationale for the investigation, and description of the protocol.
11) 井上 達(監修)(2000) 内分泌攪乱化学物質の生物試験研究法, Springer-Verlag Tokyo, 76-84.
12) Korach, K. S. (ed.) (1998) Reproductive and Developmental Toxicology, Marcel Dekker, NY.
13) U.S.Environmental Protection Agency (1996) Reproductive Toxicity Risk Assessment Guidelines, *Federal Register*, **61**, FR56274-56322.
14) Metcalfe, C. D., Metcalfe, T. L., Kiparissis, Y., Koenig, B. G., Khan, C., Hughes, R. J., Croley, T. R., March, R. E. and Potter, T. (2001) Estrogenic potency of chemicals detected in sewage treatment plant effluents as determined by *in vivo* assays with Japanese medaka (Oryzias latipes), *Environ. Toxicol. Chem.*, **20**, 297-308.
15) Panter, G. H., Hutchinson, T. H., Lange, R., Lye, C. M., Sumpter, J. P., Zerulla, M. and Tyler, C. R. (2002) Utility of a juvenile fathead minnow screening assay for detecting (anti-) estrogenic substances, *Environ. Toxicol. Chem.*, **21**, 319-326.
16) Palmer, B. D. and Palmer, S. K. (1995) Vitellogenin induction by xenobiotic estrogens in the red-eared turtle and African clawed frog, *Environ. Health Perspect.*, **103-Suppl 4**, 19-25.
17) U.S. Environmental Protection Agency (1998) Endocrine Disruptor Screening and Testing Advisory Committe, Final Report.
18) U.S. Environmental Protection Agency (2000) Endocrine Disruptor Priority-Setting Workshop II (URL:http://www.epa.gov/scipoly/oscpendo/prioritysetting/workshop2present.htm.)

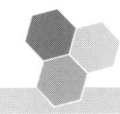

7. 環境ホルモン問題解決への国・市民の対応

7.1 環境ホルモン物質と関連法

　環境省が公表したSPEED'98に掲げられた化学物質を中心に，これらに対する既存の法規制などの状況を**表7.1**にとりまとめた。

　これらの化学物質には，その用途や取扱いなどにおいて生じる直接または間接的な毒性や危険性などをもとに，種目の指定や基準値の指定など，関連省庁から様々な法による規制の網がかけられている。

　しかしながら，これらの法規制は，いずれも環境ホルモン作用が問題化する以前に，ヒトの健康に対する毒性や危険性および環境への影響を防止する観点から定められたものであり，環境ホルモン作用を視野に入れたものではない。

　表7.2～7.6には，環境ホルモン作用を疑われている化学物質に対する国内の法規制の状況を，関連する分野ごとに整理した。

　これから明らかなように，法規制の状況は散在的であり，指定されている濃度も環境ホルモン作用が発現するとされている濃度レベルよりかなり高い。従来の認識とは大きくかけ離れた微量な濃度と，限定された発育段階での曝露により発現し，次世代以降に大きな影響を及ぼすといわれる環境ホルモン作用について，それを防止する目的で規制が確立され，基準値や指針値が設定された環境ホルモン物質は，現段階ではない状況にある。

　例えば，国民の多くから大きな関心が寄せられているダイオキシン類についても，その基準値は，ヒトへの毒性に対するリスク評価から算定された1日当りの耐容摂取量などをもとにして定められたもので，環境ホルモン作用の観点から定められたものではない。

　現在，環境ホルモン作用の疑われる化学物質の多くについて，日本を含め世界各

7. 環境ホルモン問題解決への国・市民の対応

表 7.1　環境ホルモン作用が

No.	物質名	規制への指定など
1	ダイオキシン類	大防法, 廃掃法, 大気・土壌・水質・底質環境基準, ダイオキシン類対策特別措置法, POPs, PRTR法, IARC 1(2,3,7,8-TCDD), IARC 3(2,3,7,8-TCDF)
2	ポリ塩化ビフェニル類	1972年生産中止, 1974年化審法第1種特定化学物質に指定, 水質汚濁法, 海洋汚染防止法, 廃掃法, 地下水・土壌・水質環境基準, POPs, PRTR法, 国連番号2315, IARC 2A
3	ポリ臭化ビフェニル類	
4	ヘキサクロロベンゼン	農薬未登録, 1979年化審法第1種特定化学物質に指定, POPs, 国連番号2729
5	ペンタクロロフェノール	1955年農薬登録, 1963年指定農薬, 1971年水質汚濁性農薬に指定, 1990年農薬失効。農薬取締法(水質汚濁性農薬), 毒物劇物取締法(劇物), PRTR法, 国連番号3155
6	2,4,5-トリクロロフェノキシ酢酸	1964年農薬登録, 1975年農薬失効, 毒物劇物取締法(劇物), 食品衛生法, 国連番号2765
7	2,4-ジクロロフェノキシ酢酸	1950年に農薬登録, 航空法(第9毒物), 海洋汚染防止法(A類), 危規則(第4毒物), PRTR法, 国連番号2765
8	アミトロール	1962年に農薬登録, 1975年農薬失効, 食品衛生法, PRTR法, 国連番号2588
9	アトラジン	1965年に農薬登録, PRTR法, 国連番号2763, IARC 2B
10	アラクロール	海洋汚染防止法(B類), PRTR法
11	シマジン	1958年に農薬登録, 農薬取締法(水質汚濁性農薬), 水質汚濁法, 水道法, 廃掃法, 地下水・土壌・水質環境基準, PRTR法, 国連番号2763, IARC 3
12	ヘキサクロロシクロヘキサン	1949年農薬登録, 1971年農薬登録失効及び家庭用殺虫剤の使用禁止, γ-体(国連番号2761), 毒劇物取締法(劇物)
13	エチルパラチオン	
14	カルバリル(NAC)	1971年に農薬登録, 毒物劇物取締法(劇物), 航空法(第9毒物), 危規則(第3条危険物告示別表第4毒物), 食品衛生法, PRTR法, 国連番号2757, IARC 3
15	クロルデン	1950年農薬登録, 1968年農薬登録失効, 1986年化審法第1種特定化学物質に指定, 毒劇物取締法(毒物), 国連番号2996, POPs
16	オキシクロルデン	
17	trans-ノナクロル	
18	1,2-ジブロモ-3-クロロプロパン	
19	DDT	1948年農薬登録, 1971年農薬登録失効, 1981年化審法第1種特定化学物質に指定, 食品衛生法, POPs, 国連番号2761, IARC 2B
20	DDEとDDD	
21	ケルセン	1957年に農薬登録, 食品衛生法, PRTR法, 国連番号2761, IARC 3
22	アルドリン	1954年農薬登録, 1971年以降使用禁止, 1975年農薬登録失効, 1981年化審法第1種特定化学物質に指定, 農薬取締法(土壌残留性農薬), 毒劇物取締法(劇物), POPs, 国連番号2761
23	エンドリン	1954年農薬登録, 1976年農薬登録失効, 1981年化審法第1種特定化学物質に指定, 農薬取締法(作物残留性農薬, 水質汚濁性農薬), 毒劇物取締法(毒物), 食品衛生法, POPs, 国連番号2761(B), IARC 3
24	ディルドリン	1954年農薬登録, 1973年農薬登録失効, 1981年化審法第1種特定化学物質に指定, 毒劇物取締法(毒物), 農薬取締法(土壌残留性農薬), 食品衛生法, 家庭用品法, POPs, 国連番号2761
25	エンドスルファン(ベンゾエピン)	毒劇物取締法(毒物), 農薬取締法(水質汚濁性農薬), PRTR法
26	ヘプタクロル	1950年農薬登録, 1972年農薬登録失効, 1986年化審法第1種特定化学物質に指定, 毒劇物取締法(劇物), POPs, 国連番号2761, IARC 3
27	ヘプタクロルエポキシド	
28	マラチオン	1953年に農薬登録, 危規則(第4毒物), 航空法(第9毒物), 食品衛生法, PRTR法, 国連番号3082(3018,2783), IARC 3
29	メソミル	1970年に農薬登録, 毒物劇物取締法(劇物), 危規則(第4毒物), 航空法(第9毒物), 国連番号2757
30	メトキシクロル	1960年に農薬登録失効, 国連番号2761
31	マイレックス	我が国では未登録農薬, POPs, IARC 2B

7.1 環境ホルモン物質と関連法

疑われている物質の規制状況

No.	物　質　名	規　制　へ　の　指　定　な　ど
32	ニトロフェン	1963年農薬登録, 1982年農薬失効, 国連番号 2779 (25889, IARC 2 B)
33	トキサフェン	農薬未登録, 米国では1983年に農薬の規制強化で使用量が減少, 国連番号 2761, POPs, IARC 2 B
34	トリブチルスズ	TBTOは毒物劇物取締法(劇物), 1990年TBTOを化審法第1種特定化学物質に指定(その他のTBT化合物13種は第2種特定指定), 家庭用品法, PRTR法, 国連番号 3020
35	トリフェニルスズ	1990年化審法(7種のトリフェニルスズ化合物を第2種特定化学物質に指定), 家庭用品法, PRTR法
36	トリフルラリン	1966年に農薬登録, PRTR法, IARC 3
37	アルキルフェノール	海洋汚染防止法(B類, アルキルフェノールポリエトキシレート)
38	ノニルフェノール	消防法(危険物第4類), 危険物規則(第3腐食性物質), 航空法(Q級), 港則法(腐食性物質), 海洋汚染防止法(A類), PRTR法, 国連番号 3145
39	4-オクチルフェノール	消防法(第4指定可燃物可燃性固体), PRTR法
40	ビスフェノールA	食品衛生法, PRTR法
41	フタル酸ジ-2-エチルヘキシル	消防法(危険物第4類), 水質関係要監視項目, PRTR法, IARC 2 B
42	フタル酸ブチルベンジル	消防法(危険物第4類), 海洋汚染防止法(A類), 危規則(第8有害性物質), PRTR法, 国連番号 3082, IARC 3
43	フタル酸ジ-n-ブチル	消防法(危険物第4類), 海洋汚染防止法(A類), 危規則(第8有害性物質), PRTR法, 国連番号 3082 (2810, 9095)
44	フタル酸ジシクロヘキシル	
45	フタル酸ジエチル	消防法(危険物第4類), 海洋汚染防止法(C類)
46	ベンゾ[a]ピレン	IARC 2 A
47	2,4-ジクロロフェノール	海洋汚染防止法(A類), 航空法(第9毒物), 危規則(第4毒物), 国連番号 2020
48	アジピン酸ジ-2-エチルヘキシル	消防法(危険物第4類), 海洋汚染防止法(D類), 危規則(第8有害性物質), PRTR法, IARC 3
49	ベンゾフェノン	
50	4-ニトロトルエン	海洋汚染防止法(B類), 危規則(第4毒物), 航空法(第9毒物), 国連番号 1664
51	オクタクロロスチレン	
52	アルディカーブ	
53	ベノミル	1971年に農薬登録, PRTR法
54	キーポン(クロルデコン)	
55	マンゼブ(マンコゼブ)	1969年農薬登録, PRTR法, 国連番号 2210
56	マンネブ	1956年農薬登録, 危規則(第6自然発火性物質), 航空法(第5自然発火性物質), 港則法(第12系危険物, 自然発火性), PRTR法, 国連番号 2210 (2968), IARC 3
57	メチラム	1975年農薬登録失効
58	メトリブジン	農薬(登録年不詳), 食品衛生法
59	シペルメトリン	1987年に農薬登録, 毒物劇物取締法(劇物), 航空法(第9毒物), 危規則(第4毒物), 食品衛生法, PRTR法 2902
60	エスフェンバレレート	農薬(登録年不詳), 航空法(第9毒物), 危規則(第3毒物), 毒劇物取締法(劇物), 国連番号 2588
61	フェンバレレート	1983年に農薬登録, 毒物劇物取締法(劇物), 食品衛生法, PRTR法, 国連番号 2902, IARC 3
62	ペルメトリン	1985年に農薬登録, 危規則(第4毒物), 航空法(第9毒物), 食品衛生法, PRTR法, 国連番号 2902, IARC 3
63	ビンクロゾリン	1971年農薬登録, 1998年農薬失効
64	ジネブ	1952年に農薬登録, PRTR法, 国連番号 2588 (2771), IARC 3
65	ジラム	1949年に農薬登録, PRTR法, 国連番号 2771, IARC 3
66	フタル酸ジペンチル	我が国での生産はない
67	フタル酸ジヘキシル	我が国での生産はない
68	フタル酸ジプロピル	我が国での生産はない
69	スチレンダイマー, スチレントリマー	
70	n-ブチルベンゼン	

241

7. 環境ホルモン問題解決への国・市民の対応

表 7.2　環境基準・

No.	物　質　名	環　境　基　準							
		大　気		水　質		底　質		土　壌[*1]	
1	ダイオキシン類	○	0.6 pg-TEQ/m^3	○	1 pg-TEQ/L	○	150 pg-TEQ/g	○	1 000 pg-TEQ/g
2	ポリ塩化ビフェニル類			○	検出されないこと (0.0005 mg/L)	○	10 mg/kg (暫定除去基準)	○	検出されないこと (0.0005 mg/L)
11	シマジン			○	0.003 mg/L			○	0.003 mg/L
41	フタル酸ジ-2-エチルヘキシル								

[*1] ダイオキシン類以外は検液中の濃度。
[*2] 暫定措置終了後の適用基準（業種，施設規模により異なる），既設分には 1～10 ng-TEQ/m^3N が適用。
[*3] 暫定措置終了後の適用基準。

表 7.3　農薬関連の規制状況

No.	物　質　名	農薬取締法（農薬）			公共用水域における水質評価指針	ゴルフ場農薬指針値	農薬登録保留基準
		水質汚濁性	土壌残留性	作物残留性			
5	ペンタクロロフェノール	☆					
9	アトラジン						☆
10	アラクロール						☆
11	シマジン	☆				○ 0.03 mg/L	☆
14	カルバリル（NAC）				○ 0.05 mg/L		
21	ケルセン						☆
22	アルドリン		☆				
23	エンドリン	☆		☆			
24	ディルドリン		☆				
25	エンドスルファン（ベンゾエピン）	☆					☆
28	マラチオン				○ 0.01 mg/L		☆
29	メソミル						☆
53	ベノミル						☆
55	マンゼブ（マンコゼブ）						☆
56	マンネブ						☆
62	ペルメトリン						☆
64	ジネブ						☆
65	ジラム						☆

☆：作物の種類，時期などの区分により，詳細な取扱いや留意点が規定されている。

7.1 環境ホルモン物質と関連法

水質基準などの状況

	排出基準		排出基準		要監視基準		水道法		水産用水基準		水産用水基準	
	排出ガス		排出水		水質		水質		淡水		海水	
○	$0.1 \sim 5\,\text{ng-TEQ}/\text{m}^3\text{N}^{*2}$	○	$10\,\text{pg-TEQ}/\text{L}^{*3}$					○	$1\,\text{pg-TEQ}/\text{L}$	○	$1\,\text{pg-TEQ}/\text{L}$
		○	$0.003\,\text{mg}/\text{L}$					○	検出されないこと ($0.0005\,\text{mg}/\text{L}$)	○	検出されないこと ($0.0005\,\text{mg}/\text{L}$)
		○	$0.03\,\text{mg}/\text{L}$			○	$0.003\,\text{mg}/\text{L}$	○	$0.003\,\text{mg}/\text{L}$		
				○	$0.06\,\text{mg}/\text{L}$			○	$0.001\,\text{mg}/\text{L}$	○	$0.06\,\text{mg}/\text{L}$

表 7.4　生活関連法の規制状況

No.	物 質 名	食品衛生法	家庭用品法	室内濃度指針		労働安全衛生法	
1	ダイオキシン類					☆	(作業環境)
2	ポリ塩化ビフェニル類	☆				☆	(作業環境)
4	ヘキサクロロベンゼン					☆	
5	ペンタクロロフェノール					☆	
6	2,4,5-トリクロロフェノキシ酢酸	☆				☆	
7	2,4-ジクロロフェノキシ酢酸					☆	
8	アミトロール	☆				☆	
12	ヘキサクロロシクロヘキサン					☆	
14	カルバリル (NAC)	☆					
15	クロルデン					☆	
18	1,2-ジブロモ-3-クロロプロパン					☆	
19	DDT	☆				☆	
21	ケルセン	☆					
22	アルドリン					☆	
23	エンドリン	☆				☆	
24	ディルドリン	☆	☆			☆	
25	エンドスルファン (ベンゾエピン)					☆	
26	ヘプタクロル					☆	
28	マラチオン	☆				☆	
30	メトキシクロル					☆	
33	トキサフェン					☆	
34	トリブチルスズ		☆			☆	
35	トリフェニルスズ		☆			☆	
40	ビスフェノールA	☆					
41	フタル酸ジ-2-エチルヘキシル			○	$120\,\mu\text{g}/\text{m}^3$	☆	
43	フタル酸ジ-n-ブチル			○	$220\,\mu\text{g}/\text{m}^3$	☆	
45	フタル酸ジエチル					☆	
46	ベンゾ[a]ピレン					☆	
50	4-ニトロトルエン					☆	
53	ベノミル					☆	
58	メトリブジン	☆				☆	
59	シペルメトリン	☆					
61	フェンバレレート	☆					
62	ペルメトリン	☆					

☆：用途，種別などにより詳細に規格基準などが定められている。

7. 環境ホルモン問題解決への国・市民の対応

表 7.5 化学物質関連の法規制状況

No.	物質名	化審法 (特定有害物質)		毒劇法	POPs	PRTR法	
1	ダイオキシン類				○	○	一種
2	ポリ塩化ビフェニル類	○	第一種		○	○	一種
4	ヘキサクロロベンゼン	○	第一種		○		
5	ペンタクロロフェノール			○		○	一種
6	2,4,5-トリクロロフェノキシ酢酸			○			
7	2,4-ジクロロフェノキシ酢酸					○	一種
8	アミトロール					○	一種
9	アトラジン					○	一種
10	アラクロール					○	一種
11	シマジン					○	一種
12	ヘキサクロロシクロヘキサン			○			
14	カルバリル (NAC)			○		○	一種
15	クロルデン	○	第一種	○	○		
19	DDT	○	第一種		○		
21	ケルセン					○	一種
22	アルドリン	○	第一種	○	○		
23	エンドリン	○	第一種	○	○		
24	ディルドリン	○	第一種	○	○		
25	エンドスルファン (ベンゾエピン)			○		○	一種
26	ヘプタクロル	○	第一種	○	○		
28	マラチオン					○	一種
29	メソミル			○			
31	マイレックス				○		
33	トキサフェン				○		
34	トリブチルスズ	○	第一種 (TBTO) 第二種 (他13物質)			○	一種
35	トリフェニルスズ	○	第二種			○	一種
36	トリフルラリン					○	一種
38	ノニルフェノール					○	一種
39	4-オクチルフェノール					○	一種
40	ビスフェノールA					○	一種
41	フタル酸ジ-2-エチルヘキシル					○	一種
42	フタル酸ブチルベンジル					○	一種
43	フタル酸ジ-n-ブチル					○	一種
48	アジピン酸ジ-2-エチルヘキシル					○	一種
53	ベノミル					○	一種
55	マンゼブ (マンコゼブ)					○	一種
56	マンネブ					○	一種
59	シペルメトリン			○		○	一種
60	エスフェンバレレート			○			
61	フェンバレレート			○		○	一種
62	ペルメトリン					○	一種
64	ジネブ					○	一種
65	ジラム					○	一種

○：適用の対象項目，対象物質などとして指定。

表 7.6 廃棄物関連の法規制状況

No.	物質名	廃棄物の処理及び清掃に関する法律		海洋汚染防止法
1	ダイオキシン類	○	3 ng-TEQ/g[*1]	
2	ポリ塩化ビフェニル類	☆		☆
10	アラクロール			☆
11	シマジン	☆		
37	アルキルフェノール			☆
38	ノニルフェノール			☆
42	フタル酸ブチルベンジル			☆
43	フタル酸ジ-n-ブチル			☆
45	フタル酸ジエチル			☆
47	2,4-ジクロロフェノール			☆
48	アジピン酸ジ-2-エチルヘキシル			☆
50	4-ニトロトルエン			☆

[*1] 最終処分場への受入基準。
☆：廃棄物の種類，処分方法などにより異なる基準値が適用される。

国の様々な機関でスクリーニングや実態調査による検証が行われており，環境ホルモン作用が確認されたという報告も見られるようになってきている。しかし，いずれもまだ動物実験の段階にとどまっていて，ヒトに対する直接的な影響が確認されたものはない。そのため，現行法の大幅な改正や新しい法規制の制定という段階にはまだ至っていない。

環境ホルモン物質に対する規制は，現在検証中の物質に対する知見や見解が整う今後に，暫時強化されていくものと考えられる。

なお，環境ホルモン物質に対する直接的な規制ではないが，食品衛生法の分野では，可塑剤として使用されている環境ホルモン物質（フタル酸エステル類）が溶出する恐れがあるとして，ポリ塩化ビニル製品について，食品を扱う素材（手袋）から避ける通知や，器具および容器包装ならびにおもちゃに使用しないことを趣旨とした審議結果が出されて，規制が始まる状況にある。

7.2 国の施策と市民の対応

世間の関心の強さが国の施策を動かす。行政の対応が遅れていたわが国のダイオキシン対策も，世間の関心が強くなって飛躍的に進んだ。ここではその歴史的経緯

を知ることにより，我々が環境ホルモン問題に関心を持ち続けることの重要性とどんな対応が可能なのかを知ろう。

7.2.1 国の廃棄物対策

産業が関与した不適切な処理や事故を除くとダイオキシン類の発生源の99％は燃焼過程起源によるものであり，化学物質起源や製造過程起源はわずか1％にすぎない。

生活すればごみがでる。出たごみは，昔から集めて焼却処分されてきた。このごみ処分の方法は20世紀後半まで実施されてきた。しかし，焼却炉から猛毒のダイオキシン類が排出されていることがわかり，ダイオキシン類が多量に発生する焼却炉でのごみ処理は禁止となった。人間誕生以来行ってきた「ごみの焼却処分法」は間違いだったのだろうか。

(1) 都市ごみとダイオキシン[1]

都市ごみからのダイオキシン検出の歴史をみてみよう。1977～79年の間にアムステルダム，チューリッヒ，および京都市などの都市ごみ焼却炉がダイオキシンの発生源となっていることが専門誌において発表されたが，一部の関係者以外には問題視されなかった。一方，日本で世間の注目を集めたのは，1983年に愛媛大学の立川らが新聞発表をしたことによる。厚生省は，1985年に「廃棄物処理に係わるダイオキシン等専門家会議」を設置した。しかし，100 pg-2,3,7,8-TeCDD/kg/日を，ヒトが1日に体重1 kg当り摂取することが許される一つの目安の数値（評価指針値）として設定したにすぎなかった。しかも，ごみ焼却炉のダイオキシン排出濃度の目標値は決められなかった。このとき，ドイツではすでに，一生涯毎日摂取しても健康に悪影響を及ぼさないと考えられる量を体重1 kg当り1日の量に換算した耐容一日摂取量(tolerable daily intake：TDI)の目標値を1 pg-TEQ/kg/日と決めていた。

行政の対応が遅れたわが国のダイオキシン対策は，マスコミによって大阪府能勢町の土壌の高濃度汚染や埼玉県所沢市の産業廃棄物焼却炉の集中による汚染問題が取り上げられるようになると急展開し，1996年6月，わが国では10 pg-TEQ/kg/日なる数値が提案された。これを受けて，1997年1月に「ごみ処理に係わるダイオキシン類発生防止等ガイドライン―ダイオキシン類削減プログラム―」ができて，焼却

施設維持管理指針と,最終処分場の構造維持管理指針が同時に策定された。この間,ごみ焼却施設からの排ガス中ダイオキシ類濃度の測定結果は,厚生省によって施設名入りで順次公開され,この情報公開は世間の関心を持続させる効果を持ったといわれている。

1999年7月には,議員立法によって「ダイオキシン類対策特別措置法」が成立し,大気 ($0.6\,\text{pg-TEQ/m}^3$),水質 ($1\,\text{pg-TEQ/L}$),底質 ($150\,\text{pg-TEQ/g}$),土壌 ($1\,000\,\text{pg-TEQ/g}$) に環境基準を設けること,排出ガス ($0.1 \sim 10\,\text{ng-TEQ/m}^3$),排水 ($10\,\text{pg-TEQ/L}$) について排出基準を定めることなどが決定され,2000年1月15日に施行された。

それでは,外国の事情はどうなのであろうか。スウェーデンではごみの約55%を焼却処理していたが,1985年にごみ焼却施設建設延期宣言を行い,ごみ焼却施設の新設をストップさせた。1986年にはダイオキシン類の排出規制値 $0.1\,\text{ng-TEQ/m}^3$ を決定し,現在ではすべてのごみ焼却炉でこの値以下の規制となっている。

ドイツでは,自治体保有の都市ごみ焼却施設数は約50(日本では約1800)で,発熱量 $2\,600\,\text{kcal/kg}$,エネルギー回収率75%以上の条件を満たさないと,ごみを焼却することが禁止されている。焼却温度 $1\,200\,℃$,炉内滞留時間2秒で運転できる高性能な焼却炉がダイオキシン対策として稼動している。

1998年,WHOの専門家会議はTDIの見直しを行い,TDIを $1 \sim 4\,\text{pg-TEQ/kg/}$日 と決定し,2003年には,摂取量が $1\,\text{pg-TEQ/kg/}$日 となるように努力すべきであると勧告した。現在,日本はTDIを $4\,\text{pg-TEQ/kg/}$日 に設定している。

(2) 国のダイオキシン対策

1999年,ダイオキシン対策関係閣僚会議は「ダイオキシン対策推進基本指針」を発表している。この中で,今後4年間で,全国のダイオキシン類排出総量を1997年に比べ約9割削減することや,廃棄物対策に万全を期したうえで,循環型社会の構築に向けて政府一体となって取り組むとしている。表7.7にダイオキシン類の排出量の目録(インベントリー)[1]を示す。これによれば,わが国における1997年のダイオキシン排出量は $7\,300 \sim 7\,550\,\text{g-TEQ/}$年で,このうち一般廃棄物焼却施設の排ガスが67%,産業廃棄物焼却施設の排ガスが20%であったものが,1999年には,それぞれ $1\,350\,\text{g-TEQ/}$年,$650\,\text{g-TEQ/}$年と大幅な削減となっている。これは,高濃度のダイオキシン類を排出していた焼却施設の廃止や改良,燃焼制御などによる削減努力の成果である。2001年の排出総量は $1\,743 \sim 1\,762\,\text{g-TEQ/}$年で,4年間で7割以上の

7. 環境ホルモン問題解決への国・市民の対応

表7.7　ダイオキシン類（WHO-TEF 1998）の排出量の目録

発生源		排出量[g-TEQ/年]			
		1997年		1999年	
		大気	水	大気	水
一般廃棄物焼却施設		5 000	0.037	1 350	0.028
産業廃棄物焼却施設		1 500	0.51	690	0.5
小型廃棄物焼却炉*		340～591		279～481	
火葬場		2.1～4.6		2.2～4.8	
産業系発生源	製鋼用電気炉	228	141.5		
	製紙業	5.3	0.74	5.3	0.74
	塩化ビニル製造業	0.55	0.54	0.56	0.32
	鉄鋼業　焼結工程	135	101.3		
	亜鉛回収業	42.3		18.4	
	アルミニウム合金製造業	21.3		13.6	
	電気業　火力発電所	1.63		1.64	
	その他	22.6	0.34	15.28	0.09
その他	タバコの煙	0.1～0.2		0.1～0.2	
	自動車排出ガス	1.12		1.12	
	最終処分場		0.093		0.093
合計		7 300～7 550	2.3	2 620～2 820	1.8

*　事務所設置。焼却能力 200 kg 未満
出典：文献1より引用

削減はなされた[2]が，まだ9割の削減目標値には達しない。工業炉での排出量の低減は技術的に大きな課題である。さらに，既設炉への対応や，焼却灰，排水まで含めた総排出量削減までを考えた対策は，今なお重要課題となっている[3]。

(3)　埋立地浸出水処理

　廃棄物としては，生ごみや可燃物だけではなく，不燃物もある。不燃物は焼却灰とともに埋め立てられている。この埋立て処分の管理では，浸出水として出てくる水量の制御と水質の制御という2つの問題がある。浸出水はダイオキシン類や環境ホルモンを含むことが多いので，さらにこの処理が必要である。浸出水処理技術としては，生物膜方式の生物学的脱窒素処理で低減化が可能であるとされている[3]。ダイオキシン類は，その大部分が浮遊状物質に吸着しているため，「浮遊物質除去の徹底」は技術的な管理指標である。リスクとしてダイオキシンも問題のないレベルまで落ち，技術的に達成可能であるとの考えの中で，「処理水の浮遊物質濃度 10 mg/L 以下」の数値が決められた[4]。

　生物処理では除去できない溶解性ダイオキシンや他の環境ホルモンの除去につい

ては，オゾンに紫外線や過酸化水素などを併用した促進酸化処理法[5]が有効であり，これらの処理方法は2次廃棄物がでない技術であると評価され，各方面でその導入が検討されているし，実際に稼働しているものもある[6]。

(4) 混ぜればごみ，分別すれば資源

ダイオキシン類はごみの中に塩素系物質が混入していなければ発生しない。あらゆるごみをまとめて焼却するから発生するので，分別焼却はダイオキシン類を出さない方法である。燃やすごみの絶対量も問題であり，ごみになるものを生産しない方向に進めていく必要がある。生ごみについては，生物による分解法が最も有効である。生ごみからのメタン発酵によるエネルギーの回収などの研究はすでに進められている。

1997年4月から容器包装リサイクル法が施行され，2000年4月には発泡スチロールのようなプラスチック系容器全般が対象となった。この法律では，びんや缶，プラスチックなどの容器包装の廃棄物に関して，消費者は分別排出，事業者は再資源化，行政は分別回収と，それぞれにおいてリサイクルに責任を持つ必要がある。ただし，ポリ塩化ビニル(PVC)の分別回収が触れられていない。これはごみの中でも分別回収すべきものである。なぜならば，塩化ビニルを焼却すると，ダイオキシン類はもちろんのこと，塩化水素が発生し，鉄製部分が多いごみ焼却炉が短期間で腐食するし，塩化ビニルの安定剤が水溶性の鉛やカドミウム化合物に変化する。塩化ビニルだけを分別できないので，国はプラスチック全体を分別収集して焼却しないことに決めた。しかし，塩化ビニル製のものからは，環境ホルモンなどが溶け出すことや放散することも知られており，使用するうえにおいてもごみとしてもやっかいであるため，問題の少ないプラスチックを代替使用したいものである(**表 7.8 参照**)[7]。

また，2001年4月からは家電リサイクル法が施行されている。この法律は，家電メーカーに製造した製品(洗濯機，テレビ，エアコン，冷蔵庫)の引取りを義務付け，再製品化へのリサイクルを促進させる法律である。まさに，混ぜればごみ，分別すれば資源である。

表7.8 プラスチック類のリサイクル番号と用途

番号	略称	樹脂の種類	用途
1	PET	ポリエチレンテレフタレート	ペットボトル
2	HDPE	高密度ポリエステル	レジ袋，ポリ缶
3	PVC	ポリ塩化ビニル	ラップ，農業ビニル，パイプ，ホース
4	LDPE	低密度ポリエステル	ラップ，農業シート，ポリ袋
5	PP	ポリプロピレン	食品容器
6	PS	ポリスチレン	食品トレー，漁箱，玩具
7	OTHER	その他	その他のプラスチック

出典：文献7より引用

7. 環境ホルモン問題解決への国・市民の対応

7.2.2 グリーンケミストリー

ダイオキシン類も含めて環境ホルモン問題の根源は，人間がつくり出した化学物質に起因する。これは周知の事実である。今や，人間に繁栄をもたらしたはずの化学技術は見直しされる必要に迫られている。

日本化学会は「環境憲章'99」を定めて，21世紀の化学は「人類の福祉と地球生態系保全の調和をはかる化学」の創造のため，「化学物質の総合管理に関する学際的な研究の推進」と，「環境にやさしいものづくり『グリーンケミストリー』の推進」を2本柱として活動することを宣言している[8]。前者に関しては，1992年の地球サミット（国連環境開発会議）で化学物質管理のための課題がまとめられ，これをもとに様々な機関で取組みがなされたものの一つである。日本政府としても，1999年7月に事業者が自主的に化学物質の管理を強化し，排出量や移動量の削減を図ること，行政が適切な報告や排出量・移動量の削減を指導することなどを期待して，「特定化学物質の環境への排出量の把握等及び管理の改善の促進に関する法律（PRTR法）」を成立させた。

グリーンケミストリーとは，AnastasとWarnerがその概念を提唱したもので，化学物質による環境汚染を防ぐためには，化学製品自体を環境にやさしいものにするだけでなく，化学製品の合成方法や製造プロセスなどでのものづくりの段階で汚染を未然に防ぎ，しかも資源やエネルギーを枯渇させないようにということである。すなわち，製品や製法の開発，使用，廃棄，リサイクルまでのすべてを考え，「環境にどんな影響が出るかまでよく考えてものづくりをしよう」がその精神で，12箇条（表7.9）にまとめられている[9]。Green：環境に良い，Chemistry：合成反応と読む。わが国では，持続可能な地球のための化学を強調し，グリーンサステイナブルケミストリーという表現がしばしば用いられているようである。医の心得にもあるように，化学物質による環境汚染も，「治療」ではなく「予防」に着目すべき時代になってき

表7.9 グリーンケミストリーの精神

① 廃棄物は"出してから処理"ではなく，出さない。
② 原料をなるべく無駄にしない形の合成をする。
③ 人体と環境に害の少ない反応物・生成物にする。
④ 機能が同じなら，毒性のなるべく少ない物質を作る。
⑤ 補助物質はなるべく減らし，使うにしても無害なものを。
⑥ 環境負荷と経費はなるべく減らし，省エネを心がける。
⑦ 原料は，枯渇性資源でなく再生可能な資源から得る。
⑧ 途中の修飾反応はできるだけ避ける。
⑨ できる限り触媒反応を目指す。
⑩ 使用後に環境中で分解するような製品を目指す。
⑪ プロセス計測を導入する。
⑫ 化学事故につながりにくい物質を使う。

出典：文献9より引用

た。化学物質を取り扱ううえで廃棄物を出さないこと，より安全な化学物質を設計し，物質の性質や機能を最大に発揮しながら毒性や危険性を最小にするバランスのとれた物質をつくること，環境で生分解できる物質・材料をデザインする（現状は，環境残留性や生物蓄積性が懸念され，負の環境遺産となる可能性の高い物質がある）ことを，消費者は強く望んでいる。

また，どのような化学物質を扱うにしても，その損益のバランスを認識したうえで，安全な範囲で利用するしかない。開放系で利用できないものは必ず閉鎖系で利用し，完全回収・完全分解する方策をとり，環境には放出しないことが必要である。

現在では，化学物質が合成されて利用されるまでに，ある基準に基づいた安全性評価が行われ，合格しなければ市場にでないしくみになっている。今日の環境ホルモン問題は，この安全性評価の基準が不十分で，経済性が優先された事例といえる。これからの化学物質は，規制をクリアするだけのものではなく，本質的に環境保全上，安全なものをデザインすべきで，以下の手順は大いに効果が期待される[7), 9)]。

① 化学物質の毒性についてデータベースをつくる。
② 実際の毒性データがないものについては，構造—活性相関などにより化学物質の毒性を予測し，化学構造から毒性度を推測する。
③ 脂溶性の高い化学物質は体内に取り込まれやすく，食物連鎖によって生物濃縮されて毒性を発現しやすいため，この脂溶性の指標を考慮して，生体内に入っても体内に蓄積しない化学構造をデザインし，安全な化学物質を合成する。

しかし，何といっても確実な安全性評価の基準の設定が急務であり，環境ホルモン対策の力強い原動力になるが，現時点では科学的データが少ない。しかし，事が事だけに，「疑わしきは創らず」という予防原則で対応していく必要がある。

7.2.3 個人でできる身近な曝露対処法

(1) 食 品

環境ホルモンがヒトの身体に入るルートには，水，空気と食物経由がある。この中で主要なルートは食物である。ごみ焼却場から環境中に放出されたダイオキシン類は，樹木の枝葉や建物などに付着したり，粉塵とともに大地に落下する。雨などで流されれば，環境に放出された種々の環境ホルモンと一緒に大地から河川，海へと水によって運ばれ，海底の泥を汚染して蓄積する。海底の泥とともに餌となる微

7. 環境ホルモン問題解決への国・市民の対応

表7.10 わが国における食品中のダイオキシン濃度（1997年度）

食品群	ダイオキシン濃度[pg/g]
魚介	0.776
肉・卵	0.174
乳・乳製品	0.07
有色野菜	0.05
雑穀・芋	0.025
嗜好品	0.007
野菜・海草	0.006
米	0.007
砂糖・菓子	0.02
油脂	0.031
加工食品	0.073
豆・豆加工品	0.006
果実	0.002
飲料水	0.00003

出典：文献10より引用

生物やその死骸を飲み込んだ魚介類は、ダイオキシンなどを体内に蓄積していく。また、ダイオキシンなどは水より油に溶けやすいので、川から海へと流下する途中で植物プランクトンに吸着・吸収される。それを動物プランクトンが食し、小さい魚、さらに大きな魚へと食物連鎖によって生物濃縮される。**表7.10**にわが国における食品中のダイオキシン濃度[10]を示したが、魚好きの日本人は、食品の中でも魚介類から摂取する量が飛び抜けて多い。環境ホルモンは脂肪に溶けやすい性質があるので、魚はもちろん牛や豚などの脂身は避けた方がよいだろう。

また、養殖魚や家畜の飼料に大量のホルモン剤が添加されていることも多いため、残留するホルモン剤の影響を考慮する必要があるだろう。

環境ホルモンの7割は農薬であることから、無農薬野菜や低農薬野菜をとるようにこころがけたい。輸入農産物については日本で禁止されている農薬が使用されていることがあるので、注意が必要である（EUでは、2002年夏に食品ごとのダイオキシン基準値をつくった。その上限値を超えると市場に出せず、原因を調べ、低くする努力を求められる[11]。このような国の体制が望まれる）。

ところで、脂溶性物質は繊維物質に吸着されると、体外へ排出されやすい。ダイオキシンをよく吸着する食物繊維を**表7.11**に示す[12]。食物繊維は、コレステロールや脂肪などを吸収し、便と一緒に体外へ排出する効果と、腸の運動を活発化させ

表7.11 ダイオキシンをよく吸着する食物繊維

食物繊維	吸着率[%]	食物繊維	吸着率[%]
米ぬか	86.6	ごぼう	53.8
そば	71.9	キャベツ	52.5
ほうれん草	71.6	白菜	51.6
大根葉	70.2	大豆	49.1
あわ	67.2	大麦	47.8
きび	64.8	大根(根)	44.8

（福岡県保健環境研究所の森田邦正氏による実験結果）
出典：文献12より引用

7.2 国の施策と市民の対応

便通を改善する働きがある。脂肪により吸収されたダイオキシンなどは，食物繊維に吸着されることにより体外へと排出される。便が腸内にとどまる時間が長いということは，それだけ環境ホルモンも体内にとどまり，生体影響の原因となる。食物繊維は，ダイオキシンなど環境ホルモンを一緒に体外へ排出する作用があり，積極的に取り入れたいものである。また，便秘を解消する策も必要で，腹筋を鍛える適度な運動も効果的である。

(2) 食品容器

　プラスチックの材質は，原料や添加する可塑剤によって大きく異なる。環境ホルモンなどが溶け出すものには，塩化ビニル製や塩化ビニリデン製，ポリスチレン製，ポリカーボネート製などがある[12]。加熱して飲用したり，特に脂肪分の含量が多い食物の保存には，塩化ビニル製や塩化ビニリデン製，ポリスチレン製，ポリカーボネート製などのプラスチック容器や包装材を使用したものは避けた方がよい。したがって，食品の入っている容器については，表示（表7.12，表7.8[7]参照）を確かめ，また，表示のない食品包装材については，分別法で確認されたい。「疑わしきは罰せず」という対応では，とりかえしのつかない悲劇をもたらすかもしれない。「疑わしきは使わず」という予防原則で対応していく必要がある。

表7.12　プラスチック製容器包装の材質表示

素材	JIS K 6899-12000	素材	JIS K 6899-12000
ABS	ABS	エチレン-プロピレン樹脂	E/P
EVA	EVAC	エチレン-ビニルアルコール樹脂	EVAOH
ナイロン	PA	ポリカーボネート	PC
ポリブチレンテレフタレート	PBT	ポリエチレン	PE
ポリフエチレンテレフタレート*	PET	ポリメチルペンテン	PMP
ポリプロピレン	PP	ポリスチレン	PS
ポリ酢酸ビニル	PVAC	ポリ塩化ビニル	PVC
ポリ酢酸ビニリデン	PVDC	スチレン-アクリロニトリル樹脂	SAN

＊　飲料・しょう油用 PET を除く
出典：文献7より引用

〈プラスチックの分別法― Beilstein 試験[13]〉

　銅線とガスバーナー（レンジでも可）を用意する。銅線の先をガスバーナーで強熱し，表面に酸化銅の被膜をつくり，これにプラスチックを付ける。その銅線の先を再びガスバーナーで加熱する。プラスチックがポリ塩化ビニルやポリ塩化ビニリデ

ンでできていると，融けたプラスチックは銅と反応して塩化銅を生じ，緑色の炎を発色する(銅の炎色反応)。塩素原子を含まないプラスチックでは塩化銅ができないので，緑色の炎にはならないため識別できる(ハロゲン化合物に適用できる)。

(3) その他

化粧品は，基本となる油性成分をはじめ，乳化成分(界面活性剤，保湿剤，湿潤剤)，色素，顔料，香料，防腐剤，殺菌剤，酸化防止剤，特殊成分(ホルモン剤など)からつくられており，この中に環境ホルモンが含まれている[12]。例えば，エストラジオールやエストロゲン(女性ホルモン)，エチニルエストラジオール(合成女性ホルモン)，ノニルフェノール(乳化剤など)，ベンゾフェノン(紫外線防止剤)，オルトフェニルフェノール(防カビ剤)などである。化粧品は皮膚から直接体内に取り入れるため，十分な成分チェックを行い，これらの摂取を下げるようにしよう。

我々は，プラスチックに由来する環境ホルモンを，食器を経由するばかりでなく大気を通して摂取している。塩化ビニル系壁紙やプラスチック製の日常用品に添加されているフタル酸エステル類などは，室内や自動車の車内に放出されており，特に温度が高くなるとその量は多くなることが明らかにされている[12]。積極的に換気を行うことが必要である。

参考文献

1) 武田信生 (2000) ダイオキシン類問題の背景，公害防止の技術と法規―ダイオキシン類編，通商産業省．
2) 環境省報道発表資料 2002 年 12 月 6 日 (http://www.env.go.jp/press)
3) 武田信生 (2000) 国のダイオキシン削減計画と対策，化学工学，**64**，117-120．
4) 大迫政弘 (2000) 廃棄物埋立浸出水の高度処理―廃棄物最終処分場浸出水中微量有害物質のリスク管理方策，4-51，エヌ・ティー・エス．
5) 山田春美 (2000) AOP と環境ホルモン対策，水，**42**，16-27．
6) 佐々木智彦，堀井安雄，寺尾 康 (2003) 水中ダイオキシン類の分解処理，第 13 回日本オゾン協会年次研究講演会講演集，177-180．
7) 吉村忠与志，西宮辰明，本間善夫，村林真行 (2000) グリーン・ケミストリー，88 112，三共出版．
8) 日本化学会 (1999) 環境憲章，化学と工業，**3**，ページ外

参考文献

9) Anastas, P. and Waener, J.(1998) Green Chemistry : Theory and Practice, OUP, 訳本(渡辺 正, 北島正夫 (1999) グリーンケミストリー, 丸善).
10) 厚生省・環境庁報道発表資料 (http://wwwl.mhlw.go.jp/houdou/1106/h0621-3_13.html)
11) Commission Recommendation of 4 March 2002 on the reduction of the presence of dioxins, furans and PCBs in feedingstuffs and foodstuffs (http://europa.eu.int/eur-lex/en/search/search-oj.html)
12) 志村 岳 編著 (1999) 図解ひと目でわかる「環境ホルモン」ハンドブック, 講談社.
13) 大木道則 他編 (1989) 化学大辞典, 東京化学同人, pp.1776b.

8. 環境ホルモン問題に関する情報サイトおよび書籍

8.1 環境ホルモン問題の Web サイト

　OUR STOLEN FUTURE ： Are We Threatening Our Fertility, Intelligence, and Survival?— A Scientific Detective Story が 1996 年に出版され，翌年わが国でも「奪われし未来」の表題で翻訳出版された。以来世界中の多くの研究組織や行政機関で環境ホルモンについて精力的に調査・研究が進められ，その情報は WWW サーバーで公開されている。しかし，Web で入手できる情報があまりにも多く，効果的に目的の情報を探し当てるのが一苦労である。ちなみに，サーチエンジン（google： http://www.google.co.jp/）で環境ホルモンを検索すると約 78 000 件あった。これを一つずつ見ていってはたいへんである。そこで，環境ホルモンに関する情報を分類し，代表的な Web を紹介する。ただし，ここで紹介したものはいずれも有用な Web であることは確かであるが最新というわけではない。また，インターネット上の情報は入れ替わりが激しく，紹介した URL がなかったり，URL は存在してもその下のディレクトリファイルがすでにない場合も決して少なくない。関連ホームページのリンク集を参照していただきたい。

8.1.1　プロローグ：OUR STOLEN FUTURE の衝撃

　まずは，著者たちの Our Stolen Future Home
　　http://www.ourstolenfuture.org/index.htm
を参照されたい。3 名の著者（Dr. Theo Colborn, Dianne Dumanoski, Dr. John Peterson Myers）の紹介や最新の情報が整理されている。
・（独）産業技術総合研究所の松崎早苗さんの個人ホームページ

8. 環境ホルモン問題に関する情報サイトおよび書籍

http://staff.aist.go.jp/matsuzaki.sanae/

には，「Our Stolen Future」のペーパーバック版のためのエピローグの訳が掲載されている。

http://staff.aist.go.jp/matsuzaki.sanae/chemsafe/encr-j/epilogue.htm

8.1.2　どのような物質？

環境ホルモンとはどんな物質か，県立新潟女子短期大学本間研究室の生活環境化学の部屋には，その物質の分子の形の類似性などをわかりやすく紹介しているページがある。

http://www.ecosci.jp/

このHPの「分子の形と性質」学習帳に，環境ホルモンの基本分子の分子モデル立体図が掲載されている。

http://www.ecosci.jp/env/eh_calco2.html

マウスの操作で分子モデルが回転し，代表的な女性ホルモン，男性ホルモンと環境ホルモン分子の形の類似性を確かめることができる。

8.1.3　総合リンク集

さて，膨大で日々変化する情報を整理し有用なWeb pageを見出すためのリンク集が，研究者や自然愛好家，NGOの活動家の努力によって作成されている。そのいくつかを紹介する。

・武田尚志さんの「Environment」

　　http://www.asahi-net.or.jp/~XJ6T-TKD/env/env.html

　の環境ホルモンのページ

　　http://www.asahi-net.or.jp/~XJ6T-TKD/env/env_eds.html

　には，最新のトピックスや環境省，厚生労働省の情報が整理されている。

・別所珠樹さんの「学びと環境のひろば」

　　http://www.kcn.ne.jp/~gauss/index.html

　の環境ホルモン・ダイオキシン関連情報リンク集

　　http://www.kcn.ne.jp/~gauss/dx/index.html

8.1 環境ホルモン問題の Web サイト

も情報は豊富で問題別リンク先が整理されている。また物質別のリンク集も整理されている。

- (独)産業技術総合研究所の松崎早苗さんの個人のページ
    http://staff.aist.go.jp/matsuzaki.sanae/
  には，RACHEL'S Environment & Health Weekly の翻訳が掲載されている。
    http://staff.aist.go.jp/matsuzaki.sanae/chemsafe/j-rachel.htm
  また，Endocrine-Link
    http://staff.aist.go.jp/matsuzaki.sanae/chemsafe/link/encrlink.htm
  は国際情報が豊富である。
- 健康新聞社の環境ホルモン総合リンク集は情報量も多く項目別に整理されている。
    http://www.sinbun.co.jp/kenkou/link/linkedc.html
- 先に紹介した県立新潟女子短期大学本間研究室生活環境化学の部屋の「環境ホルモン情報」は解説，物質の一覧，分子構造，トピックス，文献など広範囲の情報が掲載されている。
    http://www.ecosci.jp/env/eh_home.html

8.1.4 学会(環境ホルモン情報に関連のある学会)のサイト

- 環境ホルモン学会(日本内分泌撹乱化学物質学会)
    http://wwwsoc.nii.ac.jp/jsedr/index.html
- エコケミストリー研究会　　http://env.safetyeng.bsk.ynu.ac.jp/ecochemi/
- 日本リスク研究学会
    http://ecopolis.sk.tsukuba.ac.jp/~srajapan/index.html
- 日本水環境学会　　http://www.jswe.or.jp/
- 日本環境化学会　　http://wwwsoc.nii.ac.jp/jec/index.html
- 日本環境変異原学会　　http://wwwsoc.nii.ac.jp/jems/index.html
- 日本環境毒性学会　　http://systemsoft.ne.jp/aqin/jetindex.html

8.1.5 研究機関のサイト

- (独)国立環境研究所　　http://www.nies.go.jp/index-j.html

8. 環境ホルモン問題に関する情報サイトおよび書籍

　　　　環境ホルモンデータベース
　　　　　　http://w-edcdb.nies.go.jp/
・国立医薬品食品衛生研究所（NIHS）のホームページ
　　　http://www.nihs.go.jp/index-j.html
　　　　　化学物質に関する情報のページ
　　　　　　http://www.nihs.go.jp/hse/chemical/index.html
　　　　　個々の化学物質の情報検索ガイド
　　　　　　http://www.nihs.go.jp/cheminfo/webguide.html
　　　　　Archives ページ
　　　　　　http://www.nihs.go.jp/hse/endocrine/indexold.html
　　　　　リンクのページ
　　　　　　http://www.nihs.go.jp/webguide/index.html
　　　　には内外の研究機関，学会のリンクが充実している。
・（独）産業技術総合研究所
　化学物質リスク管理研究センター
　　　　http://unit.aist.go.jp/crm/
の化学物質情報のページには，インターネットから得られる情報のうち，特に化学物質のリスク（毒性や曝露や規制について）に関連する新規情報をピックアップして掲載している。リンクは内外の情報が整理されていて有用である。

8.1.6　行政機関のサイト

・環　境　省　　http://www.env.go.jp/
　　　　内分泌攪乱化学物質（いわゆる環境ホルモン）問題のページ
　　　　　　http://www.env.go.jp/chemi/end/index.html
・厚生労働省　　http://www.mhlw.go.jp/
　　　　内分泌かく乱化学物質ホームページ
　　　　　　http://www.nihs.go.jp/edc/edc.html
・農林水産省　　http://www.maff.go.jp/
・経済産業省　　http://www.meti.go.jp/
・国土交通省　　http://www.mlit.go.jp/

8.1.7 検索・データベース

久留米大学のオンライン文献検索ホームページ
http://web.ktarn.or.jp/kurume-u-hp/bunken.html
には，日本の官・民が提供する様々な情報サービスの一覧と解説がある。
PubMED(http://www.ncbi.nlm.nih.gov/PubMed/)の解説も詳しい。

8.1.8 海外のサイト

海外情報は，米国の Louisiana 州にあるチューレン・ザビエル大学(Tulane and Xavier Univ.)の Center for Bioenvironmental Research
http://www.cbr.tulane.edu/
の Environmental Estrogens and other hormones のページはリンクも充実しており情報も豊富である(http://www.tmc.tulane.edu/ecme/eehome/)。

・米国環境保護庁関連ページ
　http://www.epa.gov/endocrine/
　http://www.epa.gov/endocrine/links.html
　http://www.epa.gov/scipoly/oscpendo/index.htm
・英国環境庁
　http://www.environment-agency.gov.uk/
　環境・食糧・農村地域省の関連ページ
　http://www.defra.gov.uk/

8.2　POPs 関連のサイト

2000 年の 12 月に，残留性有機汚染物質(persistent organic pollutants：POPs)に関する国際条約案が，ヨハネスブルクで開催された第 5 回政府間交渉会議 INC5 (Intergovernmental Negotiating Committee：INC)において合意され，翌年 2001 年 5 月にストックホルムにおいて採択された。残留性有機汚染物質を地球上から根絶しようという国際的な取組みに関する条約，ストックホルム条約(通称 POPs 条約)

8. 環境ホルモン問題に関する情報サイトおよび書籍

の経緯，背景を中心に Web の情報を整理した．

8.2.1 POPs 条約の経緯

- 1992 年 6 月の国連環境開発会議 (UN Conference on Environment and Development：UNCED)：アジェンダ 21 の 19 章で，「有害化学物質の環境上適切な管理」として今後の国際的な取組み方向・課題を規定している．UNCED の文書は，UNEP のドキュメントページで参照できる．

    http://www.unep.org/documents/default.asp?DocumentID=52

    リオ宣言 (Rio Declaration on Environment and Development) は，

    http://www.unep.org/documents/default.asp?DocumentID=78&ArticleID=1163
    を参照．EARTH NEGOTIATIONS BULLETIN ISSUE INDEX の ARCHIVE も参照．

    http://www.iisd.ca/linkages/

    http://www.iisd.ca/linkages/voltoc.html

- 1994 年 4 月，化学物質の安全性に関する政府間フォーラム (Intergovernmental Forum on Chemical Safety：IFCS)：アジェンダ 21 の 19 章のフォローアップのために設立，各国政府，国際機関，NGO が参加した．

- 1995 年 10 月〜11 月，国連環境計画 (UNEP) 主催の政府間会合：「陸上活動から海洋環境の保護に関する世界行動計画」の中で，12 の POPs について，国際的に排出の廃絶・低減等を図るための国際条約等の法的拘束力がある文書を策定することが求められた．

- 陸上起因海洋汚染防止に関するワシントン宣言 (政府間会合 1995/10/23-11/3) は UNEP の POPs ホームページの Washington Conference の Washington Declaration on Protection of the Marine Environment from Land-based Activities を参照．

    http://www.chem.unep.ch/pops/WashConf.html

    http://www.unep.org/unep/gpa/

- 1997 年 2 月，UNEP 第 19 会管理理事会決議：POPs による環境汚染防止を図る観点から，使用・排出の削減に向けた条約化交渉を，2000 年を期限として行うことが決められた．

http://www.chem.unep.ch/pops/newlayout/press_items.htm
・条約の発効：条約の発効ついては，50箇国目の批准書，受諾書等の寄託の日から 90 日目に発効，具体的な時期は未定ではあるが，これまでの国際会議では 2004 年までの条約発効を目標としている。

8.2.2　条　　約

第 5 回交渉は，*Earth Negotiations Bulletin...A Reporting Service for Environment and Development Negotiations* Online at http://www.iisd.ca/chemical/pops5/ vol.15, No.54 を参照。
・UNEP の POPs のホームページ（http://www.chem.unep.ch/pops/default.html）では，条約の本文や関連情報が参照できる。
・条約の日本語訳文は，JPEN（POPs 廃絶日本ネットワーク）のホームページを参照。
　　http://kokumin-kaigi.org/jpen/
・残留性有機汚染物質（POPs）に関するストックホルム条約外交会議の概要（確定版）
　　http://www.env.go.jp/press/press.php3?serial=2636
・日本側代表団による本外交会議の概要について
　　http://www.env.go.jp/press/file_view.php3?serial=2261&hou_id=2636
・外務省地球環境問題関連条約・法律などの紹介ページ
　　http://www.mofa.go.jp/mofaj/gaiko/kankyo/jyoyaku/index.html

8.2.3　NGO の取組み

残留性有機汚染物質（POPs）廃絶日本ネットワーク（JPEN）のホームページ
　　http://kokumin-kaigi.org/jpen/
には，NGO の意見，情報が掲載されている。条約の訳文も参照できる。
・POPs 廃絶国際ネットワーク IPEN（International POPs Elimination Network）
　　http://www.ipen.org/
　　の POPs 廃絶要綱（Background Statement and POPs Elimination Platform）は，POPs の定義の説明，POPs による害，POPs をなくすために，について簡潔に記述されており参考になる。また，廃絶要綱は課題が整理されている。

8.2.4　POPs の定義

　POPs の定義については，基本的には条約で定義されているが，JPEN の POPs に関する基本声明（http://kokumin-kaigi.org/jpen/）の記述が簡潔でわかりやすい。POPs の移動の解説も，多くのホームページで独自の概念図が掲載されている。
- Polar Science Station の POPs Goes Antarctica?
　　http://www.literacynet.org/polar/pop/html/project.html
- The Green Lane, Environmental Canada's World Wide Web site の POPs のページ
　　http://www.ec.gc.ca/pops/brochure_e.htm

などがあるが，POPs に関する総合的情報は UNEP の Persistent Organic Pollutants のホームページが基本である。
　　http://www.chem.unep.ch/pops/

8.2.5　安全性・影響

　安全性・影響については，1980 年に設立された ILO，UNEP，WHO の Joint Programme である IPCS（The International Programme on Chemical Safety）のホームページから入るのが有効である。
　　http://www.who.int/pcs/
　課題ごとに豊富な情報が整理されており，WHO の関連ページや INCHEM（International Programme on Chemical Safety's service）にもリンクしている。
　　http://www.inchem.org/

8.3　環境ホルモン関連の書籍

　ここ数年，環境ホルモンに関連する書籍が多数出版されている。これらのリストを次に挙げる。表は発行年順で，あいうえお順になっている。

8.3 環境ホルモン関連の書籍

書　名	著者名など	出版社名	発行年
環境から身体を見つめる環境ホルモンと21世紀の日本社会	松村秀	国士舘大学体育・スポーツ科学学会	2003
環境ホルモン 人心を「撹乱」した物質	西川洋三	日本評論社	2003
環境ホルモンと人類の未来	吉沢逸雄, 三浦敏明, 伊藤慎二	三共出版	2003
環境ホルモンの最新動向と測定・試験・機器開発	井口泰泉監修	シーエムシー出版	2003
環境ホルモン［文明・社会・生命］Vol.3	宇井純他	藤原書店	2003
ダイオキシン―神話の終焉	渡辺正, 林俊郎	日本評論社	2003
環境ホルモン	中原英臣監修	ナツメ社	2002
環境ホルモン・環境ドラッグ汚染される子供達の未来	山本和信	一橋出版	2002
環境ホルモンの最前線	松井三郎, 田辺信介, 森千里他	有斐閣	2002
暮らしにひそむ化学毒物事典	渡辺雄二	家の光協会	2002
胎児の複合汚染―子宮内環境をどう守るか	森千里	中央公論社	2002
脱・環境ホルモンの社会	吉village仁, 竹内浩昭, 中桐斉之編	三学出版	2002
内分泌撹乱物質問題のQ&A	日本化学工業協会エンドクリンワーキンググループ	中央公論事業出版	2002
ホルモン発達のなぞ	江口保暢	医歯薬出版	2002
奪われし未来	T.コルボーン, D.ダマノスキ, J.P.マイヤーズ 長尾力訳	翔泳社	2001
環境ホルモンと野生動物の異変	井口泰泉	少年写真新聞社	2001
環境ホルモンなんて怖くない!快適に暮らすための安全マニュアル	石井佐知子	かもがわ出版	2001
環境ホルモン［文明・社会・生命］Vol.1, Vol.2	マイヤーズ他	藤原書店	2001
内分泌撹乱物質スクリーニング及びテスト諮問委員会(EDSTAC)最終報告書	内分泌撹乱物質スクリーニングおよびテスト諮問委員会 産業環境管理協会	丸善	2001
ホルモン・カオス	シェルドン・クリムスキー	藤原書店	2001
有機化学からみた環境ホルモン	村田静昭	生物研究社	2001
危ない化学物質の避け方アレルギー・ホルモン撹乱・がんを防ぐ	渡辺雄二	ベストセラーズ	2000
奪われし未来を取り戻せ 有害化学物質対策NGOの提案	川名英之他	リム出版新社	2000
化学物質から身を守る方法	天笠啓祐	風媒社	2000
化学物質は警告する「悪魔の水」から環境ホルモンまで	常石敬一	洋泉社	2000
環境ホルモン汚染	立川涼編	ポプラ社	2000
恒常性かく乱物質汚染 PCB・ダイオキシン・環境ホルモンその評価と対策	藤原邦達	合同出版	2000
ここまできた!環境破壊1 環境ホルモン汚染	奈須紀幸	ポプラ社	2000
子孫を残す細胞を守れ!ディーゼル排ガスも環境ホルモン	武田健	丸善	2000

8. 環境ホルモン問題に関する情報サイトおよび書籍

食品はどこまで安全か 健康食品，遺伝子組み替え食品，環境ホルモン・ダイオキシン	川口啓明	旬報社	2000
水産環境における内分泌撹乱物質（水産学シリーズ）	川合真一郎，小山二朗	恒星社厚生閣	2000
生命撹乱 環境ホルモン・ダイオキシンによる	西見賢二	講談社出版サービスセンター	2000
大豆イソフラボン	井上正子	日東書院	2000
内分泌撹乱化学物質の生物試験研究法	今井清，井上達	シュプリンガー・フェアラーク-東京	2000
廃棄物埋立て浸出水の高度処理 ダイオキシン類および環境ホルモン等微量有害物質対策	大迫政浩他	エヌ・ティ・エス	2000
明日なき汚染環境ホルモンとダイオキシンの家 －シックハウスがまねく化学物質過敏症とキレる子どもたち－	能登春男，能登あきこ	集英社	1999
大麦若葉の「緑効末」が効く！ガン，生活習慣病，環境ホルモンから身を守る	山田耕路監修	史輝出版	1999
親子で読む環境ホルモンってなあに？	辻万千子，河村宏	毎日新聞社	1999
化学汚染 しのびよる健康障害	泉邦彦	新日本出版社	1999
化学物質の逆襲 汚染される人体・環境・地球	小島正美他	リム出版新社	1999
環境汚染 ダイオキシン，環境ホルモン，土壌汚染の恐怖	石井一郎，石田哲朗	セメントジャーナル社	1999
環境ホルモン	井口泰泉	PHP研究所	1999
環境ホルモン汚染対策 測定・評価から企業対応まで	椎葉茂樹，森千里，門上希和夫他	エヌ・ティ・エス	1999
環境ホルモン汚染問題解明に挑む科学者たち	笹川寿昭，小山良一	英宝社	1999
環境ホルモン科学白書 内分泌撹乱化学物質に関する国際シンポジウム'99	環境庁環境保健部	環境コミュニケーションズ 公害対策技術同友会	1999
環境ホルモンがよくわかる本 忍び寄る「生活環境病」から生命と健康を守る	香川順	小学館	1999
環境ホルモンから身を守る食べ方	足立礼子	女子栄養大学出版部	1999
環境ホルモン・環境汚染懸念化学物質 現状と産業界の対応	シーエムシー編集部編	シーエムシー	1999
環境ホルモン&ダイオキシン 話題の化学物質を正しく理解する	「化学」編集部	化学同人	1999
環境ホルモンってなぁに？親子で読む	辻万千子，河村宏	毎日新聞社	1999
環境ホルモンと経済社会	稲葉紀久雄	法律文化社	1999
環境ホルモンとダイオキシン	久慈力	新泉社	1999
環境ホルモンとリサイクル	秋葉光雄，高田十志和	ラバーダイジェスト社	1999
環境ホルモン・農薬・添加物 安全な食べかた新常識	増尾清	青春出版社	1999
環境ホルモンの最新動向	井口泰泉，香山不二雄，片瀬隆雄他	シーエムシー	1999

8.3 環境ホルモン関連の書籍

環境ホルモンのしくみ	佐藤淳	日本実業出版社	1999
環境ホルモンのモニタリング技術 分析・測定法の実際	森田昌敏監修	シーエムシー	1999
環境ホルモンの問題とその対策	化学物質安全情報研究会編	オーム社	1999
環境ホルモン防衛の処方箋	渡辺雄二	法研	1999
キチン・キトサンバイブル 環境ホルモンから身を守る食の福音	糸日谷秀幸	薬局新聞社	1999
Q&Aもっと知りたい環境ホルモンとダイオキシン	環境総合研究所	ぎょうせい	1999
くらしの中の化学物質 環境ホルモンのはなし わたしたちの未来があぶない2	大竹千代子指導	小峰書店	1999
警告「環境ホルモン」本当の話	久野勇, 宮田秀明	小学館	1999
検証「環境ホルモン」環境・生体撹乱物質のバイオサイエンス	樽谷修, 本間慎	青木書店	1999
子どもを取り巻く環境ホルモン	食べ物文化編集部編	芽ばえ社	1999
ごみから未来を学びたい「ダイオキシン・環境ホルモン」とどうつきあうか	元気なごみ仲間の会編	日報	1999
シックハウス症候群	天笠啓祐	同文書院	1999
知って得する健康常識 赤ワインから環境ホルモンまで最新の話65	内藤博監修	PHP研究所	1999
CD-ROMで見る華麗なる分子の世界 βカロチンから環境ホルモンまで	平山令明	丸善	1999
除草剤の脅威 田畑にまかれた環境ホルモン	久慈力	新泉社	1999
新・今「環境ホルモン」が危ない	新驚異の科学シリーズ編集部編	学習研究社	1999
図解汚染物質対策マニュアル ダイオキシン, 環境ホルモンから医療廃棄物, 食品添加物, シックハウス症候群まで	天笠啓祐他	同文書院	1999
図解ひと目でわかる「環境ホルモン」ハンドブック	志村岳	講談社	1999
Stop! 環境ホルモン汚染	井口泰泉監修	本の泉社	1999
生活の中の化学物質 内分泌かく乱物質とダイオキシン	大竹千代子	実教出版	1999
胎児からの警告 環境ホルモン・ダイオキシン複合汚染	長山淳哉	小学館	1999
食べる活性炭 ダイオキシン, 環境ホルモン, O-157の毒素, 残留	青柳重郎, 正岡慧子	双葉社	1999
どうしたらいいの? 環境ホルモン	浦野紘平	読売新聞社	1999
内分泌撹乱化学物質と食品容器	辰濃隆, 中澤裕之	幸書房	1999
農林水産業と環境ホルモン	農林水産技術情報協会編	家の光協会	1999
脳をむしばむ環境ホルモン	渡辺雄二	双葉社	1999
ひと目でわかる環境ホルモンの見分け方	笠井洋子	情報センター出版局	1999

8 環境ホルモン問題に関する情報サイトおよび書籍

身近な危険化学物質を知ろう 環境ホルモン・ダイオキシン・シックハウス	大竹千代子指導	小峰書店	1999
身近にひそむ環境ホルモン・ダイオキシン	大島秀太	金の星社	1999
科学大好き! なぜなぜ大発見7("環境ホルモン"ってなに?)	今泉忠明監修	学習研究社	1998
化学物質と内分泌攪乱「環境ホルモン」にどう対処するか	宮本純之	化学工業日報社	1998
神々の警告 環境ホルモン解決への道に迫る!	水と環境ホルモンを考える会	バウハウス	1998
環境ホルモン安全生活読本	ひろたみを	廣済堂出版	1998
環境ホルモン汚染 人類は静かに滅亡へと向かう	中原英臣,二木昇平	かんき出版	1998
環境ホルモンから家族を守る50の方法	環境ホルモンを考える会	かんき出版	1998
環境ホルモンから子どもたちを守るために これだけは知っておきたい内分泌障害性化学物質の怖さ	井口泰泉監修	素朴社	1998
環境ホルモンから子どもを守る	マイケル・スモーレン	コモンズ	1998
環境ホルモン きちんと理解したい人のために	筏義人	講談社	1998
環境ホルモン 人類の未来は守られるか	高杉暹,井口泰泉	丸善	1998
環境ホルモンって何だろう	地球環境情報センター	ダイヤモンド社	1998
環境ホルモンってなんですか? 未来のために,今できること	大久保貞利	けやき舎	1998
環境ホルモンという名の悪魔	ひろたみを	廣済堂出版	1998
環境ホルモンと日本の危機	小島正美,井口泰泉	東京書籍	1998
環境ホルモンとは何か1,2	綿貫礼子	藤原書店	1998
環境ホルモン・何がどこまでわかったか	小出重幸	講談社	1998
環境ホルモン 何が問題なのか	田辺信介	岩波書店	1998
環境ホルモンに挑む	日経BP社	日経BP出版センター	1998
環境ホルモン入門	立花隆	新潮社	1998
環境ホルモン入門 今わかっていること,そしてやるべきこと	中原英臣	ベストセラーズ	1998
環境ホルモンの害 人体に有害な内分泌攪乱物質	久郷晴彦	ヘルス研究所	1998
環境ホルモンの元凶は除草剤だった	浅井敏雄	文芸社	1998
環境ホルモンの恐怖	環境ホルモン汚染を考える会	PHP研究所	1998
環境ホルモンの避け方	天笠啓祐	コモンズ	1998
環境ホルモンの正体と恐怖 われわれの生殖に重大な異変が忍び寄る	小山寿	河出書房新社	1998
環境ホルモンは,この食事で解毒・排出できる	西牟田守,白鳥早奈英	ロングセラーズ	1998
環境ホルモン問題入門	羽山伸一	全日本病院出版会	1998
環境ホルモンを考える	井口泰泉	岩波書店	1998
緊急取材!環境ホルモン55の大疑問	環境ホルモン緊急取材班	青春出版社	1998
ゴミとつきあおう 環境ホルモンがわかる本	桐生広人,山岡寛人	童心社	1998
これで安心環境ホルモン 家族を守るおかあさんのひと工夫	坂下栄監修	ぶんか社	1998

8.3 環境ホルモン関連の書籍

しのびよる身近な毒 O157，サリンからダイオキシン…環境ホルモンまで	沢田康文	羊土社	1998
図解「環境ホルモン」を正しく知る本 2時間でわかる	吉田昌史	中経出版	1998
「図解」地球環境にやさしくなれる本 ダイオキシンから環境ホルモン，温暖化まで，身近な環境問題のすべて(新訂版)	PHP研究所	PHP研究所	1998
生殖異変 環境ホルモンの反逆	井口泰泉	かもがわ出版	1998
生殖に何が起きているか 環境ホルモン汚染	松村秀	日本放送出版協会	1998
ダイオキシン・ゼロ社会へ 環境ホルモンから命を守る	藤原寿和	リム出版新社	1998
ダイオキシンと環境ホルモン 新聞記事データベース	地球環境情報センター メディア・インターフェース	現代書館	1998
ダイオキシンと環境ホルモン	日本化学会編	東京化学同人	1998
だれにでもわかる環境ホルモンQ&A	渡辺雄二	青木書店	1998
どうすればいい? 環境ホルモン	ナイスク	バウハウス	1998
内分泌撹乱物質(環境ホルモン)の現状と課題	東レリサーチセンター	東レリサーチセンター	1998
日本発環境ホルモン報告	山本猛嗣	日刊工業新聞社	1998
農薬の空中散布と環境ホルモン空散反対住民訴訟からのアピール	久慈力	新泉社	1998
葉緑素の効果 環境ホルモンから身を守り,老化を防ぐ"大麦若葉エキス"	萩原義秀	祥伝社	1998
母体汚染と胎児・乳児 環境ホルモンの底知れぬ影響	長山淳哉	ニュートンプレス	1998
ホルモン・クライシス	常藤純一	講談社	1998
メス化する自然 環境ホルモン汚染の恐怖	デボラ・キャドバリー (古草秀子訳)	集英社	1998
もう水道の水は飲めない しのびよるダイオキシン・環境ホルモン	天野博正，坂田昌弘	ミオシン出版	1998
よくわかる環境ホルモン学	シーア・コルボーン他	環境新聞社	1998
よくわかる環境ホルモンの話ホルモン撹乱作用とからだのしくみ	北条祥子	合同出版	1998
塩ビは地球にやさしいか!? 塩ビとダイオキシンと環境ホルモン	藤原寿和，関根彩子	化学物質問題市民研究会	1997
環境ホルモン―外因性内分泌撹乱化学物質問題に関する研究班中間報告―	環境庁リスク対策検討会監修	環境新聞社	1997

あとがき

　1997年9月にシーア・コルボーンらが著した"Our Stolen Future"が邦訳され，「奪われし未来」として出版されて以来，「環境ホルモン」問題は国内で大きな社会問題となりました。その後，1997年の関係省庁会議の発足に続き，1998年には，環境庁（現環境省）から環境ホルモン戦略計画（SPEED'98）が発表されました。また，環境ホルモン学会が発足したと同時に，環境省主催の内分泌撹乱化学物質に関する国際シンポジウムが毎年11～12月に開催されるようになりました。そして，国内外の調査・研究の成果が，各種学会，シンポジウムや講演会において一気に公表され，これらの議論の中で，内分泌撹乱化学物質には閾値はあるのか，用量依存性はあるのか，野生生物に対して生じた影響がヒトに対して同様に起こるのか，などの議論が噴出しました。

　このようなあわただしい動きの中，1998年9月，日本水環境学会関西支部に内分泌撹乱化学物質部会が発足し，約2箇月に1回のペースで勉強会が続けられました。発足1年目は，国内外の動向に関する情報交換や，水環境における内分泌撹乱化学物質の挙動，内分泌撹乱化学物質の分析手法，毒性評価手法などに関するレビューを行い，そのまとめとして，2000年2月には，当部会の企画で，著名な環境ホルモン研究者を招いて支部講演会「内分泌撹乱化学物質の最前線」を実施しました。その後，このような活動の成果を多くの人々に知ってもらうために，本部会活動の大きな目標の一つとして，内分泌撹乱化学物質問題に関する一般向け書籍を出版することになりました。

　本書を編集するにあたっては，わかりやすくしかも資料性を高めた内容にすることに努めました。そこで，以下のような内容を盛り込みました。環境ホルモン問題の歴史的経緯，環境ホルモンの定義，種類と各種特性，作用メカニズムを含む環境ホルモンの実像，水生生物，野生生物およびヒトへの影響，環境ホルモンによる水環境の汚染に関する実態・挙動，および天然ホルモンの評価が含まれています。また，環境ホルモンのヒトへのリスクに関する曝露経路と曝露濃度およびリスク評価についても言及しています。代表的な環境ホルモンのバイオアッセイによる検知および機器分析とその原理，さらに，国の政策と市民の対応など環境ホルモン問題解決へのアプローチについて述べ，環境ホルモン問題に関する情報サイトおよび書籍まで幅広く紹介しています。

内分泌撹乱化学物質問題解決のための調査・研究は，わが国をはじめ米国やヨーロッパ諸国において現在もなお進められています．そのため，内分泌撹乱化学物質に関する疑問への答えは，現時点では出ていないのが現状です．このような状況の中，本書が内分泌撹乱化学物質問題の最新動向について知ろうとする人に役立てば幸いです．

　本書の出版は，関西支部の幹事会のご協力がなくては成し得ませんでした．企画から2年以上にわたり部会活動を支えていただいた，福永前支部長はじめ幹事の皆様に改めて御礼申し上げます．また，私たちの遅々とした歩みに辛抱強く付き合っていただいた，技報堂出版株式会社編集部の小巻　慎氏，飯田三恵子氏にもお礼を申し上げます．

2003年8月

　　　　　　　　　　　　　　　社団法人　日本水環境学会関西支部
　　　　　　　　　　　　　　　内分泌撹乱化学物質部会
　　　　　　　　　　　　　　　部会長　中室克彦（現支部長）
　　　　　　　　　　　　　　　幹　事　古武家善成

索　引

【あ行】

アゴニスト ……………………………… 44,56
アジピン酸ジ-2-エチルヘキシルの分析法 …… 215
アセチルコリン ………………………………… 104
アミトロールの分析法 ………………………… 218
アルキルフェノール ……………………… 73,123
アロマターゼ（芳香族化酵素） ……… 45,49,90
アンタゴニスト ………………………………… 44

E 物質 …………………………………………… 33
YES アッセイ法 ……………………………… 138
閾値 …………………………………………… 54,57
Ishikawa cell-ALP アッセイ ………………… 138
一日許容摂取量（RfD） ……………………… 201
イボニシ ………………………………………… 96
In vitro 試験 …………………………… 135,224
In vivo 試験 ………………………………… 229
インポセックス ………………………… 87,96,199

ウィングスプレッド会議 ……………………… 1
ウィングスプレッド（合意）宣言 ………… 2,21
ウェイブリッジワークショップ ……………… 5
奪われし未来（Our Stolen Future） …… 1,23,257

影響指標 …………………………………… 53,57
A 物質 ………………………………………… 32
液-液抽出 ……………………………………… 208
液体クロマトグラフィー（LC） …………… 209
液体クロマトグラフ質量分析法 …………… 127
エクジステロイド ……………………………… 93
S 字型（シグモイド）曲線 …………………… 57
17β-エストラジオール（E$_2$） …………… 69
エストラジオール産生 ………………………… 49
エストラジオールの分析法 ………………… 220
エストロゲン（女性ホルモン） …… 23,39,127
エストロゲン活性 …………………………… 127
エストロゲン等価量 …………………………… 59
エストロゲン様活性の評価 ………………… 226
エストロゲン様物質 ………………… 59,199,200

エストロゲン類似物質 ………………………… 21
エストロゲンレセプター
　（女性ホルモンレセプター） ………… 41,51
エチニルエストラジオール（EE$_2$） …… 73,163
エチレンビスジチオカーバメイト系殺菌剤 …… 125
NCI-GC/MS 法 ……………………………… 127
NPEs の生分解 ……………………………… 155
エポキシ塗装 ………………………………… 185
エリーチェ（合意）宣言 ……………………… 3
LC/MS 法 …………………………………… 127
塩化ビニル樹脂 ……………………………… 123
エンドポイント ………………………… 53,180

オカダ酸 ……………………………………… 47
オクタノール/水分配係数 ………………… 125,148
4-t-オクチルフェノール（4-t-OP） ……… 80
オクチルフェノール …………………………… 76
オゾン酸化 …………………………………… 159

【か行】

外因性内分泌攪乱化学物質調査暫定マニュアル
　………………………………………………… 207
外部曝露量 …………………………………… 181
界面活性剤 …………………………………… 123
カエルの減少 ………………………………… 104
化学物質関連の規制状況 …………………… 244
化学物質説 …………………………………… 102
化学物質排出把握管理促進法（PRTR 法） …… 9
学習障害（LD） ……………………………… 113
核内スーパーファミリー …………………… 41
核内レセプターファミリー ………………… 50
過剰肢ガエル ………………………………… 101
ガスクロマトグラフィー（GC） …………… 209
可塑剤 …………………………………… 123,171
家庭系排水 …………………………………… 132
家電リサイクル法 …………………………… 249
カルベンダジム（MBC） …………………… 124
カルボキシル化 ……………………………… 155
カワウ ………………………………………… 100

缶飲料	184
環境残留性	126
環境へのインパクト	36
環境ホルモン(内分泌攪乱化学物質)	7,21,60,195
——による健康リスク	59
——の環境内挙動	143
——の機器分析	210
——の規制状況	240,241
——の検出状況	121
——の生分解挙動	149
——の定義	21,196
——の年間使用量	34
——の物理化学的挙動	145
環境ホルモン学会	8
環境ホルモン全国一斉調査	121
環境ホルモン全国市民団体テーブル	8
環境ホルモン戦略計画 SPEED'98	8,23,33,96,121,207,239
肝重指数	77
肝臓	71
寄生虫説	103
機能異常	112
逆U字曲線	53
逆U字反応	12
急性毒性	35
吸着剤	208
凝集沈殿ろ過処理	134
空気経由曝露	172
クリーンアップ	208
グリーンケミストリー	250
グルクロン酸抱合体	164
グローバル汚染	158
形態異常ガエル	98,101
化粧品	254
下水処理場	128
血液透析器	187
健康リスク	52,59
健康リスク評価	52,178
甲状腺ホルモン	23,39,112
合成女性ホルモンの検出頻度	127
構造活性相関(QSAR)	12
高速液体クロマトグラフ(HPLC)	152
行動異常	112
行動生態毒性学	96
酵母ツーハイブリッド法	140,228
国際海事機関外交会議	9
国際化学物質安全性計画(IPCS)	195
固相抽出	208
五大湖	98
コリンエステラーゼ	104

【さ行】

サイエンスアイ	7
最小影響量(LOEL)	201
最小作用濃度(LOEC)	83,163
最小毒性量(LOAEL)	53
臍帯	107
細胞増殖試験	226
魚の生殖異常	160
産仔数の低下	66
残留性有機汚染物質(POPs)	97,126,261
——の定義	264
C物質	33
シーラント充填材	186
ジエチルスチルベストロール(DES)	2,53,106
紫外線説	103
紫外線B	103
資機材の溶出試験	176
子宮内曝露試験	231
子宮内膜症	111
子宮肥大試験	230
子宮閉塞	66
事業系排水	132
2,4-ジクロロフェノキシ酢酸	125
1,2-ジブロモ-3-クロロプロパンの分析法	216
視床下部-下垂体	42
質量分析計(MS)	209
指標動物	105
ジメチルジチオカーバメイト系殺菌剤	125
種間外挿	183
受容体結合試験	224
蒸気圧	147
焼却灰	131
初期生活段階試験	82

食品缶詰中のBPA量	184
食品中のダイオキシン濃度	252
植物エクジステロイド	95
植物エストロゲン	84,106
食物繊維	252
女性ホルモン(エストロゲン)	23,39,127
──の作用発現	41
女性ホルモンレセプター	
(エストロゲンレセプター)	41,51
シロアリ防除剤	126
神経系	43
水道水	133
スクリーニングプログラム	4
スクリーニング法	135,223
スチレンダイマー・トリマーの分析法	215
スチレンの分析法	216
ステロイドホルモン	38
ストックホルム条約(POPs条約)	126,261
SPEED'98	8,23,33,96,121,207,239
──にリストアップされた物質の構造式	28～31
──にリストアップされた物質の特性	24～27
スピギン	80
スミソニアンワークショップ	5
生活関連法の規制状況	243
精子形成不良	100
精子数減少	108
生殖腺指数(GSI)	76
性ステロイドホルモン合成	46
性腺刺激ホルモン放出ホルモン(GnRH)	87
精巣がん	106,109
精巣形成不全症候群	109
精巣卵	124
成長抑制	115
性的早熟	111
性同一性障害	105
生物学的なメカニズム	197
生物学的評価法	223
生物濃縮性	126
セベソの事故	12,114
セルトリ細胞	52

相対増殖効果(RPE)	226
相対増殖能(RPP)	226
相対ペニス長指数	88
促進酸化法	159

【た行】

ダイオキシン	49,99
ダイオキシン・環境ホルモン対策国民会議	8
ダイオキシン対策推進基本指針	247
ダイオキシン毒性等量(濃度)(TEQ)	99
ダイオキシン類	121,126
ダイオキシン類対策特別措置法	9,247
大豆中のエストロゲン様物質	199,200
耐容一日摂取量(TDI)	246
台湾油症	12,115
多成分農薬分析法	216
脱水汚泥	131
脱皮ホルモン作用	95
脱抱合	165
男/女比	115
男性への攻撃	4
男性ホルモン	23,39
膣がん	106,111
チトクロムP450(CYP)	67
知能低下	115
注意欠陥・多動性障害(ADHD)	105,113
抽出	208
長距離移動性	126
超雌化	73
沈黙の春	2
DNAマイクロアレイ	52,194
DNAチップ	194
ディーゼル排ガス(DE)	51
ディーゼル排ガス中微粒子(DEP)	51
TBT条約	126
D物質	33
低用量反応	53
低用量問題	12,17
停留精巣	106,110
テストステロン	47,90
テストステロン産生	47
天然女性ホルモン	160
──の検出頻度	127

──の構造 ………………………… *161*

動物プランクトン ………………………… *94*
トキシコキネティクス ………………………… *197*
トキシコジェノミックス ………………………… *12*
トキシコダイナミクス ………………………… *197*
毒性遺伝子情報学 ………………………… *115*
毒性等価係数(TEF) ………………………… *99*
トリフェニルスズ(TPT) ………… *49,88,199,200*
トリフェニルスズ化合物の分析法 ………… *219*
トリブチルスズ(TBT) …*49,52,88,90,96,199,200*
トリブチルスズ化合物の分析法 ………… *219*
トリフルラリン ………………………… *125*

【な行】

内部曝露量 ………………………… *181*
内分泌 ………………………… *42*
内分泌攪乱化学物質(環境ホルモン)
　　　　　　　　　　　………… *7,21,60,195*
　──による健康リスク ………………… *59*
　──の環境内挙動 ………………… *143*
　──の機器分析 ………………… *210*
　──の規制状況 ………………… *240,241*
　──の検出状況 ………………… *121*
　──の生分解挙動 ………………… *149,196*
　──の定義 ………………… *21,196*
　──の年間使用量 ………………… *34*
　──の物理化学的挙動 ………………… *145*
内分泌攪乱化学物質スクリーニングプログラム
　　　　　　　　　　　　　　………… *235*
内分泌攪乱化学物質問題に関する
　国際シンポジウム ………………… *8,11*
内分泌攪乱化学物質問題関係省庁課長会議 … *7*
内分泌攪乱物質 ………………………… *21*
内分泌系 ………………………… *42*

28日反復投与試験 ………………………… *231*
4-ニトロトルエンの分析法 ………………… *215*
日本内分泌攪乱化学物質学会 ………………… *8*
乳がん ………………………… *110*
乳がん細胞 ………………………… *51*
尿中の総エストロゲン量 ………………… *162*
尿道下裂 ………………………… *106,110*

脳神経系 ………………………… *112*

農薬 ………………………… *124*
　──の分析法 ………………… *216*
農薬関連の規制状況 ………………… *242*
ノニルフェノール(NP) ………………… *76,80*
ノニルフェノールエトキシレート(NPEs) …… *144*
　──の生分解 ………………… *155*

【は行】

バイオアッセイ ………………………… *223*
バイオマーカー ………………… *115,181*
バイオモニタリング ………………… *223*
排ガス ………………………… *131*
廃棄物関連の規制状況 ………………… *245*
ハイスループットプレスクリーニング(HTPS)
　　　　　　　　　　　　　　………… *4,235*
白色腐朽菌 ………………………… *159*
曝露作用暫定分類指数 ………………… *32*
曝露評価 ………………………… *179*
ハザードアセスメント ………………… *237*
発がん性 ………………………… *36*
ハッシュバーガー試験 ………………… *230*
バッタ効果 ………………………… *144*
繁殖試験 ………………………… *232*
半数致死濃度(LC_{50}) ………………… *89*
半数致死量(LD_{50}) ………………… *35,57*

PRTR法 ………………………… *9*
非イオン界面活性剤 ………………… *123*
非意図的生成物質 ………………… *126*
PBPKモデル ………………… *181,191*
B物質 ………………………… *33*
P450酵素 ………………… *47,67*
光触媒分解 ………………………… *159*
微細脳機能障害(MBD) ………………… *113*
ビスフェノールA(BPA) …… *54,94,144,183,201*
　──の経口摂取 ………………… *184*
　──の生分解 ………………… *152*
　──の特性 ………………… *183*
　──のマウス体内動態 ………………… *188*
ビタミンA(レチノイド)様物質 ………………… *102*
ビテロゲニン(VTG) ………………… *69,229*
　──の性質 ………………… *71*
ビテロゲニンアッセイ ………………… *229*
評価指針値 ………………… *246*

フィードバック制御 …………………………42
負イオン化学イオン化ガスクロマトグラフ
　　質量分析法 …………………………127
フェノール樹脂 ………………………………123
フェノール類の分析法 ………………………212
フェノキシ酢酸系農薬の分析法 ……………217
フォワード・トキシコロジー ………………61
副腎皮質機能の異常亢進 ……………………67
フタル酸エステル類(PAEs) …………144,171
　　——の生分解 ……………………………150
　　——の生分解経路 ……………………151
　　——の分析法 …………………………214
フタル酸ジエチルヘキシル …………………171
　　——の摂取量 …………………………174
　　——の放出速度 ………………………175
n-ブチルベンゼンの分析法 ………………216
プラスチック可塑剤 …………………………171
プラスチック容器 ……………………………253

Beilstein 試験 ………………………………253
ベノミル ………………………………………124
　　——の分析法 …………………………217
変異原性 ………………………………………36
ベンゾイミダゾール系殺菌剤 ………………124
ベンゾ[a]ピレン ……………………………75
　　——の分析法 ……………………211,215
ベンゾフェノンの分析法 ……………………215

芳香族化酵素(アロマターゼ) …………45,49,90
芳香族炭化水素受容体(AhR) ……………45,99
抱合体 …………………………………………164
POPs ……………………………………97,126,261
　　——の定義 …………………………264
POPs 条約 …………………………………9,261
ポリ塩化ビフェニル(PCB) ………………121
　　——の分析法 …………………………210
ポリカーボネート樹脂 ………………………123
ポリカーボネート製食器 ……………………185
ポリカーボネート製ほ乳瓶 …………………186
ポリ臭化ビフェニルの分析法 ………………211
ホルモン結合タンパク質 ……………………38
ホルモン放出因子・抑制因子 ………………42
ホルモン様活性物質 ………………………5,21
ホルモンレセプター …………………………43

【ま行】

マイクロアレイ …………………………52,194
前処理 …………………………………………208

水溶解性 ………………………………………145
無作用濃度(NOEC) …………………………83
無作用量 ………………………………………53
無毒性量(NOAEL) ……………………………53

雌化 ……………………………………………76
メス化する自然 ………………………………4
メソプレン ……………………………………102
メソミルの分析法 ……………………………218
メダカフルライフサイクル試験 ……………83
免疫グロブリン ………………………………42
免疫系 …………………………………………42

【や行】

薬物代謝酵素 ……………………46,67,144
野生生物 ………………………………………96

有害性 …………………………………………126
有機塩素系農薬の分析法 ……………………211
有機スズ(化合物) ……………89,92,96,126
有機リン系農薬 ………………………………104
誘導体化 ………………………………………209

容器包装リサイクル法 ………………………249
用量-反応関係 …………………………179,194
予見的健康リスク管理 ………………………178
横浜宣言 ………………………………………10
予測無影響濃度(PNEC) ……………………124

【ら行】

ライディッヒ細胞 ………………………47,51,52

リスクコミュニケーション …………………204
リスク評価 ……………………………………197
リバース・トキシコロジー …………………61
リンパ球 ………………………………………42

レチノイド受容体 ……………………………102
レチノイン酸 …………………………………102
レポーター遺伝子アッセイ …………………226

277

欧文索引

- 3β-HSD ……50
- 4-t-OP ……80
- Ad4BP/SF-1 ……50
- ADHD ……105,113
- AhR ……45,99
- BaP ……127
- BPA ……54,94,144,183,201
- Bradlow H. L. ……3
- Cadbury D. ……4
- Carson R. ……2
- Colborn T. ……1,2,3,21
- CYP ……67
- Davis D. L. ……3
- DAX-1 ……50
- DDE ……98
- DDT ……98
- DE ……51
- DEP ……51
- DES ……2,53,106
- Dodds E. C. ……2
- E_2 ……69
- EDSTAC ……4
- EE_2 ……73
- ELISA ……127,229
- E-screen ……136,160,226
- GC ……209
- GnRH ……87
- GSI ……76
- HPLC ……152
- HSI ……77
- HTPS ……4,235
- IPCS ……195
- Jacobson J. L. ……3
- LC ……209
- LC_{50} ……89
- LD ……113
- LD_{50} ……35,57
- LOAEL ……53
- LOEC ……83,163
- LOEL ……201
- MacLachlan J. ……2
- MBC ……124
- MBD ……113
- MS ……209
- NAS/NRC ……5
- NOAEL ……53
- NOEC ……83
- NP ……76,80
- NPEs ……144,155
- OECD ……5,234
- Our Stolen Future ……1,23,257
- P450scc ……50
- PAEs ……144,171
- PCB ……49,100,121,126
- PNEC ……124
- POPs ……97,126,261
- QSAR ……12
- RfD ……201
- RPE ……226
- RPP ……226
- Skakkebaek N. ……3
- SPEED'98 ……8,23,33,96,121,207,239
- TBT ……49,52,88,90,96,199,200
- TDI ……246
- TEF ……99
- TEQ ……99
- testicular dysgenesis syndrome ……109
- Toxicogenomics ……115
- TPA ……47
- TPT ……49,88,199,200
- Tyl ……17
- USEPA ……4,234
- Von Saal ……12,17,54
- VTG ……69,229
- WHO ……3
- Yucheng ……12

アプローチ **環境ホルモン**	
―その基礎と水環境における最前線―	
2003年9月25日 1版1刷発行	ISBN 4-7655-3191-0 C3045

編 者	社団法人 日本水環境学会 関西支部		
発行者	長　　祥　　隆		
発行所	技報堂出版株式会社		
	〒102-0075 東京都千代田区三番町8-7 (第25興和ビル)		
	電　話	営　業	(03)(5215)3165
		編　集	(03)(5215)3161
	FAX		(03)(5215)3233
	振替口座		00140-4-10
	http://www.gihodoshuppan.co.jp		

日本書籍出版協会会員
自然科学書協会会員
工学書協会会員
土木・建築書協会会員

Printed in Japan

装幀　隆企画
印刷・製本　シナノ

© Japan Society on Water Envioronment, Kansai Branch, 2003

落丁・乱丁はお取り替え致します。
本書の無断複写は、著作権法上での例外を除き、禁じられています。

●小社刊行図書のご案内●

水環境の基礎科学	E.A.Laws著／神田穣太ほか訳	A5・722頁
水質衛生学	金子光美編著	A5・700頁
流域マネジメント —新しい戦略のために	大垣眞一郎・吉川秀夫監修	A5・282頁
都市水管理の先端分野 —行きづまりか希望か	松井三郎監訳・著	A5・442頁
河川水質試験方法(案)［1997年版］	建設省河川局監修	B5・1102頁
水質事故対策技術［2001年版］	国土交通省水質連絡会編	B5・258頁
河川・ダム湖沼用 水質測定機器ガイドブック	河川環境管理財団ほか編	B5・460頁
水道の水質調査法 —水源から給水栓まで	眞柄泰基監修	A5・364頁
非イオン界面活性剤と水環境 —用途,計測技術,生態影響	日本水環境学会内 委員会編	A5・230頁

●シリーズ 日本の水環境（全7巻）

①北海道編	日本水環境学会編	A5・278頁
②東北編	日本水環境学会編	A5・260頁
③関東・甲信越編	日本水環境学会編	A5・288頁
④東海・北陸編	日本水環境学会編	A5・260頁
⑤近畿編	日本水環境学会編	A5・290頁
⑥中国・四国編	日本水環境学会編	A5・216頁
⑦九州・沖縄編	日本水環境学会編	A5・242頁

技報堂出版　TEL編集03(5215)3161　営業03(5215)3165　FAX 03(5215)3233